高等职业教育农业农村部"十三五"规划教材
小动物创新系列教材

Pet

小动物眼病诊疗技术

杨开红　主编

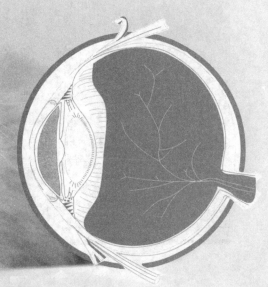

中国农业出版社
北　京

编审人员

主　编　杨开红（河南农业职业学院）

副主编　刘　红（黑龙江农业职业技术学院）

　　　　王汝都（河南农业职业学院）

参　编　（以姓氏笔画为序）

　　　　马玉捷（湖南生物机电职业技术学院）

　　　　刘　洋（河南省农业广播电视学校）

　　　　刘　燕（河南农业职业学院）

　　　　安芳芳（河南农业职业学院）

　　　　孙　鹏（山东畜牧兽医职业学院）

　　　　李　铭（北京名视动物眼科中心）

　　　　李　豪（郑州瑞派宠物医院）

　　　　李　燕（河南农业职业学院）

　　　　张风荣（山东畜牧兽医职业学院）

　　　　曹　雷（山东畜牧兽医职业学院）

主　审　易本驰（信阳农林学院）

前 言

随着我国宠物诊疗行业的快速发展，小动物眼科保健和疾病防治越来越重要，目前国内外关于小动物眼科疾病的论著相对较少，专业教材基本处于空白状态，急需一本既能满足宠物医学专业教学需求，也能供宠物眼病临床诊疗参考的教材。

本教材的编写主要遵循三个原则。一是"理论够用，突出重点难点"，主要阐述小动物眼科的基本理论和重点难点问题，为培养学生解决实际问题的能力奠定理论基础，满足掌握实际操作技能的需要。二是"注重实训，强化实践技能"，在基本理论知识够用的基础上，强化实训，尽量把国内外宠物眼科临床诊疗技术及时地吸纳进教材，满足加强实践技能培训的需要。三是"体现最新职业教育教学改革精神"，突出"五个对接"即专业与产业、职业岗位对接，专业课程内容与职业标准对接，教学过程与生产过程对接，学历证书与职业资格证书对接，职业教育与终身教育学习对接。具有时代特征和职业教育特色。

《小动物眼病诊疗技术》的特点是选题确切，满足需求；原则明确，重点突出；注重技能，强化实践；遵循规律，方便认知；表述规范，图文并茂；适应发展，体现创新；内容丰富，适用广泛。教材共包括小动物眼科基础理论和小动物眼科疾病诊疗技术两个项目，共18个工作任务。全书由杨开红（河南农业职业学院）任主编，王汝都（河南农业职业学院）、刘红（黑龙江农业职业技术学院）任副主编，马玉捷（湖南生物机电职业技术学院）、孙鹏（山东畜牧兽医职业学院）、曹雷（山东畜牧兽医职业学院）、张风荣（山东畜牧兽医职业学院）、李燕（河南农业职业学院）、安芳芳（河南农业职业学院）、刘燕（河南农业职业学院）、刘洋（河南省农业广播电视学校）、李铭（北京名视动物眼科中心）、李豪（郑州瑞派宠物医院）参加了编写，全书由易本驰教授（信阳农林学院）审阅。

教材编写过程中得到了教育部国家级职业教育教师教学创新团队课题（编号：ZI2021100105）、河南省高等教育教学改革研究与实践项目（编号：2017SJGLX152、2019SJGLX706）和国家"万人计划"朱金凤名师工作室的鼎力支持，北京名视动物眼科中心的李铭老师提供了宝贵的临床资料、图片等，爱普东方公司提供了有关眼科设备及眼科手术器械的资料，在此一并表示衷心的感谢。

由于编者水平所限，不足之处在所难免，在此恳请有关专家、广大师生和读者提出批评指正。

编　者

2022.4

目 录

任务一　小动物眼部解剖生理

★ 任务目标 >>>>>>>>>>>>>>>>>>>>>>>>>>>>>>>>>>>>>>>

掌握眼球及眼周围附属组织的解剖结构。理解眼各部分解剖结构的生理功能及生理学意义。

★ 任务准备 >>>>>>>>>>>>>>>>>>>>>>>>>>>>>>>>>>>>>>>

眼睛是动物从外界接收信息的视觉通路，是一个高度特化的光接收器。整个眼睛包括眼球、眼球周围附属结构及眼的血管、淋巴和神经系统。其中，血管、淋巴和神经系统是眼球营养供给、功能发挥的生理基础。

一、眼球

眼球借助其周围的筋膜固定于眼眶窝内，周围垫衬脂肪可缓冲震荡及来自外界的压力，同时，受眼眶、眼睑和泪器的机械性保护。整个眼球由眼球壁和眼内容物两部分组成。眼球壁从外向内依次由纤维膜、血管膜和神经膜三层组成。纤维膜为眼球最外层，前部的是角膜，后部为巩膜，角膜、巩膜的移行处称为角膜巩膜缘。纤维膜为坚韧致密的胶原纤维组织，可保护内部柔软组织、维持眼球形状。眼球壁中层为血管膜，包括虹膜、睫状体和脉络膜三部分。眼球壁最内层为神经膜，即视网膜，是一层高度分化的具有感光作用的感觉上皮。眼球内容物的解剖构成主要为晶状体和玻璃体，在眼球壁和内容物的空隙有房水存在（图 1-1-1）。

（一）角膜

角膜呈均一透明的穹隆状，约占整个眼球壁的 1/5，后部约 4/5 为巩膜。不同动物的角膜面积（占整个眼球纤维膜的比例）差异比较大，白昼活动的动物，其角膜面积约为眼球壁的 1/5，如灵长类动物，从外观可以看到角膜和巩膜；而夜间活动的动物，角膜面积约为眼球壁的 1/3，如猫科动物和一些有蹄动物，在眼裂处几乎只看到角膜。不同品种动物的角膜形状也不相同，从正面看，大多数动物的角膜几乎都略呈圆形。犬、猫角膜的垂直长度略小于横径，犬的角膜平均半径为 8.5mm，猫的角膜平均半径为 8.6mm，也有少数动物（如马）的角膜呈现扁椭圆形外观，其横径长度为 28～34mm，垂直长度为 23～27mm。

角膜的曲率半径小于巩膜，且整个角膜的厚度是不均匀的，角膜中央的厚度略小于角膜

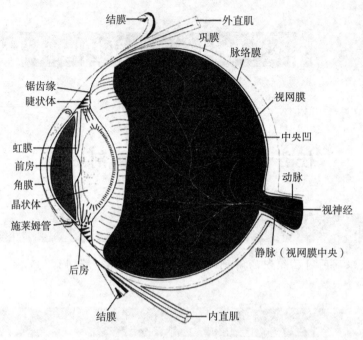

图 1-1-1　眼球解剖结构示意

周边，所以角膜可以屈折光线，是眼睛折光体系的重要组成部分。如犬的角膜可以折射进入眼内 70% 的光线。犬角膜中央的厚度为 0.41～0.74mm，平均值为 0.62mm，猫的约为 0.56mm；马角膜中央的厚度约为 0.8mm，外周厚度约为 1.5mm；牛角膜中央厚度为 1.5～2.0mm，外周厚度为 1.5～1.8mm；猪角膜中央厚度约为 1.2mm，外周厚度约为 0.8mm。

从组织学角度讲，动物角膜由眼球壁外层向内依次为：上皮细胞层、基质层、后弹力层（德斯密膜）和内皮细胞层（图 1-1-2）。

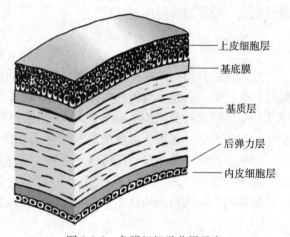

图 1-1-2　角膜组织学分层示意

（1）上皮细胞层。为微生物、毒素等外源性因子进入眼内的主要屏障，其上分布有神经末梢，具有强大的再生能力。不同动物角膜上皮的细胞层数是不同的，一般为 5～20 层，犬、猫的角膜上皮由 5～11 层细胞组成，这些上皮细胞的生命周期约为一周。上皮细胞表层为非角质化的扁平细胞（鳞状上皮细胞）；中间为多面体或多形性细胞层，又称为翼状细胞；内层为生发层基底细胞，由柱状细胞组成，可以进行有丝分裂，并在向浅层发生移动的过程中变成多角形细胞，角膜缘部的基底层细胞则被角膜缘干细胞替代从而可分化为瞬间扩充细胞，以此实现角膜上皮增殖和损伤的修复；最内层是生发层，属于 IV 型胶原蛋白，紧密地附着于基底膜。基底膜为无细胞层，在灵长类称为前弹力层，主要由基板和其下的网状纤维层构成。角膜上皮细胞紧密排列，形成机械性屏障，可防止水分进入角膜实质。

（2）基质层。是角膜结构中最厚的一层，占整个角膜厚度的 90% 以上。基质的主要构成为胶原纤维、角膜基质细胞、糖胺蛋白和神经。基质的胶原纤维束成分为胶原蛋白，结构致密，由许多胶原纤维板层组成，每个板层内的纤维平行排列，相邻板层的纤维则相互交叉成直角，各个板层纤维互相交错以维持紧密的联系，其规律排列保证了角膜的透明性。纤维间的基质含有大量黏多糖，主要是硫酸角质素、硫酸软骨素和硫酸皮肤素。胶原纤维束之间分布的角膜基质细胞，可以在一定时间内修复基质的损伤。基质层内含有大量透明质酸，是亲水性的，荧光素钠可以使其着色。

（3）后弹力层（德斯密膜、后界膜）。是富有弹性的胶原膜，由 Ⅳ 型胶原蛋白组成。后弹力层是角膜内细胞的基底膜，位于基质层和角膜内皮细胞层之间。后弹力层随着动物年龄的增长逐渐增厚，但是损伤后不具有再生能力。荧光素钠不能使后弹力层着色。

（4）内皮细胞层。是由一单层、扁平的正六边形细胞形成，覆于角膜的内面，细胞以镶嵌的形式互相交错地密集排列，其本身不具有内皮的特性。角膜内皮具有温度依赖性，可通过 Na^+-K^+ 离子泵以耗能的运输方式将基质中的水分泵入房水，使基质层能够保持相对脱水状态，维持角膜的透明性。

一岁犬的角膜内皮细胞的数量为 3 000～3 500 个/mm^2，随着年龄的增长，其数量逐渐减少。内皮细胞再生能力相对较差，再生速度慢，猫的角膜内皮再生能力非常差，幼龄犬的再生能力稍好一些。某些动物的角膜内皮完全不具备再生能力，其损伤后是通过细胞的增大和缓慢移行来进行缺损的修补。如果损伤太严重，常由于内皮细胞代偿能力不足而导致角膜水肿，一般认为当角膜内皮细胞总数降到 500～800 个/mm^2，角膜会因水肿失去透明性。

角膜本身无血管分布，其营养获取和废物代谢主要借助前泪膜、角膜缘毛细血管网、巩膜和房水。代谢所需的氧，80% 来自空气，15% 来自毛细血管网，5% 来自房水。由泪腺、睑板腺和结膜分别产生的分泌物构成了泪膜，泪膜黏附于角膜表层，能为角膜上皮层和前基质层提供营养。泪膜通过其中泪液蒸发的动力和渗透梯度促使角膜浅层基质水分排出，从而保证角膜相对脱水状态；角膜内皮细胞层和后基质层的营养则通过房水输送，角膜可以获取房水中的葡萄糖。角膜缘毛细血管网由表面的结膜后动脉和深部的睫状前动脉分支组成，通过血管网的扩散作用，将营养输送至角膜组织。当角膜发生严重的损伤时，角膜上会出现经由角膜巩膜缘新生的毛细血管。

角膜神经末梢丰富，因此感觉特别敏锐。角膜的神经主要为来自三叉神经的眼睫状长神经的分支，由角膜巩膜缘的基质表层呈放射状进入角膜基质层，并密布于角膜基质 2/3 厚度处，而后构成角膜上皮神经丛，因此角膜上皮在全身所有的上皮组织中神经最为密集。犬角膜上皮平均有 12 条神经分支，猫为 19 条。这些神经末梢可以敏感地对疼痛、压力、温度等刺激做出反应。这些密集分布的神经末梢仅仅在角膜上皮和前基质层损伤时有疼痛反应，对于角膜深基质层溃疡则缺乏相同程度的疼痛感。犬、猫角膜敏感性略弱于灵长类，牛的角膜敏感性相对较差。角膜中心的敏感性略强于角膜周边，但若是角膜周边或角膜缘处发生损伤，如角膜切口、角膜撕裂、巩膜切口，由于角膜缘的神经上皮损伤从而影响角膜上皮的修复速度。

角膜没有黑色素及其他色素，看起来清澈透明。

总的来讲，角膜透明性的维持取决于完整的泪膜、健康的角膜上皮、基质层纤维的规则排列以及相对脱水的状态。

（二）巩膜

巩膜即日常所说的眼白，呈乳白色，不透明，质地坚韧，具有保护眼球内容物的功能。巩膜是由视神经外膜发育而来的，没有任何上皮细胞的结构，其前方与角膜相连接，后方移行为视神经的硬膜鞘。巩膜表面组织由疏松的结缔组织构成，分布有血管。巩膜中层为实质层，致密不透明，没有血管。巩膜内层也称为棕黑色板层，由较细的胶原纤维及色素细胞构成，内与脉络膜相连接。巩膜的厚度不均匀，视神经周围最厚，各直肌附着处较薄，视神经通过的出口处最薄，呈青色，含少量色素细胞。视神经穿入眼球的结构是由网状纤维、胶原纤维和弹性纤维组成的多孔膜，衔接于巩膜称为巩膜视神经筛板。

巩膜的血管分布不均匀。角膜巩膜缘是角膜与巩膜的移行区。角膜缘嵌于巩膜上并逐渐过渡为巩膜组织，角膜缘毛细血管网围绕此处一周形成环状脉络丛。巩膜表层血管丰富，在眼直肌附着点以后，由睫状后短动脉和睫状后长动脉的分支为巩膜供应血液；在眼直肌附着点以前则由睫状前动脉为巩膜供应血液。巩膜实质层无血管，深层巩膜的血管和神经较少。

巩膜和角膜衔接处最内层的网状结构为小梁，主要是胶原纤维，外面围有弹力纤维和内皮细胞。小梁相互交错，形成具有间隙的海绵状结构，有筛网的作用，可过滤房水中较大的微粒。小梁网后方为巩膜静脉窦（施莱姆管），为围绕一周的不规则的环管状结构，其外侧和后方即为巩膜，内侧接小梁网。巩膜静脉窦的管壁由单层内皮细胞构成，外侧壁有许多集液管与巩膜内的静脉相通。房水经过小梁网后即进入施莱姆管（图1-1-3），之后经由巩膜静脉回流。

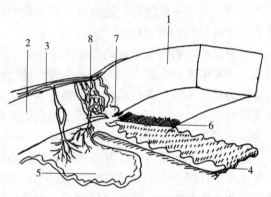

图1-1-3　房角的结构示意

1. 角膜　2. 巩膜　3. 结膜　4. 虹膜
5. 睫状体　6. 小梁网　7. 施莱姆管　8. 巩膜静脉

（三）虹膜

虹膜、睫状体和脉络膜一起称为葡萄膜，又称色素膜或血管膜，解剖学上又有前、中、后葡萄膜之称，前葡萄膜为虹膜和睫状体前部，中间葡萄膜为睫状体后部（平坦部），后葡萄膜为脉络膜。葡萄膜富含色素和血管，具有遮光及营养视网膜外层、晶状体和玻璃体的作用。

1. 虹膜的解剖位置　虹膜位于角膜和晶状体之间，为环形膜，中央孔称为瞳孔，透过角膜的光线要经过瞳孔才能进入眼内。虹膜的根部附着于角膜巩膜衔接处，后方连接睫状体。因此，瞳孔的外围称为睫状区，中央瞳孔称为瞳孔区。虹膜表面有高低不平的虹膜隐窝和呈辐射状、略隆起的皱襞，形成清晰的虹膜纹理。马的瞳孔上缘有2～4个深色乳头，称虹膜粒，羊也有，但比较小。

2. 虹膜的结构　组织学上，虹膜由前到后可分为5层，即内皮细胞层、前界膜、基质层、后界膜以及后上皮层。虹膜表面被覆的即为内皮细胞层，内皮细胞间有许多间隙和小孔。内皮细胞层下是前界膜，富含黏多糖及大量色素细胞。不同动物种类及同种动物的不同个体因黑色素细胞的数量及分布情况不同，使虹膜呈现蓝色、黑色、黄色、褐色等不同颜色。虹膜的颜色也会因为动物年龄、营养、疾病等原因而发生区域性或整体性的变化。虹膜外伤易导致色素脱落，引发虹膜粘连。虹膜后面的两层色素上皮细胞为视网膜睫状体部的延续，称为视网膜虹膜部。

3. 虹膜的功能 瞳孔的缩小和散大主要是通过虹膜平滑肌的活动实现的。平滑肌纤维的分布和排列方式不同。呈辐射状排列的平滑肌是瞳孔开大肌，受交感神经纤维支配，开大肌收缩的时候瞳孔散大，进入眼内的光量可增大几十倍，激发视细胞兴奋。除光线外，疼痛、惊恐等刺激引起中枢神经系统的兴奋，交感神经系统兴奋，引起瞳孔散大。窒息时，眼神经中枢麻痹，瞳孔极度散大。呈环状排列的平滑肌称瞳孔括约肌，受动眼神经的副交感神经纤维支配，括约肌收缩，瞳孔缩小，这是一种保护性反射，防止强光引起感光色素的过多漂白。人类和犬等多数动物的瞳孔括约肌呈同心圆状的环形排列，从外观看瞳孔呈圆形；猫科动物的括约肌为垂直的平滑肌纤维，且左右对称，两端交叉，故瞳孔收缩时呈梭形，完全散大时为圆形；牛、马等动物的括约肌呈水平排列，肌纤维束上下对称但两端不交叉，因此瞳孔为水平的椭圆形（图1-1-4）。不同强度的光照射一侧眼睛，这两种肌肉便能协调舒缩从而缩小或开大瞳孔，称瞳孔调节反射或对光反射。双眼瞳孔是互感性的（视神经交叉），即当光线作用于一只眼睛时，另一只眼也同时出现瞳孔反射。因此，光照射后，同侧眼的瞳孔反射称直接光反射，对侧眼的瞳孔光反射，称为间接光反射。马由于视神经完全交叉，只能改变一侧瞳孔的口径。虹膜中含有大量血管，血管之间充满着结缔组织。在某些动物，通过虹膜中血管网的舒张和收缩也能在一定程度上调节瞳孔大小。临床上把检查瞳孔反射作为评价麻醉深浅和中枢神经系统功能的指标之一。

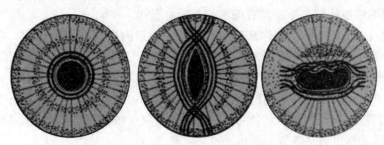

图1-1-4 虹膜平滑肌纤维排列方式示意
（从左至右依次是人类和犬，猫科动物，牛、马）

角膜和巩膜交界处以及睫状体和虹膜基部附着处有复杂的网状结构，称为虹膜角，此处可吸收液体成分进入血管。

（四）睫状体

睫状体也是环状结构，其前接虹膜根部，后移行于脉络膜，是葡萄膜的中间部分，外侧与巩膜邻接，内侧呈环状并形成睫状环。睫状体覆盖有两层上皮，外层为无色素上皮，内层为色素上皮。睫状体的无色素上皮具有分泌房水的功能。睫状体色素上皮为视网膜的延续，在其表面还有一层睫状体内界膜，为视网膜内界膜的延续。睫状体横切面呈一尖端向后、底向前的三角形。前1/3肥厚部称睫状冠，其内表面有数十个纵行向内面突起并呈放射状排列的睫状突，后2/3薄的平坦部称为睫状环，它以锯齿缘为界，移行于脉络膜。从睫状体发出纤细的晶状体悬韧带（睫状小带）连接于晶状体赤道部。睫状体内分布着由平滑肌构成的睫状肌，肌纤维起于角膜和巩膜连接处，向后止于睫状环。睫状肌分为三部分：最外层为前后纵行纤维，中间为斜行的放射纤维，前内层是环形纤维（上睑板肌、米勒肌）。睫状肌收缩时，晶状体悬韧带会向前、向内运动使得悬韧带松弛，晶状体变凸，屈光度增加；反之，睫状肌舒张，悬韧带拉紧，晶状体变薄，屈光度减小；同时促进房水流通。睫状体病理性损伤可导致房水分泌障碍，引起眼球萎缩。

（五）脉络膜

脉络膜也称为后葡萄膜，介于巩膜与视网膜之间，是薄而软的棕色膜。脉络膜前界起自锯齿缘，后界止于视神经周围，脉络膜后方的视神经入口处为脉络膜视神经孔。脉络膜的结构可以分为4层（图1-1-5）。

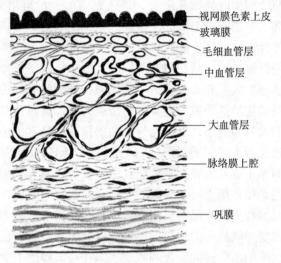

图 1-1-5　脉络膜组织学分层

1. 脉络膜上腔　脉络膜上腔位于脉络膜与巩膜之间，由胶原纤维网构成，并分布有血管和神经。睫状后长动脉、睫状后短动脉及睫状神经均从该部位穿过，血管无分支，睫状神经形成神经丛。

2. 脉络膜血管层　该层为弹力纤维性膜，内含色素，分为大血管层和中血管层，血管分支丰富，在睫状体及虹膜起始处有涡静脉。

3. 脉络膜毛细血管层　该层富有细密的毛细血管网。

4. 玻璃膜（Bruch膜）　又称基础膜，是脉络膜最内层的薄膜，透明，其下与视网膜相接。脉络膜血液供应极为丰富，来源于睫状后短动脉、睫状后长动脉和睫状前动脉。在脉络膜内，大血管逐渐变为小血管和毛细血管。

脉络膜富含血管，起着营养视网膜外层、晶状体和玻璃体等的作用。由于血流量相对较大、血液流速较慢，病原体易在此处滞留，造成脉络膜疾病。脉络膜为有孔毛细血管，血管荧光造影时，荧光素可以从其管壁漏出。

脉络膜含有丰富的色素，有遮光作用。眼球后壁视神经乳头上方的脉络膜内面有一片青绿色带有金属光泽的半月状区域，称为脉络膜毯部，是一种特殊化的脉络膜，其作用是将来自外界的透过视网膜的光线反射回来以增强视网膜的感光作用，有助于动物在暗视野下对外界光线的感应。脉络膜毯部增加的光的刺激量约为非毯部的2倍，那些折射到视网膜而未被吸收的光线则返回并穿过瞳孔向眼外射出，这就是为什么黑夜中动物眼睛会炯炯发光的原因。不同动物品种、年龄，脉络膜毯部的颜色均不尽相同。犬、猫一般为金黄色、黄绿色、绿色等，马为青灰色，牛为绿色，同一只眼睛很少为单一颜色。靠视力来捕猎的犬种毯部面积发育更好，有些玩赏犬毯部面积很小，幼年猫的脉络膜毯部基本不明显，人和猪没有脉络膜毯部。脉络膜毯部的结构分纤维性和细胞性两种。草食动物的属纤维性，由胶原纤维束组成，纤维束呈波浪形和同心排列，束间含有成纤维细胞。肉食动物（如犬、猫）的属细胞性，是由若干层扁平的多角形细胞组成，细胞内含有10～15层杆状结构。层内的杆状结构首尾相接，与视网膜平行排列。杆状结构含有大量锌，与反射光线的作用有密切关系。

（六）视网膜

视网膜为眼球壁内层的神经膜，其高度分化的感觉上皮具有感光作用。

视网膜分为视部、睫状部和虹膜部三部分。视部占视网膜的大部分面积，紧邻葡萄膜内面，由色素层和固有视网膜构成。色素层紧紧附着于脉络膜，固有视网膜与色素层发生脱离。固有视网膜在活体动物呈透明的淡粉红色，动物死后即变成混浊的灰白色。

　　正常视网膜在检眼镜下的结构见图 1-1-6。

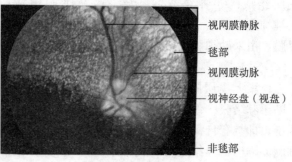

图 1-1-6　眼　底

（图注：视网膜静脉、毯部、视网膜动脉、视神经盘（视盘）、非毯部）

　　1. 脉络膜毯部　透过视网膜可观察到位于其外侧的脉络膜毯部，略呈三角形，明亮。

　　2. 脉络膜非毯部　视网膜上除了脉络膜毯部，其余部分为昏暗的无反射的脉络膜非毯部。在脉络膜非毯部可见暗色的色素化上皮（RPE），每个动物的色素状况不同，颜色深浅也不同。在有些患白化病或色素性上皮缺乏色素的动物，此区域可以直接看到透明视网膜下的脉络膜的血管网。

　　3. 视神经盘　简称视盘。位于视网膜中央的腹外侧（视网膜稍下方）。马的视盘呈横卵圆形，宽 4.5～5.5mm，高约 2mm。牛的视盘呈卵圆形，长 4～6mm，宽 5.5mm。视神经盘为视神经纤维穿行进入眼球的位置。视神经纤维集中成束，向后穿出巩膜筛板再折向后方，转折处略低陷，低于视盘周围呈杯状，又称视网膜生理杯，简称视杯。视盘处仅有视神经纤维没有感光细胞，生理上此处不能感光成像，无视觉能力，称为盲点。视网膜中央动脉由视盘处分支，呈放射状分布于视网膜。由于每个动物脉络膜毯部和非毯部的面积不同，因此视神经盘的位置可能出现在脉络膜毯部或非毯部，或者两者的交界处。视神经盘的大小及形状主要决定于视神经纤维的髓鞘化：犬的视神经纤维穿行进入视网膜时为髓鞘化状态，因此其视神经盘呈现粉红色、不规则的三角形，由于每只犬髓鞘化的程度及血液循环状况不同，所以视盘的大小、形状及颜色也不同。

　　4. 血管　视网膜的血管主要为视网膜内层以及中层供应营养。在眼底检查时可以见到较粗的视网膜静脉，可见三条、四条或更多。在犬其主要的静脉会横越过视神经盘的位置，若静脉突然停止在视神经盘表面，可能意味着先天性缺损，或因为高眼压造成的盂状凹陷。视网膜上较细的血管为小动脉，数量很多，但不会横越视神经盘。犬没有视网膜中央动脉或静脉，可能造成难以区分眼底表面的动脉和静脉。

　　5. 神经纤维层的髓鞘化　犬视神经的髓鞘化大部分从视神经盘的位置开始，偶见少部分髓鞘化发生在视网膜的神经纤维层，因而形成白色点状分布，注意与视神经炎症引起的水肿现象区别。

　　视网膜属于神经末梢组织，也是中枢神经系统的一部分。在组织学上，视网膜的组织结构可分为 10 层，由外向内依次为：①色素上皮层；②视杆细胞和视锥细胞层（光感受器细胞层），包含这两种细胞的外节和内节；③外界膜，为米勒细胞外突的膨大部与视细胞的内节的紧密连接部；④外核层，由视杆和视锥细胞的胞体所组成，细胞核排成若干层；⑤外丛状层，由视杆细胞和视锥细胞的轴突末梢与双极细胞的树突所组成；⑥内核层，由水平细胞、双极细胞、无长突细胞和米勒细胞组成；⑦内丛状层，由双极细胞的轴突和节细胞的树突所组成；⑧神经节细胞层，由节细胞组成；⑨视神经纤维层，由节细胞的轴突所组成；⑩内界膜，由米勒细胞内突的膨大末端融合而成（图1-1-7）。

色素上皮层的细胞是单层扁平或立方细胞，紧贴于脉络膜。色素上皮细胞有独特的生化代谢系统，即具有自我吞噬和再合成功能。色素上皮细胞能输送营养给视杆和视锥细胞，吸收光线防治眼内组织氧化损伤，以及在视杆外节不断改建的过程中作为吞噬细胞。色素上皮盖在毯部的部分不含色素。动物死后，色素上皮常与视网膜上皮分离。

视杆细胞和视锥细胞为感光细胞，遗传性的视网膜萎缩就与这两种感光细胞有关。这两种细胞结构相似，细胞的胞体位于外核层，呈球形，内有圆形的胞核，各以一个树突伸向色素上皮层，分别称为视杆或视锥，两者都由内、外两节构成。两者间由联系纤毛、胞体和轴突组成，构成视觉通路的第一级神经元。视杆细胞的外节由大量有界膜的盘构成，盘内含有视紫红质。胞体延续为视杆轴突，伸入外丛层，与双极细胞和水平细胞形成突触。外节为感光部分，外节的视紫质在光的照射下很快分解，若回到黑暗中又能再次合成，能感弱光。即较多的视杆细胞能协同刺激同一个神经节细胞，因此它们的感觉敏感度很高，能在昏暗环境中引起视觉，但分辨能力却较

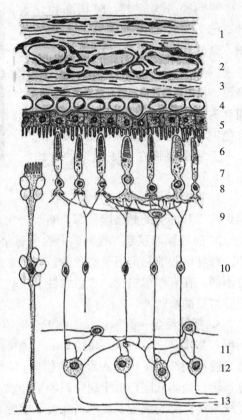

图 1-1-7　视网膜脉络膜结构示意
1. 脉络膜上层　2. 血管层　3. 结缔组织
4. 脉络膜毛细血管层　5. 色素上皮
6. 视杆、视锥细胞层　7. 外界膜　8. 外核层
9. 外丛层　10. 内核层　11. 内丛层
12. 节细胞层　13. 视神经纤维层及内界膜

差，只能区分光密度（明暗），不能产生色觉，形成黑白影像。视物只有较粗略的轮廓，精确性差。视杆细胞在视网膜中央区存在很少或不存在，由此向外周逐渐增多。以视杆细胞为主的多见于猫头鹰、猫等夜间活动的动物，鼠、蝙蝠的视网膜全部为视杆细胞。视锥细胞的外节呈锥形，比视杆细胞大，膜盘与视杆细胞相似。轴突终止于外丛层。视锥细胞含视紫蓝质和其他色素，这种细胞感光敏锐，能感应强光并有辨别颜色的能力，可能含有三种不同的视色素，能分辨红、绿、蓝三种感光颜色，是白昼的感光装置。视锥细胞在视网膜中央区最多，由此向四周逐渐减少。猫的视网膜中仅发现一种视锥细胞，可能也没有色觉。

人的视网膜上有视觉敏锐区称为黄斑，其中央部称为中央凹。家畜的视网膜没有黄斑和中央凹，但有一个类似区域，称为视网膜中央区。中央区集中有大量视锥细胞，但视杆细胞甚少或完全缺乏。此部位的视功能即为临床上所指的视力。

双极神经细胞是联系视锥、视杆细胞和节细胞的联合神经细胞。此外，还有水平细胞和无长突细胞也都是联合神经细胞，它们可以联系不同区域的视杆细胞和视锥细胞。无长突细

胞（无足细胞）主要位于内核层的内区，在双极细胞层和神经节细胞层之间，可将所有节细胞和双极细胞联系起来。它们的胞突在两层细胞间横向联系，在水平方向传递信息，使视网膜的不同区域之间互相影响。

节细胞层是视网膜最内层的细胞，细胞大小不一，排成一层或数层。节细胞是视觉通路的三级神经元，其树突分布在内丛层，轴突进入视神经纤维层，走向视神经乳头，组成视神经，穿过眼球后壁进入脑内视觉中枢。神经节细胞的动作电位是视网膜的唯一输出。

在视网膜内还有起支持作用的米勒细胞和各种神经胶质细胞。

（七）晶状体

晶状体为富有弹性的透明体，为双面凸透镜，前面为前极，凸度较小，后面为后极，凸度较大。前后交接处为赤道部。晶状体位于虹膜后方，借助晶状体悬韧带与睫状体联系以固定其位置（图1-1-8），其后方位于玻璃体碟状凹内。晶状体悬韧带连接于晶状体赤道部和睫状体，其中起自睫状突的部分，附着于晶状体赤道部后囊上；另一部分起自睫状环，附着于晶状体赤道部前囊上；还有一部分起自锯齿缘，止于后囊上。

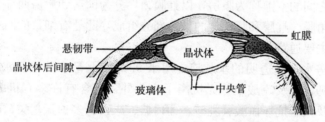

图1-1-8　晶状体的位置及其周边结构

晶状体由晶状体囊和晶状体纤维组成（图1-1-9）。晶状体囊是一层透明且具有高度弹性的薄膜，可分为前囊和后囊。在薄膜（被膜）之下有单层立方上皮或柱状上皮。晶状体赤道部（赤道线）的上皮细胞最为密集，且增长渐成纤维状，称为晶状体纤维。晶状体的后囊缺乏上皮细胞。晶状体纤维呈六面棱柱状，除微管和核蛋白体外，核和大部分细胞均消失（图1-1-10）。

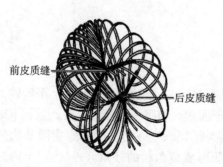

图1-1-9　晶状体纤维

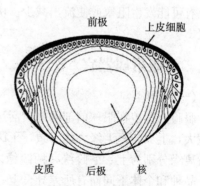

图1-1-10　晶状体侧面观

晶状体无血管，其营养主要来自房水，通过晶状体囊扩散和渗透作用，吸取营养物质，排出代谢产物。晶状体是屈光间质的重要组成部分，受睫状肌作用完成光调节功能，使物象恰好落在视网膜上。晶状体在未调节状态下，其前面的曲率半径大于后面的曲率半径。其折射率从外层到内层为1.38～1.437，平均1.420。晶状体内含有较多蛋白质，含量随年龄增加而增加。老龄动物的水溶性蛋白质和水分含量都减少，弹性减弱，使晶状体硬化（核硬化），透明度降低，曲率半径难于调节。

（八）玻璃体

玻璃体为透明的胶质体，位于晶状体后方的眼球腔内。玻璃体前方有一凹面称为碟状凹或玻璃体窝，以容纳晶状体；其后方与视网膜凹陷为界。玻璃体包括皮质带和中心带，皮质带由致密排列的胶原纤维构成，为一层很薄的透明膜，称为玻璃体膜；中心带主要为液体成分。玻璃体内无血管，其营养来自脉络膜、睫状体和房水，其自身代谢作用极低，且无再生能力，损失后留下的空间将由房水填充。玻璃体是胶原、透明质酸共同组成的透明凝胶结构。它对光的折射率与角膜和房水相同。玻璃体中的胶原含量随年龄增长而增加，因而导致透明度降低，使光线易于散射。玻璃体的功能除有屈光作用外，主要是支撑视网膜的内面，使之与色素上皮层紧贴。玻璃体若脱离或缺失，其支撑作用大为减弱，从而导致视网膜脱落。

（九）眼房和房水

晶状体和角膜之间的空隙称为眼房，以虹膜为界分为前房和后房两部分，其周围以前房角为界。前房角由角膜、虹膜和睫状体的移行部分组成，此处有细致的网状结构，称为小梁网，为房水排出的主要通路。

眼房液又称为房水，是透明的水状液，房水 99% 以上是水分，房水内除含有钠、钾、氯、磷酸根、氢、钙、镁及硫酸根等无机离子成分外，还含有许多有机成分，如少量蛋白质、一些酶类，以及大量抗坏血酸、乳酸、葡萄糖、尿素、多种氨基酸、透明质酸等。房水对光的折射率与角膜相同，也是 1.336 左右。房水有营养角膜、晶状体、玻璃体等的功能，并且能排除眼内部的代谢物，同时也是维持、调节、影响眼内压的主要因素。房水由睫状体的无色素细胞分泌，经由眼后房穿过经瞳孔进入前房，充满眼前房和眼后房。房水进入前房后再经前房角的小梁网流出，经施莱姆管和巩膜静脉丛及睫状前静脉进入血液循环（进入巩膜内、外血管丛）。房水的排出异常和生成异常可导致眼压过高或过低。小梁网的网孔只允许相对分子质量小的液体物质通过，所以如果水状液含蛋白质过多，蛋白质就会停留在网孔内，有可能发生阻塞或使流出减少。房水液流阻塞也可能是由于解剖上虹膜压陷而遮盖部分小梁。

二、眼附属器官

（一）眼睑

眼睑为覆盖在眼球前部的能灵活运动的帘状组织，分为上眼睑和下眼睑。上眼睑较下眼睑宽大，上界与眶上缘大体一致，下眼睑下界移行于面颊，与眶下缘大体一致。上、下眼睑的游离缘分别为上、下睑缘，两睑缘之间的空隙称为睑裂，睑裂的长度和宽度因动物的种属、品种和个体不同而有所差异。上、下眼睑于外侧形成锐角状的外角（外眦），于内侧联合形成近于半圆形的内角（内眦）。睫毛生在上、下眼睑的前缘，若干行且不规则。犬的下睑缘无睫毛。猫的上、下睑缘均无睫毛。

眼睑外面覆有皮肤，皮下组织为疏松结缔组织，皮肤易滑动或形成皱纹。眼睑组织由外表皮层、肌层、纤维层和睑结膜层组成（图 1-1-11）。上、下眼睑皮肤均受三叉神经支配。

眼轮匝肌位于皮下组织与睑板之间，为横纹肌，肌纤维的走向是以睑裂为中心，环绕上下睑，形成一个扁环，受第七对脑神经（面神经分支睑神经）支配，起平滑肌作用，使眼睑闭合。眼轮匝肌分为睑部和眶部，一般反射性瞬目及轻度闭眼动作由睑部控制。眶部收缩力度较大，可使眼睑周围皮肤起皱纹，并加重对眼球的压力。

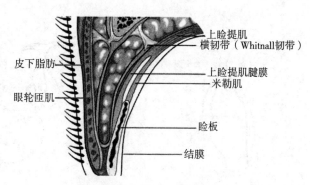

图 1-1-11　上眼睑解剖结构

上睑提肌收缩时可提起上睑，受第三对脑神经（动眼神经）支配。上睑提肌起自视神经孔附近的总腱环上部，沿眶上壁前行呈扇形散开，附着于上睑板上缘，有一部分通过眼轮匝肌分散于睑皮肤下，另一部分变成阔肌膜，两侧分别附于眼睑的内、外眦韧带。

米勒肌为平滑肌，上下眼睑各有一个，协助开睑，受交感神经支配。在惊恐、愤怒或疼痛兴奋时可无意识地发挥作用，使睑裂张开。

上下眼睑各有一个睑板，性状似软骨，是一种不太明显的纤维样结缔组织。睑板呈弯曲状，起支撑眼睑、保持其外形的作用。上睑提肌与米勒肌收缩时，上睑板随同上睑一起被提起，下睑板可被牵拉向下，加大睑裂宽度。上下睑板的两端各结成宽的结缔组织带，即内外眦韧带。上下睑板内含有高度发达的睑板腺，在睑结膜下方的游离缘附近，与睑缘垂直平行排列，其导管开口于眼睑缘。睑板腺可分泌一种富含磷脂的皮脂样液体，形成浅表的脂层泪膜，可防止泪液浸泡皮肤，并防止上下睑长期接触时（如睡眠）的黏着。眼睑闭合时可免泪液蒸发，保持角膜、结膜的湿润，也可保持眼球前部表面与睑结膜之间的滑润，防止外界水等进入结膜囊内。

睑结膜呈淡红色，为眼睑的最内面一层。睑结膜折转覆盖于巩膜前部，为球结膜。在睑结膜与球结膜之间的裂隙为结膜囊。睑结膜在睑的边缘为复层扁平上皮细胞，其余区域则混杂着柱状细胞、立方细胞或多面形细胞，结膜上皮的杯状细胞可分泌黏液，具有黏附和润滑作用，使泪膜覆盖于角膜表面。

（二）第三眼睑

第三眼睑又称瞬膜，是位于眼内角与眼球之间的结膜形成的半月形的结膜褶，内含一块T形软骨（反刍动物、犬为透明软骨，马、猪、猫为弹性软骨）（图 1-1-12）。软骨后部在眼球内侧，包埋在第三眼睑腺和脂肪内，其靠眼球面凹、靠睑面凸。检查马眼结膜时，轻压眼球，第三眼睑则被眶内脂肪推移到眼球的前面。结膜面的上皮是含有杯状细胞的假复层柱状上皮（马和肉食动物）或变移上皮（猪和反刍动物）。固有膜为疏松结缔组织，内含丰富的血管和大量纤维细胞、组织细胞、肥大细胞和浆细胞，并含有许多淋巴小结和腺体。腺体又分为浅层腺和深层腺，马、猫的第三眼睑的浅层腺是浆液性的，其他家畜是黏液性的，而猪则以黏液性为主。瞬膜受交感神经颈上神经节后纤维支配。

第三眼睑腺与眼眶间为纤维样组织连接，可限制腺体的移动，防止突出，第三眼睑腺也分泌泪液，发挥保护角膜和清除异物的作用，可补充泪腺和副泪腺的分泌物。

第三眼睑内无肌肉，仅在眼球被眼肌牵拉时，压迫眶内组织，被动露出。如闭眼时或向一侧转动头部时，第三眼睑可覆盖至角膜中部。

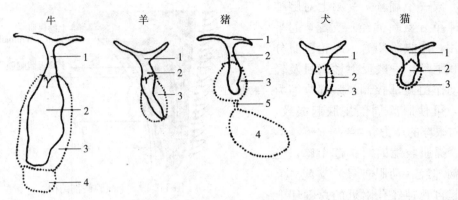

图 1-1-12　各种不同动物的 T 形软骨
1.T 形软骨　2.T 形软骨柄　3.瞬膜腺　4.副泪腺　5.腺管

在第三眼睑与眼内眦皮肤之间围绕成的低陷区称为泪湖，泪湖靠第三眼睑处有一隆起的肉样结构称为泪阜，其上有时生有毳毛。泪阜的作用是协助眼睑闭合完全，同时，由于它对上、下小泪点的压迫与解除压迫而形成正压与负压，在瞬目时可以协助泪液进入泪小管。

（三）泪器

泪器按其生理功能分为分泌系统和导管系统两部分（图 1-1-13）。

1. 分泌系统

（1）泪腺。泪腺位于眼眶上颞部的泪腺窝内，为扁平椭圆形腺体。有 12～16 条很小的排泄管，开口于上眼睑结膜。犬的泪腺长 1.5～3.0cm，宽 0.5～2.0cm，厚 0.7～1.5cm，有 3～5 个或 15～20 个肉眼看不到的导管，开口于外上方穹隆结膜处。

泪腺为复管泡状或管泡状腺体。动物的泪腺有浆液型腺泡、黏液型腺泡和混合型腺泡三种类型，已知的动物中，浆液性管泡腺占很大优势，猫、兔、猪和马均为浆液型腺泡，犬为混合型腺泡。

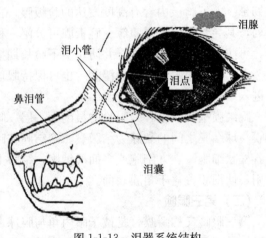

图 1-1-13　泪器系统结构

每种哺乳动物均有一个泪腺，家畜的泪腺是双叶的、变形的大皮肤腺，它比人泪腺的活动性差。有瞬膜存在时，往往有瞬膜腺，但是只有少数家畜有副泪腺（哈德腺）。有些动物的副泪腺和瞬膜腺合并，如两栖类、爬行类、鸟类、单孔类及除灵长类外的所有哺乳类动物，都可见这种情况，有时可在灵长类中发现副泪腺残迹。

泪腺分泌泪液，湿润眼球表面，大量的泪液有冲除细小异物的作用。泪液呈弱酸性，通常含有大量的蛋白质，即清蛋白及球蛋白，还有尿素、葡萄糖以及钠、钾、氯和其他离子。泪液内含有大量溶菌酶，这种酶有杀菌作用。当日粮中缺乏维生素 A 时溶菌酶减少，可能发生角膜溃疡和角膜溶解。

（2）瞬膜腺。瞬膜腺位于第三眼睑结膜内，也有一定的泪液分泌功能，有 2～4 个导管，开口于眼球和第三眼睑间的凹隙下部。

（3）睑板腺。睑板腺位于眼睑的睑板内，呈均匀、垂直排列，其腺体开口于睑缘，肉眼可见，是变态的皮脂腺。犬上眼睑有 40 个睑板腺开口，下眼睑有 28～34 个。管口直径约 0.08mm。其从睑缘的开口排出油脂性分泌物，黏附于眼睑边缘形成屏障，阻止泪液和其他分泌物流出眼睑边缘，并防止外界液体进入结膜囊。猫的睑板腺发达，猪的最不发达。

（4）副泪腺。副泪腺不是所有动物都具有的。副泪腺和瞬膜腺的机能几乎相同，它们是从一个共同腺体衍化来的。这两种腺体都存在时，会产生一种混合性的分泌物，成为混合性或浆液黏液性眼睑和角膜滑润剂的赋形剂。泪腺、副泪腺和瞬膜腺相互补充，它们都有润滑眼球和排除脱落细胞组织的作用，使眼球在黏度、湿度及光透明度上得到良好的调节。泪腺的丧失或作用减弱，会造成一定程度的角膜损伤。

除以上腺体外，睑结膜内的杯状细胞可产生分泌物，也是泪液中黏液成分的主要来源。还有变形的汗腺（Moll 腺）及发育不全的皮脂腺（Zeis 腺）。这些腺体开口于睫毛的毛囊或接近于睫毛的眼睑边缘上。结膜内的副泪腺（Krause 腺），其分泌物进入上下穹隆内。这些腺体，对维持角膜湿润及平衡内眼睑表面的分泌物起着一定作用。

2. 导管系统　导管系统包括泪点、泪小管、泪囊和鼻泪管。

（1）泪点。为泪小管的开口，位于上、下睑缘较厚的内眦后唇部泪乳头上，距眼内眦 2.0～5.0mm，管口为斜卵圆形或略呈椭圆形的小孔，长 0.5～1.0mm，宽 0.2～0.5mm，上下各有一个，分别称为上泪点和下泪点。生理状态下，泪点开口与球结膜结合，有利于泪液的吸取。若泪点外翻或因炎症、结瘢等原因而闭锁，会引起经常流泪（溢泪）。泪点均绕以致密的结缔组织环，富有弹性，具有括约肌作用。

（2）泪小管。为泪点与泪囊之间的通道。起始于泪点，长 4.0～7.0mm，管径 0.5～1.0mm，上下泪小管汇合于泪囊。上下泪小管的垂直部与水平部大致成直角，交接处略膨大，称为壶腹。泪小管管壁极薄，富有弹性，管径虽小但探查时可扩张 3 倍，壶腹可被拉直。

泪小管的纵横均有眼轮匝肌纤维围绕，这些纤维可舒张与收缩，有助于泪液自上部吸入并经下部排出，此处若有狭窄或闭锁，也可致溢泪。

（3）泪囊。位于眼内眦下方、泪嵴后方的泪骨和额骨构成的泪囊窝内。泪囊呈漏斗状，其顶端闭合成一盲端，下端与鼻泪管相通。小动物的泪囊不是十分明显，大动物可达到 1cm³。猪无泪囊。

（4）鼻泪管。起始于壶腹状的加宽部，位于鼻腔外侧壁的额窦内，由泪囊向前进入上颌泪骨泪沟（此处是鼻泪管最狭窄部，易发生泪液阻塞）。然后下行，出骨性鼻泪管入鼻腔，开口于鼻道前端腹外侧壁，离外鼻孔约 1cm。大约 50% 犬的上齿根部有一副泪管出口。端鼻泪管口位于鼻底面上。

泪液的分泌机能与眼睑的运动相关，眼睑开张，其内腔扩张，因此泪管腔被泪湖的泪液充盈。眼睑闭合时泪小管紧闭，泪液流入泪囊。

（四）眼眶

眼眶是由上、下、内、外四壁构成的略呈半球形的穹隆状结构，顶部朝向颅侧（图 1-1-14）。眼眶四壁除外侧壁较坚硬外，其他三侧壁骨质较薄，并与鼻旁窦相邻，故一侧鼻旁窦有病变时，可累及同侧的眶内组织。眼眶内除眼球、肌肉、血管和神经外，其余空隙为脂肪组织所填充，对眼球有保护作用。

眼眶内覆致密坚韧的纤维膜，即眶骨膜，又称眼鞘，略呈圆锥形，位于骨性眼眶内，包围眼球、眼球肌以及眼的血管、神经和泪腺等。

眶骨膜内分布有眼外肌，附着在眼球外周的后部，属横纹肌，包括 4 条眼球直肌、2 条眼球斜肌、1 条眼球退缩肌（图 1-1-15）。

（1）眼球直肌。眼球直肌起始于视神经孔周围，呈带状，分为上直肌、下直肌、内直肌和外直肌，包围眼球退缩肌，附着于眼球外周的背侧、腹侧、内侧和外侧牵拉眼球作向上、向下、向内和向外运动。外直肌受展神经支配，其余均受动眼神经支配。

（2）眼球斜肌。包括上斜肌和下斜

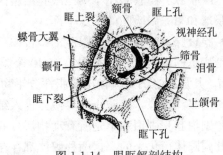

图 1-1-14　眼眶解剖结构

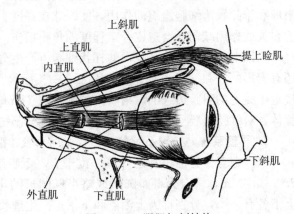

图 1-1-15　眼肌解剖结构

肌。上斜肌细而长，起始于筛孔附近，沿眼球内直肌的内侧向前伸延，然后向外侧弯转并横过眼球背侧止于巩膜，受滑车神经支配，收缩时可使眼球向外上方转动。下斜肌短而宽，起始于泪骨眶面、泪囊窝后方的小凹陷内，向外斜行，靠近眼球外直肌附着于巩膜上。下斜肌受动眼神经支配，收缩时可使眼球向外下方转动。

（3）眼球退缩肌。略呈喇叭形，包围于眼球正后部和视神经孔周缘，收缩时可牵引眼球后退。

三、眼的血液循环、淋巴和神经系统

（一）眼的血液循环系统

除眼睑浅组织和一部分泪囊的血液供应是来自颈外动脉系统的面动脉外，眼球及其附属器官的血液供应几乎全是由颈内动脉系统的眼动脉供应。静脉回流系统由视网膜中央静脉、涡静脉和睫状前静脉构成。

眼球的血管隶属于两个系统，在眼神经入口处相互结合，分为视网膜血管系统和睫状血管系统（图 1-1-16）。

1. 视网膜血管系统　由视网膜中央动脉和静脉干以及其分支所组成。动脉起始于眼眶分支或后睫状动脉的分支，进入筛状层部分离，这些分支然后汇成中央静脉。在眼的后壁用检眼镜能很好地观察到血管的分布情形。视网膜中央动脉在眼神经出口前 2～3cm 处分成若干小血管分支。这些小血管通向视神经乳头四周，而后通向视网膜，在视网膜内仅向比较小的间隙分散。视网膜前部分的营养借助于脉络膜毛细血管层的血管来实现。血管四周有位于与玻璃体的淋巴系统相连的周围血管间隙。

2. 睫状血管系统　睫状血管系统包括动脉和静脉。动脉血管包括睫状后短动脉、睫状后长动脉，二者环绕睫状前动脉。睫状后短动脉经由视神经周围的巩膜进入脉络膜；睫状长动脉则经视神经内外两侧进入巩膜，后经脉络膜上腔分布至睫状体；睫状前动脉经由眼外直肌延续而来，在巩膜表层、角膜巩膜缘及浅层结膜形成分支，血管主干在距离角膜巩膜缘 4～8mm 处进入巩膜到达睫状肌。静脉血管有涡状静脉和睫状前静脉，收集来自虹膜、睫状体、脉络膜及巩膜和巩膜表层的血流，最终汇集于眼静脉。

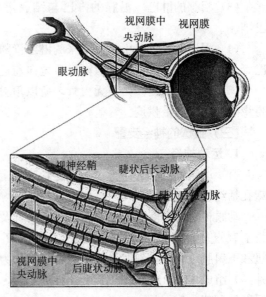

图 1-1-16　眼的血管分布

（二）眼的淋巴系统

眼球内没有固有的淋巴管，但有淋巴间隙。

1. 前淋巴间隙系统　经瞳孔而毗连的前眼房和后眼房属于前淋巴间隙系统。眼房充满着液体和水，类似淋巴液，但其中的蛋白内容物较机体其他组织的淋巴液少。此外，虹膜隐窝构成的周围血管间隙也承担一部分房水的排泄。

2. 后淋巴间隙系统　后淋巴间隙系统的通路包括视网膜-玻璃体道，以及脉络膜-巩膜道。睫状体分泌的房水进入后房，之后经瞳孔进入前房。液体经位于房角内的小梁网过滤到施莱姆管内，最终经静脉系统回流。

3. 视网膜淋巴道　分布于血管周围，并与玻璃体道连接。后者有中央管（克劳克托夫管）和两侧孔，中央管以此孔与白蒂管连通。脉络膜和巩膜之间有脉络膜周围间隙。液体（主要为涡静脉的液体）由此经血管周围裂流入切诺诺夫间隙，由此流入视觉神经鞘，后者也与硬脑膜下和蛛网膜下的间隙沟通。前淋巴间隙系统对淋巴形成具有很大的意义，因为大部分淋巴液由眼内流出。淋巴形成的间隙能引起眼内严重的变化——高眼压或低眼压。

4. 眼其他部分的淋巴

（1）眼睑的淋巴。有深、浅两个系统。浅部输送皮肤与眼轮匝肌的淋巴，形成睑板前淋巴丛；深部输送睑板与结膜的淋巴，形成睑板后淋巴丛。内侧浅淋巴干输送下睑内半部、上睑内 1/4 部及内眦部的淋巴至浅层下颌淋巴结；内侧深淋巴干输送下睑结膜内 2/3 部及泪阜的淋巴至深层下颌淋巴结。

外侧浅淋巴干输送上睑外 3/4 部及下睑外半部的淋巴，注入耳前方浅层腮腺淋巴结内；外侧深淋巴干输送全部上睑结膜和下睑外 1/3 部的淋巴，注入耳前方深层腮腺淋巴结内。下颌淋巴结与腮腺淋巴结均注入颈深淋巴结。

（2）结膜的淋巴。球结膜的淋巴位于结膜下组织内，有深浅两个系统。深层淋巴接受浅层淋巴之后，形成角膜周围淋巴丛，与眼睑的淋巴管会合，分两支回流于耳前的腮腺淋巴结与下颌淋巴结。

（3）泪腺的淋巴。泪腺的淋巴与结膜淋巴、睑淋巴相连，注入位于耳前方的腮腺淋巴结。

（4）泪道的淋巴。由泪囊而来的淋巴管随同面静脉到达下颌淋巴结。从鼻泪管而来的淋巴管与鼻淋巴管连接，随口唇淋巴系统向前进入下颌淋巴结。

（5）角膜的淋巴。角膜无血管，所以角膜内缺少带有内皮的淋巴管，其营养是由角膜巩膜缘的淋巴和血液供应。

（三）眼球的神经支配

1. 运动神经

（1）动眼神经。为第Ⅲ对脑神经，支配上睑提肌、上直肌、下直肌、内直肌、下斜肌、瞳孔括约肌和睫状肌。

动眼神经自脚间窝出脑，紧贴小脑幕缘及后床突侧方前行，进入海绵窦侧壁上部，再经眶上裂分为上、下两支。上支细小，支配上睑提肌和上直肌；下支粗大，支配下直肌、内直肌和下斜肌。其中下斜肌又分出一个小支称为睫状神经节短根，它由内脏运动纤维（副交感神经）组成，进入睫状神经节交换神经元后，分布于睫状肌和瞳孔括约肌，参与瞳孔对光的反射和调节。

动眼神经麻痹时，可表现为上眼睑下垂，眼球向内、向上及向下活动受限而出现外斜视和复视，并有瞳孔散大，瞳孔反射消失等现象。

第Ⅲ对脑神经与大脑基底动脉环，即威利斯（Willis）环关系密切，尤其是环后部的大脑后动脉、后交通动脉及小脑上动脉与动眼神经邻近或交叉。故此处的动脉瘤，可致动眼神经的压迫性损害。动眼神经的上外方与大脑颞叶邻近，当颅内病变将大脑颞叶推向中线时，也可压迫动眼神经。

（2）滑车神经。即第Ⅳ对脑神经，支配上斜肌的运动，除运动纤维外，可能还有本位感觉神经。神经核位于小脑和大脑导水管外侧灰质内，相当于四叠体下丘处，在内侧纵束的背内侧面、动眼神经核的后端。滑车神经穿出中脑，环绕大脑脚，经过大脑后动脉与小脑上动脉之间，在小脑幕切迹处穿过硬脑膜，由颅后凹进入颅中凹海绵窦内并前行，经过眶上裂入眶，在眼静脉之下、上睑提肌和上直肌之上，向前到达上斜肌，支配其运动。滑车神经因有小脑幕的保护，故病变后的临床症状并不如展神经显著。

（3）展神经。为第Ⅵ对脑神经，属于运动神经，支配外直肌，可能还含有本位感觉纤维。外展神经核位于脑桥上方，相当于第四脑室底部面神经丘处。展神经的纤维自神经核发出后，于脑桥锥体隆起和延髓交界的沟中离开脑桥，在颅底沿枕骨斜向前上方穿出硬脑膜，进入海绵窦，居于颈内动脉的下方外侧，经眶上裂进入眶内，在第Ⅲ对脑神经上、下支之间，经外直肌下方进入该肌。在穿出硬脑膜之前，左右展神经之间有基底动脉，且接近颞骨岩部尖端，因此，颅压增高时或颅底骨折时易造成展神经损伤；但若单独发生展神经麻痹，神经学检查往往较难定位。

（4）面神经。为第Ⅶ对脑神经，支配面部表情肌的运动，支配眼轮匝肌和眼睑的闭合运动。除运动神经纤维外，还含有感觉神经纤维及副交感神经纤维，故为混合性神经。面神经核位于脑桥下部，处于三叉神经脊核的腹侧。面神经纤维由核的背侧发出，绕第Ⅵ脑神经核，在第Ⅷ对脑神经（听神经）核的内侧离开脑桥，并与听神经的分支一同进入内耳道后出颅，分成许多终末支。其中颧支分布于下睑，支配眼轮匝肌，以完成闭睑动作。面神经核的上部接受两侧大脑中纤维束前下部皮质运动细胞的控制，发出神经纤维分布到眼轮匝肌和额肌、皱眉肌以完成闭睑、皱额、皱眉动作。当只有一侧大脑半球运动区受损时，这些肌肉并无明显的临床症状。

2. 感觉神经　眼神经是第Ⅴ对脑神经即三叉神经的第Ⅰ分支，又称三叉神经眼眶支，支配眼睑、结膜、泪腺、泪囊和瞬膜。眼神经自半月状神经节发出后，进入海绵窦，沿其外侧壁前行，在此接受交感神经颈丛的纤维。泪腺神经位于眼眶内，分支于泪腺、上眼睑，并与耳睑神经、面神经、额神经支相吻合。额神经起始于眼眶内，与泪腺神经、耳睑神经结合，并先分支于上眼睑，而后分支于额皮肤和上眼眶。鼻睫神经沿眼眶内侧通过，并分为滑车下神经和筛神经。

眼及面部神经支配与分布见图 1-1-17 和图 1-1-18。

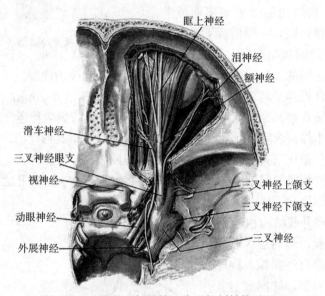

图 1-1-17　眼及面部的神经支配解剖结构后面观

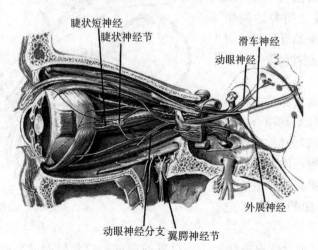

图 1-1-18　眼及面部的神经支配解剖结构侧面观

（四）视神经通路

眼的生理功能完全为神经系统所控制，包括视觉及与眼有关的感觉和运动。视神经通路为传递视觉的整个通路，包括视神经、视交叉、视束、外侧膝状体、四叠体上丘、丘脑枕、视放射、纹状区以及纹状旁区与纹状周围区等部分（图 1-1-19），但有的并不参与视觉功能。下面主要介绍视神经、视交叉、视束和外侧膝状体。

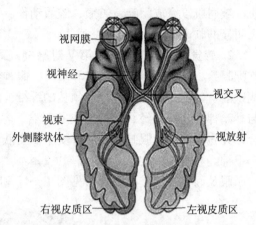

图 1-1-19　视神经通路各部分主要结构示意

1. 视神经　视神经是由视网膜的第三神经元（神经节细胞）所发出的轴索集聚而成的。神经纤维表面没有神经膜，故损伤后不能再生。视神经为视神经通路的起始部分，包括自视神经乳头起到视交叉之间的部分，可分为球内、眶内、管内和颅内四段。

（1）球内段。从视神经乳头起到巩膜脉络膜管为止，长仅 0.7mm，其前表面（即巩膜筛板）可借助检眼镜观察，穿过脉络膜神经纤维处无髓鞘，筛板后神经纤维开始有髓鞘。

（2）眶内段。本段由巩膜后孔到骨性视神经管的前口，呈 S 形弯曲，这对完成生理性的眼球转动以避免某些损伤至关重要。此段的前部有视网膜动、静脉穿入、穿出；后部有由四直肌、上斜肌和上睑提肌的肌腱围绕而成的总腱环将之固定在视神经孔之前，这些肌肉对视神经有一定的保护作用。

眶内段的视神经外膜结构相当于脑膜，共分为三层。

最外层为硬脑膜，最内层为软脑膜，软、硬脑膜之间有一间隙，间隙内有极为细致的蛛网膜。蛛网膜与其外的硬脑膜之间为硬脑膜下腔；蛛网膜与其内的软脑膜之间为蛛网膜下腔，两腔中也均充满脑脊髓液（图 1-1-20）。软脑膜贴近视神经，与神经干之间充满脑脊髓液。

蛛网膜在前面筛板部位，外层与巩膜相合，内层与脉络膜相合，均形成盲端。当颅内压增高时，脑脊液的压力波及视神经纤维，使视神经乳头水肿，加之视网膜中央静脉血液回流受阻，加剧水肿，使静脉高度充盈纡曲。

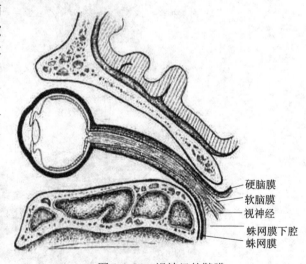

图 1-1-20　视神经的鞘膜

（3）管内段。位于骨性视神经管中，自管前面的眶口到后面的颅腔入口，长约 6mm，断面仍为垂直的椭圆形，伴行眼动脉。营养来自于颈内动脉的分支——软脑膜动脉。管的内侧有蝶窦与后筛窦，且相隔的骨质极薄。有时额窦伸到此管的骨壁上方，因此，这两处窦的疾患常继发球后视神经炎。头部外伤的动物也会因为骨折等致本段视神经严重损害。

此段的硬脑膜形成骨衣，因与蛛网膜、软脑膜的密切黏合，视神经被固定，因此脑脊髓液只能由下方较窄的空隙中通过。若入颅段脑瘤压迫视神经时，脑脊液相对压力增大，可致视盘水肿。

（4）颅内段。视神经从颅腔入口到视交叉，此段硬脑膜和蛛网膜移行为脑膜，只有软脑膜结构。本段的纤维排列关系不变，只是由于脑组织的压迫，横切面更近横椭圆形。

本段的营养来自颈内动脉、大脑前动脉及前交通支分别发出的分支。

2. 视交叉　即两侧视神经交叉接合膨大部，呈扁四角形。视交叉与周围组织的关系较为复杂：前上为左右大脑前动脉及其前交通支；后方主要有脑垂体的漏斗；两侧为颈内动脉，在两侧稍下方有海绵窦；上方为第三脑室的底部。在视交叉的前后各形成一个隐窝，前部为视隐窝，后部为漏斗隐窝。

本段的营养主要由颈内动脉与前交通动脉供给，少部分来自前脉络动脉、后交通动脉以及大脑中动脉发出的分支。

3. 视束　视束自视交叉的后部两侧角发出，绕过大脑脚底时，分为较小的内根与较大的外根。内根为两侧视束的联络纤维，称为 Gudden 联络纤维，止于内侧膝状体，与视觉无关而与听觉有关。与视觉有关的纤维为外根，止于外侧膝状体。另有支配光反射的传入纤维，也通过外根，但经四叠体上丘而止于中脑。

视束的视觉纤维包括来自同侧视网膜不交叉纤维和对侧视网膜交叉纤维。

本段营养来自前脉络膜动脉。前端除前脉络膜动脉外，另有内颈动脉、大脑前动脉以及后交通动脉的分支参与供给。

4. 外侧膝状体　外侧膝状体是第一级视中枢，位于大脑脚的外侧及视丘枕的下外方，为椭圆形的小隆起，是间脑的一部分。视觉纤维作为视束的主要构成，其神经元终止于此处的节细胞，节细胞的另一端即为中枢性神经元，又称为视放射，将全部视觉信号投射到同侧的大脑枕叶视觉中枢，产生视觉。

外侧膝状体的外侧及前部由前脉络膜动脉供给营养，其后部、内侧部及中央部由大脑后动脉及后脉络膜动脉供给营养。

任务实施 >>

认识眼球

【材料准备】眼球模型教具、离体猪眼球、兔、解剖刀、解剖剪、新洁尔灭溶液。

【操作过程】

（1）认识眼球模型（教具），学会拆装眼球模型，并在拆装的过程中分别指出眼球主要解剖结构：角膜、巩膜、虹膜、睫状体及睫状体悬韧带、晶状体、玻璃体、脉络膜、视网膜、视神经乳头、视神经管、视网膜血管（视网膜动脉和视网膜静脉）、睫状长动脉、睫状短动脉。

（2）兔正面观，指出兔眼球可以看到的结构及眼周组织。

①眼球可观察到的结构：角膜、角膜巩膜缘、球结膜、巩膜、虹膜、瞳孔。

②眼周组织：眼睑、眼眦、睑板腺、睑结膜、第三眼睑、鼻泪管开口。

（3）离体猪眼球的观察。

①眼球表面可观察到的结构：角膜、角膜巩膜缘、球结膜、巩膜、视神经。

②离体眼球剖面观察。使用解剖剪和解剖刀将眼球做纵向切开，分别观察并指出其结构，描述其性质或特点。如角膜及角膜的厚度、虹膜及虹膜的颜色、睫状体及悬韧带的位置关系、巩膜及其厚度、脉络膜和视网膜及它们的关系、晶状体和玻璃体的性质及它们之间的关系，视神经乳头及其特点。

【总结】画图并标注眼球的解剖学结构。

任务反思 >>

1. 根据所学的内容能否画出眼球及眼球周围附属结构的解剖简图？哪些是能从眼球正前方（动物正面观）看到的结构？

2. 眼球的血液循环与眼球各部分的营养供给有什么样的关系？

3. 视神经是如何发挥视觉功能的？

任务二 小动物眼科检查方法

任务目标 >>

1. 掌握小动物眼科疾病的检查方法：一是通过问诊和理学检查收集病历资料；二是利用眼科检查设备获取相关病例信息。

2. 技能要点和难点是眼科检查设备的临床操作。

任务准备 >>

小动物眼科疾病的全面诊断包括一般检查以及眼科检查设备检查，通过这些检查对眼部的整体情况进行判断，主要目的是找出病因，搜集有效的临床信息，对患病动物进行专业的针对性治疗。

一、病史及临床病历资料收集

病史及临床病历资料收集对于疾病的诊断非常重要，因为大多宠物眼睛出现异常都不能立即就医，在经历了一段时间后，眼部的损伤多数比较复杂甚至相当严重，多种混合性损害相继出现，使得临床诊断具有难度。调查和沟通时一定要围绕最早出现的症状以及动物最主要的临床表现。

1. 主诉信息 宠物医生要首先根据动物的品种和个体生长发育情况与主人进行良好的沟通，引导主人描述真实的疾病信息。当然，同时要告知主人，某些特殊品种的宠物眼部发育畸形和发育不全都会同时伴有其他组织器官的发育异常，某些特殊的品种也会有很多先天的或遗传性的眼部疾病。医患双方的良好沟通有助于眼科疾病检查的顺利进行。

2. 了解日常生活状况 询问患病动物的生活环境，是单独饲养还是成群饲养，是否家养，有没有户外生活，有没有同时饲养其他动物，生活环境里有没有特殊的植物，生活环境有没有发生重大变化等，与患病动物接触的其他动物或是其兄妹等亲缘动物有无相关眼科疾病发生。在眼部出现异常的同时有没有其他异常，如食欲变化、饮水变化、体重的增减、可疑的疼痛、皮肤病的状况、传染病的预防及发病情况等。

3. 近期内发生的与眼睛相关的重大疾病或外伤 如高血压、糖尿病、肾病、中毒等可能引起的眼睛相关性病变；宠物的争斗引起眼球脱出、前房积血、角膜划伤等外伤因素造成的眼部损害，这些病史有助于宠物医生的诊断和后期的治疗。

4. 询问眼睛分泌物的情况 主要包括分泌物的出现时间、颜色、气味、分泌量、性质及其变化等。

5. 帮助主人判断宠物眼睛可能存在的疼痛表现 很多主人发现不了动物的眼部疼痛，因为动物的眼部疼痛表现出的并非都是典型的畏光、流泪和眼睑痉挛，很多表现不明显，而且很多动物一开始疼痛明显，慢慢的疼痛表现又变得不明显。例如，角膜溃疡早期因为角膜上皮的神经受到刺激，动物明显疼痛，但当发展到角膜基质深层溃疡后疼痛则减弱。

6. 询问视力受损的状况 通过向主人询问动物在室内和室外、陌生或熟悉的环境、白天或黑夜是否出现差异的对比，帮助宠物医生确定动物视力减弱的情况，了解该症状发生的起止时间，判断视力损害是处于持续恶化中还是有所改善，获得双侧眼睛视力恶化的程度及是否一致等信息。

7. 询问有无眼睛发红或其他颜色异常 不同动物眼睛正常颜色不一样，眼睛发红等颜色变化比较容易被主人发现，当然猫的球结膜发红可能因为球结膜极少暴露而不容易被发现，眼睛发红的具体解剖部位要了解清楚，可以展示给主人眼球模型以便准确描述发红的部位。同样对于眼睛发白，很多主人不能准确描述是晶状体变白还是眼角膜变白。所以眼睛疾病的调查不能完全依赖主人描述，需予以甄别。

此外，神经性问题不仅难以发现而且难以诊断，所以当宠物医生怀疑有神经性问题时一定要询问主人患病动物就诊前有无运动失调或是行为异常。

二、一般形态检查

因为眼科疾病检查细节较多，为了方便记录症状、总结病情，眼科专科的宠物医生要设计专属的眼科检查表以方便诊疗过程的实施（表 1-2-1）。

表 1-2-1 ×××动物医院眼科检查表

日期：_____ 主人姓名：_____ 动物名字：_____ 品种：_____ 年龄：_____ 性别：_____

部位		左	右
眼球位置		正常：	正常：
		异常：	异常：
眼睑		上眼睑：	上眼睑：
		下眼睑：	下眼睑：
		第三眼睑：	第三眼睑：

（续）

部位		左	右
巩膜		正常：	正常：
		异常：	异常：
结膜		正常：	正常：
		异常：	异常：
角膜		正常：	正常：
		异常：	异常：
眼前房		正常：	正常：
		异常：	异常：
晶状体		正常：	正常：
		异常：	异常：
虹膜		正常：	正常：
		异常：	异常：
瞳孔		正常：	正常：
		异常：	异常：
眼底	视盘		
	视网膜血管		
泪液量		mm/min	mm/min
眼压		mmHg*	mmHg
角膜染色		荧光素钠：	荧光素钠：
		孟加拉玫瑰红：	孟加拉玫瑰红：
分泌物		性质：	性质：
		镜检：	镜检：

特殊说明：

眼科检查需在光线较暗或是暗室中进行，同时使用专业的光源和设备。

对动物进行眼科检查，需要近距离接触动物，从动物的角度来讲具有威胁感，因此需要相对安静的环境，尤其是猫，不仅要安静而且需要无死角的诊室，并且关紧门窗。检查过程中，与动物的距离要由远及近，要尽量避免镇静或是麻醉，以避免其所带来的负面影响，如视力的检查、瞳孔大小和反射、眼球位置、眼睑裂隙的大小、眼角膜结膜表面的润滑度、泪液检测等，这些都会因为麻醉或镇静而无法获得准确的诊断结果。

通常需在诊室的正常光线下进行眼外部的一般观察，起初可以距动物一定距离，观察有无肉眼可见的异常，如面部及眼眶周围有无皮肤或被毛、眼睛大小、双眼眼球位置及瞳孔有无任何不对称、眼睛及周围分泌物、有无眼球突出等。若发现有异常，可近距离检查并同时使用聚焦光源。

1. 眼睑和眼结膜的检查技巧　检查眼睑时，检查内容包括皮肤、分泌物、睑裂大小、

---

* mmHg 为非法定计量单位，1mmHg≈133.32Pa。

眼睑的位置（眼睑内翻、外翻、下垂和痉挛等）、睑板腺、睫毛、睑结膜等。首先要仔细观察眼睑外部皮肤，如果有脱毛或肿胀的，要检查清楚是否是局限于眼睑缘还是包括眼睑皮肤，注意如果怀疑是皮肤病，在眼睑外部皮肤采样的时候要避免异物进入眼内；睑板腺和睫毛的状况需要借助光源或裂隙灯等具有放大功能的设备，否则很容易遗漏疾病的重要信息，如异位睫毛，犬的异位睫毛长在睑结膜区域时，通常很细且颜色非常浅，接近白色，因为湿润反光导致很难看到。同样，在动物良好保定的情况下双手置于被检眼的上下眼睑，扶住面部的同时用双手拇指翻开眼睑，可以检查睑结膜和球结膜，检查内容包括是否有粟粒肿和麦粒肿（睑腺炎）及疱疹等，还有眼结膜的颜色、是否水肿、分泌物等。在检查的时候务必要充分暴露及选择合适的光线，眼结膜水肿过于严重时，睑结膜会突出于眼睑表面而遮盖整个眼表，难以实施检查，此种情况下可以使用点眼棒辅助。

2. 第三眼睑的检查技巧 第三眼睑检查时要注意其位置，正常动物的第三眼睑是不应该暴露尤其是遮盖眼角膜的，第三眼睑异常暴露或伴有眼睑腺脱出，要甄别眼部是否存在疼痛、角膜损伤、眼球凹陷或缩小、霍纳综合征等情况，伴有角膜损伤的要检查是否有 T 形软骨的卷曲变形，有肿块的要确定是第三眼睑腺体肿胀还是肿瘤或者其他异物，有分泌物的要先检查分泌物或采样后方可冲洗眼睛。第三眼睑的内、外表面都要检查到位，为了暴露整个第三眼睑内、外面，可以用眼用无损伤镊、蚊式止血钳或眼睫毛钳夹起第三眼睑，如果第三眼睑位置正常，想要彻底检查内、外表面，可以经上眼睑轻轻按压眼球以使第三眼睑突出，如果动物眼睑痉挛或过度紧张，可以使用镇静药物或眼部局麻药物后再行下一步操作。

3. 鼻泪管的检查技巧 鼻泪管在睑结膜内眦处上有腹侧和背侧两个开口，有些动物经肉眼就能看到，尤其是那些鼻泪管开口处黏膜有色素沉着的。所以鼻泪管的检查首先要看一下眼内眦周围及鼻两侧面部皮肤和被毛有无分泌物污染或因污染而着色，而后检查鼻泪管开口处是否正常，有无过度狭小或不存在、是否有肿胀或开口增大甚至有脓性分泌物，尤其是猫。鼻泪管排出管道的检查依靠肉眼是无法直接进行的，但当管道任何一处出现问题时，便会造成眼球与眼周症状。对于存在泪液分泌过少的动物，可进行施里墨泪液量的检测。如果怀疑鼻泪管畸形或阻塞时可以进行鼻泪管造影技术来检查确认。

4. 巩膜的检查技巧 巩膜只有最外侧的贴角巩膜缘部分可直接进行肉眼检查，其余后方未暴露部分均不可见。巩膜表面几乎被完全透明的结膜覆盖，需透过结膜检查巩膜前部。如果怀疑巩膜后半部有病变时，因为一般会造成脉络膜或是视网膜的明显病变，因此可借助眼底视网膜检查时尝试进行诊断。通常巩膜的变化可能不太显著而不易被识别，动物医生可以依据以下几点进行评估：

（1）颜色异常。巩膜充血、出血、黄疸、黑色素沉积等。

（2）巩膜暴露面积变化。巩膜暴露面积的改变多数与眼睑的遮盖面积或眼球大小的改变有关。其中眼睑的因素包括眼睑下垂、眼睑眼球粘连、眼睑痉挛等，眼球的问题包括眼球突出、小眼症、眼球萎缩、兔眼症等。

（3）巩膜厚度异常及表面不规则。如葡萄肿、巩膜炎、巩膜结节样肉芽肿、肿瘤等而导致巩膜厚度变化或突起，葡萄肿会同时伴有巩膜突起和发蓝。

5. 眼角膜的检查技巧 正常的眼角膜清澈、透明，在自然状态下可以看到角膜的基本外部形态。因为角膜受损的原因很多，而且受伤后常因为就诊不及时、治疗不得当或动物因眼部不适而抓挠，导致受损更严重，所以角膜的临床诊断要尽量全面、仔细，除详细调查病史外，仅仅进行裸眼观察是远远不够的，必须要有良好的且具有放大倍数的光源，还要结合角膜染色技术，才能完成完整的角膜检查。

当眼角膜发生轮廓改变，如圆锥形角膜、眼球破裂时，肉眼可以进行大致的判断，然后借助裂隙灯观察病变的类型、范围和程度；当眼角膜溃疡同时怀疑干眼症时必须要做角膜染色和泪液量检查；当眼角膜发生水肿、血管新生、黑色素沉积、细胞浸润、纤维化、脂质或矿物质沉积等时，肉眼可看到的是角膜透明度的变化，这些病理变化的确认需要借助裂隙灯；如果发现眼角膜直径有异常，那么需要对比双眼，或通过测量眼压，检查虹膜、晶状体、眼底等眼内组织综合判断。如果怀疑神经系统问题可以进行角膜反射检查，用湿纸巾或捻成细缕的棉花轻轻接触角膜，正常动物会出现眨眼反应，否则可能是角膜麻痹、角膜瘢痕化等。

6. 眼前房的检查技巧　眼前房是位于虹膜与眼角膜之间充满水样液的空间，肉眼检查眼前房有很大的局限性，可以从眼球的侧面评估眼前房的情况，也可以根据是否可以清楚地观察到眼内结构（如虹膜）来推断眼角膜或是眼前房有无异常，准确清晰的诊断还是要依靠裂隙灯来进行。

前房的检查
技巧：前房
积血

（1）眼前房异常内容物。肉眼可直接判断的如眼前房积血或积脓，或者较大的虹膜囊肿和肿瘤，对于眼前房液混浊、晶状体前移、异物、永久性瞳孔膜、玻璃体流入前房等问题需要用裂隙灯来诊断。前房房水内有炎性物质等会出现房水闪辉，用半裂隙光可确诊；用短的裂隙灯光可以鉴别前房内纤维素样蛋白分泌物的存在以及与角膜内皮或晶状体前囊的粘连。

（2）眼前房的深度改变。眼前房深度变浅在犬、猫最常见于虹膜膨隆、虹膜和角膜粘连；角膜溃疡引起的角膜弧度改变，如扁平的角膜引起的前房变浅；其他病变还包括虹膜或睫状体的肿块或囊肿、白内障肿胀期变化、晶状体前移等。青光眼尤其是"牛眼"、小晶状体、无晶状体、晶状体后移或脱离进入玻璃体、过成熟白内障都可以出现眼前房变深。

7. 虹膜与瞳孔的检查技巧　虹膜与瞳孔常常同时进行评估，且需要在散瞳前后分别进行。具体检查除了用肉眼直接观察外，也需要使用聚光光源和裂隙灯，常用方法有：

（1）弥散光照射法。猫的角膜透明性优于犬，检查猫的虹膜可用肉眼直接观察，犬的则使用裂隙灯弥散光照射法检查才更准确，如虹膜的水肿、异色症、黑色素化、虹膜肉芽肿或脓肿、黑色素细胞瘤、慢性或急性葡萄膜炎等。瞳孔的颜色来自于虹膜后方的晶状体、玻璃体、眼底等结构，能引起瞳孔颜色改变的情况包括晶状体核硬化、白内障、玻璃体积血、视网膜剥离或星状玻璃体症等。

（2）后照法。后照法简单易行，用来检查动物瞳孔的形状、大小与对称性。虹膜后方的异常需要先散瞳，然后使用后照法观察。检查者用单一聚光的光源，在距离患病动物鼻子至少一个手臂的距离处照射患病动物的双眼，可以看到动物视网膜的反光。在有脉络膜毯部的动物中，其视网膜的反射光大多为绿色或黄金色，而在缺乏脉络膜毯部的患病动物中大多为红色。也可以根据反光情况来检查比较动物两眼瞳孔的形状、大小及对称性。后照法也可以用来评估动物眼球内结构的清澈度（包含泪膜、水样液、眼角膜、玻璃体和晶状体），若任一介质出现混浊都会影响到视网膜的反光性。后照法也用在晶状体疾病检查时区分白内障与核硬化。

（3）瞳孔光反射。瞳孔光反射是指当光线进入视网膜后，所引发的瞳孔反射性收缩，分为直接对光反射和间接对光反射两种。大多数哺乳类动物的眼睛被光直接照射后瞳孔收缩的程度（直接瞳孔光反射）要比没有被光直接照射到的瞳孔（间接瞳孔光反射）小。

把以上几种检查方法综合起来还可以诊断与虹膜和瞳孔的形态结构相关的疾病，如瞳孔异位或变形、粘连、肿瘤、囊肿、虹膜发育不全、虹膜萎缩或虹膜缺损等。晶状体异位或无晶状体时还可观察到虹膜震颤。

8. 晶状体的检查技巧 检查晶状体可以使用裂隙灯，来确定晶状体内有无混浊。晶状体的疾病比较少见，临床上关注最多的是透明度发生变化，即晶状体内有无混浊、核硬化、白内障等，或是晶状体的位置变化（晶状体异位）。

9. 玻璃体的检查技巧 玻璃体在晶状体的后方，正常是透明的。玻璃体需要在散瞳后通过聚光光源和检眼镜（眼底镜）来检查。玻璃体不透明可能为永存性玻璃体动脉或其残迹、玻璃体胆固醇沉积症、星状玻璃体、玻璃体积血或炎性渗出物、液化现象等异常。玻璃体内部这些病变的检查可以使用后照法，通过让动物移动眼球来判断，如果异常点不动，应是位于晶状体内，如果随眼球移动而移动则位于玻璃体内。

10. 眼底的检查技巧 对于动物而言，不同品种、不同个体的眼底存在很大差异，由于眼底的病变都很微观，所以首先要清楚地了解眼底的组织学关系，然后借助检眼镜（眼底镜）反复观察才能对眼底的变化进行诊断。眼底检查的目的是判断脉络膜、视网膜和视神经是否有异常。临床检查过程中要依次观察整个眼底的颜色和状态、脉络膜和视网膜血管、脉络膜毯部和非毯部、视盘、视杯等的特点，检查时一般先找到视盘，然后分 4 个象限逐一检查，要按照流程一一进行，以避免漏检。犬的视神经外的髓鞘一直延伸到视盘，而其他动物的视神经髓鞘止于巩膜（筛板）。所以犬的视盘外观呈多样化，具有不同的形状、颜色和大小。由于视盘生理性的杯状结构，中央呈小的灰色凹陷。多数视网膜静脉在视盘中央吻合。根据髓鞘遮盖血管的多少，可能是部分或完全吻合。视网膜的动脉比静脉细，主要围绕在视盘周边。猫的视盘较小、较圆、较黑，视盘表面没有髓鞘。视盘多位于脉络膜毯部，视网膜的血管多围绕在视盘周边，不同于犬在视盘中央区吻合。观察视盘是否正常时，首先需要了解动物的品种及其正常视盘的形态。当发生视盘水肿、神经炎、过度髓鞘化等时，视盘即视神经乳头面积或突起变大；其面积或突起变小则可能因为畸形、小乳突症、视神经发育不良、视神经萎缩，以及青光眼造成的视神经病变。

（1）视网膜。视网膜上重要的结构包括视网膜血管、神经视网膜和视网膜色素上皮层（RPE）。不同品种动物的视网膜血管之间存在差异。视网膜的动脉和静脉均由视盘发出。当视网膜变性或退化时，视网膜的血管变细，同时会表现出脉络膜毯部过度反射。当无法清楚地看到视网膜时可能存在有玻璃体碎片、视网膜剥离、视网膜水肿或巩膜畸形等。

（2）脉络膜毯部和非毯部。脉络膜毯部通常位于眼底的上半部。猪、鸟和骆驼没有脉络膜毯部。脉络膜为高度血管化并有不同程度黑色素沉积的结构。脉络膜血管与视网膜的血管（相对较细、有分支、呈黑红色）不同，较粗，呈橙色到粉红色。脉络膜非毯部则会因脉络膜血管内黑色素的多少而发生面积大小的变化。幼猫、幼犬在睁眼后眼底呈灰色，4 月龄左右的时候，背侧的眼底逐渐变为亮蓝色，并具有了反光性。猫眼底外观比犬更有规律，多数脉络膜毯部呈绿色或金黄色，并且占据了很大的范围。这一区域没有色素沉积，这样才能使光线到达此区域。在那些没有脉络膜毯部反射的动物，主要是因为感光色素层有过多的黑色素，所以妨碍了对后面脉络膜的观察。某些白化动物的感光色素层缺乏黑色素，所以可以清楚地观察到脉络膜。由于神经视网膜呈透明状（像一层蜡纸），所以一般难以观察，但由于它的存在使脉络膜毯部反射减弱，并使脉络膜非毯部的颜色呈灰色而不是黑色。脉络膜毯部在病变时会出现炎症细胞浸润、出血、水肿、黑色素、胶样变性、纤维化、肿瘤或脂质堆积等现象。

三、眼神经功能的检查

1. 检查范围 与眼睛功能相关的脑神经有视神经、动眼神经、滑车神经、三叉神经、展神经、面神经及前庭神经。

2. 眼神经功能的检查 完整的眼科学检查也包含基本的神经眼科学检查，大多数病例都可以简单快速地进行检查，基本的神经眼科检查有以下几种。

（1）视力的行为测试。评估患病动物有无视力是眼科医生面临的难题之一。患病动物有无视力可以通过许多行为测试进行观察，且与患病动物的情感、个性、认知能力和意识有关。患病动物初进入检查房间时，对于新环境的反应也可以用来评估患病动物的视力功能。视力测试包括迷宫测试，即眼睛是否会随着有声音或味道的物体移动（可使用激光笔或棉球进行测试）；也可以利用障碍物来测试，即将形状大小不同的障碍物摆放于房间中，观察患病动物能否顺利绕过，同时要在明亮与昏暗环境下分别进行，由于有些患病动物记忆力很好，因此明暗环境交替时必须改变障碍物位置才能避免误判。此外，患病动物在受到威胁时的反应也可以用来评估其视力，测试时需要避免产生风或是接触到患病动物的胡须和毛发而造成假阳性结果。做眼睑反射（触碰患病动物的眼睑皮肤时，可以引发该动物完整的眨眼反应）可以检查患病动物双眼有无正常的眨眼反应，从而评估动物第Ⅴ与第Ⅶ对脑神经功能正常与否。最后，还可以评估患病动物眼球的运动与位置，正常情况下将患病动物的头往左右两侧或往上、下移动时，眼球会随之移动而保持在眼裂的中央处，从而产生生理性眼球震颤。

（2）瞳孔对光反射。瞳孔对光反射是对外侧膝状体之前的视神经通路以及副交感神经的动眼神经分布的瞳孔括约肌进行功能评价的方法。分为直接对光反射和间接对光反射。直接对光反射的检查方法为：用光照射被检眼的同时遮住另一只眼睛，光线照入眼睛的时候观察瞳孔的收缩状况，正常情况下，光的刺激会最终引起瞳孔的收缩。间接对光反射又称为瞳孔转移光检查，为改良型瞳孔光反应测试：用光线先直接照射某一眼（如右眼），再快速移动到另一眼时（如左眼），正常情况下另一眼（左眼）收缩的程度会比原本直接受光照射眼（右眼）的收缩程度还要大，这是因为左眼受间接瞳孔光反应影响，会先缩小后又受到直接光照射所致。因此当患病动物有单侧视交叉前病灶时（如左眼），则此时先照射另一眼（如右眼）再快速照射病灶眼时（如左眼），则病灶眼的瞳孔会先收缩（受正常右眼间接瞳孔光反应影响）后又散瞳，此现象称为同感性反应或 Marcus Gunn 瞳孔。如果双眼的直接对光反射都正常，那么同感性反应是一定存在的。

（3）瞬目反射。当受检眼的眼睑半开或全开时，以强光直射后，正常情况下动物会闭上眼睑。但存在严重视神经、视网膜或颜面神经病变时会呈阴性反应。

（4）眼睑反射。是指轻触眼睑的皮肤来观察能否完全或部分关闭眼睑。判读此检测结果前需确认患病动物调控眼睑皮肤的感觉神经正常，且调控眼睑闭合的运动神经也正常，才能完成此反射。其他原因，如兔眼症时因物理性因素造成眼睑关闭困难或动物（如鸟类或野生动物）精神紧张时，都可能会出现假阴性反应。此外在进行眼睑反射检查时，需要分别触碰患病动物的内外眦两处皮肤进行检测，触摸内眼角时大多数患病动物都可以引起完全的眼睑闭合，而对于较紧张的动物或是眼较凸的品种，触摸其外眼角则可能只引起眼睑部分闭合。

（5）恫吓反应。正常的威胁反应是指建立在患病动物"可以看见"检查者所做的威胁动作而产生的反应（做出眼睑闭合的动作）。故检查前要确定患病动物有正常的眼睑反应，才可以间接确定患病动物有无视力。在进行此检查前需确定此刺激除了让患病动物看见之外，没有与患病动物身体产生任何接触（如触碰到毛发、产生气流或味道等）。检查时需要同时检查其内外视野，两个眼睛需要分别进行检测（因为只要有一只眼可以看到刺激动作便会让双眼眼睑闭合以保护自己）。对于极度害怕的患病动物，反应可能不明显。此外，此反应为经后天学习的"经验"，因此对于14周龄以内的幼犬或幼猫可能不适用。具体原理见神经眼科疾病内容。

四、眼科特殊诊断方法

（一）检影镜

检影镜又称全视网膜镜，其原理基本与双目间接检眼镜相同，但操作更简单。利用检影镜的照明系统将眼球内部照亮，光线从视网膜反射回来，这些反射光线经过眼球的屈光成分后发生了变化，通过检查反射光线的变化可以判断眼球的屈光状态。其缺点为采用裂隙灯光照，光斑呈裂隙状，且裂隙光带的宽窄和投照角、物镜距离和目镜的调节都可直接影响眼底图像的清晰度，需经过不断实践才能熟练掌握。

适合动物用的检影镜有＋20D、＋30D等数种非球面镜，部分镀有激光保护膜可直接经这类透镜进行眼底激光检查。使用时不接触角膜，若能熟练操作，可检查到周边视网膜，所获得的图像为倒像。检查前需充分放大患病动物瞳孔，将动物保定于裂隙灯前，保持与裂隙灯检查一样的位置。检查者左手持检影镜置于被检眼前20～30mm，右手操作裂隙灯，光线置于正中位置，0角度投射，裂隙宽约2mm，通过裂隙灯看清楚透镜后的角膜时，将裂隙灯操作杆慢慢后拉，直到看清眼底为止。此时看到的影响是倒像，也就是上下、左右皆为相反。若此时患病动物眼球左右上下转动，则可看到周边眼底。由于裂隙灯光源强度较高，故光线容易穿透一定混浊度的屈光介质，如玻璃体混浊、白内障等。该方法检查眼底时立体感好，可以很清楚地显示视盘小凹、血管变异、黄斑裂孔或囊肿、视网膜下病理变化、视网膜裂孔、眼内占位等。

（二）视网膜电图

视网膜电图仪由以下四个部分组成：记录电极、光刺激器、生物放大器、显示和记录装置。

1. 视网膜电图检查的目的　光线进入视网膜时，视网膜对于不同光线的强度、波长和光照时间会产生不同的电位差，因此，可通过放置于眼周的电极收集这些特征性波幅后记录成视网膜电图。此检测适用于所有动物，目的是检查患病动物的视网膜功能而不是视神经和视力，通常只有在动物眼科专科医院才能进行本项检查。进行本项检查的目的具体如下：

（1）诊断不同类型的遗传性视网膜病变。

（2）白内障摘除手术前，在无法进行眼底检查时，可以用来评估视网膜功能。

（3）在眼底检查正常时，探讨不明原因失明的原因。

2. 视网膜电图检查的步骤　视网膜电图（ERG）是一个非常容易受内外环境因素影响

的电反应。为了获得有诊断价值的视网膜电图，在记录中必须做到记录条件不变和操作步骤统一，这是获取有诊断价值的视网膜电图和缩小个体间差异的必要措施，其主要步骤如下。

（1）患病动物应在室内自然光下或特定照度的室内进行预适应，在此期间可进行散瞳等预备性工作。

（2）对无禁忌证的患病动物，可用药物充分扩瞳。

（3）暗视 ERG 在记录前至少暗适应 15min。

（4）用酒精棉球擦拭放电极皮肤至表面潮红。

（5）在皮肤电极的凹面放入足量的导电膏，然后将电极粘在相应的位置上。

（6）在作用电极的角膜面滴入数滴 5％甲基纤维素，仔细地放入结膜囊内，勿损伤角膜上皮。

（7）将上述电极分别与记录仪的输入端连接。

（8）检查作用电极、相关电极与地电极间的阻抗。

（9）按要求设置记录条件，然后进行测定。

（三）影像学检查

1. 眼科 B 超　B 型超声诊断眼科疾病已广泛应用于临床。眼球及眶壁的特殊构造及眼球内容物良好的透声性质，为 B 超诊断眼科疾病提供了有利的条件，特别是它不受屈光间质混浊的限制，能清楚地观察到球内眼底的情况，以及病变的位置、形态、内部结构、附着点、活动度。能观察到病变区与眶内重要结构，如视神经和周边大血管的关系。B 型超声能对球内各种病变做出较正确的诊断，如原发性视网膜脱离时能探测到脱离的部位、形态、隆起的高度和脱离的程度，而且根据光带的厚度、皱缩、缩短等特征，判断出陈旧性视网膜脱离和继发性视网膜脱离的病因。B 型超声还能发现早期球内占位病变及眶内占位病变的大小、位置、性质，并进行鉴别诊断，为是否适宜手术提供科学依据。如血管被肿瘤包绕者可及时进行手术切除，为手术临床提供依据。B 超能清晰显示眼内异物的位置、形态及大小，还可根据其声像学特征判断异物是金属性还是非金属性，从而有助于临床治疗和对异物的手术取出。

进行眼科 B 超检查时需要了解 B 超的使用方法并熟悉眼睛内部的结构。检查时不建议对患病动物做全身麻醉，可在局部给予麻醉药物后，在 B 超探头涂上无菌超声耦合剂直接贴在眼角膜后进行检查。适用于诊断以下各种疾病：晶状体破裂或异位，眼内肿瘤或检查有无异物，玻璃体退化，帮助引导眼睛内或周边的细针采样，确定有无眼球后疾病，视网膜剥离。

B 超诊断具有无伤害的特点，在眼科临床应用中具有很重要的实用价值。

2. 超声生物显微镜　超声生物显微镜是一种新的影像学方法，它通过高频率的超声波应用显微方法显示活体眼球表面下的结构，产生的影像与低倍镜下的组织切片相似。所不同的是，前者不干扰眼内各结构之间的内在关系，而且能够相对实时地观察到活体内各结构的活动状况。其主要的限制在于穿透性，即只能显示眼前节而不能使眼后节成像。特别适用于以下疾病的检查：

（1）青光眼。超声生物显微镜的出现为青光眼的分类标准提供了形态学改变的新依据，为诊断和治疗提供帮助。由于其成像不受屈光间质清晰程度的影响，更为突出的是它可以在活体状态下对被虹膜遮挡的眼后房及睫状体的情况进行观察，为闭角型青光眼患病动物的房角形态改变、开角型青光眼患病动物睫状突与虹膜的位置关系、睫状环阻滞性青光眼患病动物睫状环与晶状体的位置关系的研究、抗青光眼手术后的眼前段形态改变都提供了很好的帮助。

（2）眼外伤。超声生物显微镜在眼前段微小异物的诊断、低眼压综合征的诊断、睫状体断离手术复位的定位指导方面均有重要意义，并为挽救患病动物的视功能、最大限度地降低手术对眼组织的损伤提供诊断依据。

（3）眼肿瘤。位于眼前段的肿瘤由于其生长隐蔽而易被漏诊，超声生物显微镜可以发现眼前段的微小病变，准确诊断病变为囊性还是实性，可以对病变的大小进行测量，为随诊观察提供帮助。通过对病变内回声、边缘以及病变与周围组织之间的关系对病变的性质进行鉴别诊断，为保留眼球治疗眼前段肿瘤提供帮助。

超声生物显微镜同样可以应用于眼表疾病、眼内人工晶体植入、周边玻璃体疾病、眼外肌疾病等的诊断。

3. X射线检查 X射线检查是利用X射线摄影发现眼内异常或异物并对其进行定位的检查方法，它是根据异物吸收X射线的多少及异物与眶内软组织的密度差异来反映异物的性质。金属异物吸收X射线多，与周围软组织密度差异大，检出率高，且定位准确；但非金属异物（如木屑、塑料等）吸收X射线少，与周围组织差异小，故检出率低。

可摆背腹侧、侧面或由前往后、斜照等姿势拍摄X射线片来确定眼周组织或骨骼有无病变、异物或肿瘤等异常，必要时可搭配显影剂（如泪管显影照相术等）。X射线在穿透机体时会与组织发生相互作用。不同组织因吸收和散射强度不同，将改变组织对射线的衰减，引起透射射线强度的变化。感光材料接受到该强度变化信号后经信号处理形成常见的影像。传统的X射线成像技术采用感光胶片成像，随着数字成像技术的不断发展，计算机X射线成像（CR）和数字射线成像（DR）是替代胶片射线成像的典型技术。

CR技术用成像板记录影像信息，这种影像是不可见的，必须用特殊的扫描仪进行数据读取，将数据传输至计算机处理，然后成像。这种成像方式相当于半实时成像，成像板可以重复使用，但随着曝光次数的增加，成像板寿命自然损耗，同时其成像质量也会随之下降。DR技术是由平板探测器直接接收X射线图像信号，传至计算机成像，没有中间环节，成像质量高、速度快，可以做到实时成像显示并能实现在线检测。因此，DR技术是目前X射线数字成像技术发展的趋势。X射线数字成像系统通常包括射线源、成像板（DR板）、图像显示系统、X射线机现场移动支架、移动工作站等。

眼异物创伤发生的原因、场所、时间复杂多样，异物成分、性质各不相同，依据异物对X射线的吸收性能，从X射线检查角度将眼异物分类如下：

（1）不透X射线异物。此类异物主要以密度值较高的重金属物质为主，如铜、铁、钢、铅等，其密度大于眼部眶部重叠组织，能较多地吸收X射线，在照片上表现为致密阴影，清晰显示。

（2）半透X射线异物。此类异物主要以镍、铝等轻金属及某些合金为主，如密度大的金属矿石和含金属成分的玻璃碎屑等。其密度与骨骼组织相仿，在质地良好的照片上，可显示为密度略高于眼眶内软组织的较浅淡阴影。

（3）可透X射线异物。主要以非金属异物为主，如沙石、木屑、玻璃、竹签、塑料等，它们对X射线的吸收程度与眼眶内软组织几乎完全相同，在与头颅骨骼重叠的眼眶正侧位片上多不显影。但在 X 射线不经过眼眶骨壁所拍摄的眼球范围内的照片上，异物可显示为略高于眼球密度的浅淡阴影。

4. 核磁　磁共振成像（MRI）利用遍布机体全身的氢原子在外加强磁场内受到射频脉冲的激发可产生核磁共振现象，经过空间编码技术，用探测器检测并接受以电磁形式放出的核磁共振信号，输入计算机，经过数据处理转换，最后将机体各组织的形态形成图像。MRI 的图像也是断面图像，能直接进行横断面、冠状面、矢状面或任意方位成像，软组织分辨率较 CT 更高，没有电离辐射，适合眼科病变的检查。随着 MRI 成像技术及线圈的改进，扫描速度更快，图像空间分辨率和信噪比明显提高。检查时需要患病动物配合、眼球制动，动物需要药物镇静，以避免运动伪影影响图像质量。

核磁相比 CT 能更好地区分脉络膜肿瘤和眼内外周围组织的关系，将会成为重要的新的诊断技术。核磁和 CT 扫描结合运用，对眼球突出的诊断更准确，很好地显示病变的来源和范围，并为治疗提供最佳指导。核磁检查能较清晰地显示出玻璃、石块、木质等非金属异物在眼内的位置、数量，能够根据晶状体的密度、形态改变，帮助了解有无晶状体的混浊、肿胀及破裂；也能够显示玻璃体内出血情况，并能测量眼球壁的厚度，清楚地显示异物周围的解剖结构及组织状况，为手术取异物创造良好的条件。

肿瘤含黑色素的量较少时核磁鉴别困难，但可以显示球壁受累程度。球内病变多引起视网膜剥离，增强扫描有利于鉴别是单纯视网膜剥脱还是肿瘤。炎性假瘤形态多样，发病部位不一，核磁可反映其组织学特点，区分淋巴细胞浸润型与纤维硬化型。

眼睛皮样囊肿表现为边界清晰的类圆形低密度影，CT 可测到负值，并显示囊壁钙化和骨壁受压情况，核磁可以根据囊液信号变化判断囊液的性质。

5. CT　CT 是最普通和有用的放射线成像装置，是用 X 射线束对机体的某一部分一定厚度的层面进行扫描，由探测器接收透过该层面的 X 射线，所测得的信号经过模数转换，转变为数字信息后由计算机进行处理，从而得到该层面的各个单位容积的 X 射线吸收值即为 CT 值，并排列成数字矩阵。这些数据信息被储存，经过数模转换后再形成模拟信号，经过计算机的一定变换处理后输出至显示设备上显示出图像，因此又称为横断面图像。CT 图像避免了组织结构重叠，与 X 射线平片相比密度分辨率和空间分辨率明显提高，主要用于眼眶外伤，包括眶内高密度异物定位、眶壁骨折的诊断等。

与磁共振成像和超声相比，螺旋 CT 被认为是发现眼内异物最好的诊断方法，同时也是排除眼眶骨折的理想选择。在眼内异物定位和判断异物大小方面 CT 优于超声。CT 能显示部分晶状体混浊和脱位，但对玻璃体混浊显示率较低，难以显示视网膜和脉络膜脱离。增加眼内炎风险的低密度异物（植物或有机异物）不能被 CT 发现。

CT 诊断开放性眼球损伤的敏感性和特异性分别是 73％和 95％。眼球壁不连续、眼球变形、晶体缺如或脱位、眼球内积气和眼球突出等都是眼球破裂伤的 CT 征象。CT 检查能为眼球破裂伤提供非常重要的诊断依据，因其有密度和空间的高分辨率，同时还能完成冠状位扫描及三维重建，定位准确，可直接显示眼球壁破裂口。CT 扫描对眼眶骨折诊断的敏感度为 79％～96％，对眶下缘骨折敏感性较低。直接冠状扫描特别适用于评价眼眶顶部和眶底骨折，上、下直肌受损及眼内异物的定位。

6. 眼底血管荧光造影　眼底血管荧光造影指的是把荧光素钠从静脉快速注入以后，采用配备有滤光片系统装置的荧光眼底照相机，采取电视录像或者持续拍摄，对视网膜病变和眼底血管病变进行检查的一种常见方法。

极少数患病动物可能会发生荧光素钠过敏反应，造影室应备有血压计、听诊器、氧气筒、轻便手持复苏器、口腔通气道、静脉输液器等；急救用药如肾上腺素、抗组胺药、氨基茶碱、阿拉明、琥珀酸钠氢化可的松等针剂。

眼底造影机有照相与摄像两种。由于眼底荧光造影是一个动态过程，为达此目的，数码照相只能不断地单幅拍照，因此被称为准动态。而眼底造影摄像机，其拍摄的是视频图像，因此获取的图像信息是完全实时、全动态的。

这项技术对许多眼底疾病，特别是血管性疾病、色素性疾病及肿瘤等的诊断和发病机理的研究，以及治疗和疗效观察等都有着重要的意义，许多医院已将此项技术列为眼底疾病的常规检查方法之一。

任务实施 >>>

一、角膜染色

【适应证】角膜糜烂、角膜溃疡等各种角膜损伤。

（一）角膜荧光染色

【原理】荧光素钠染色剂是一种水溶性染色剂，可以附于所有亲水性组织。眼角膜最外层为疏水性，角膜基质层为亲水性，在眼角膜完整无损的情况下，荧光素钠染色剂不会着染于眼角膜，当动物眼角膜上皮出现缺损而暴露出基质层时，则会出现荧光剂残留并着染，因此荧光素钠染色常用来检测患病动物是否患有眼角膜溃疡。

【操作方法】保定动物头部，首先清洗眼睛以避免过多的分泌物影响检查，然后取出荧光试纸，试纸的头端为荧光素钠试剂区域。检查时将试纸头端以无菌生理盐水沾湿后，翻开眼睑，轻触患病动物结膜，注意不可以直接接触到患病动物的眼角膜，否则可能会造成假阳性结果。染色后立即用无菌生理盐水冲洗掉过多的染色剂，以免当眼角膜变粗糙或有血管新生时，眼角膜因表面不规则而造成染色剂淤积而呈现假阳性。最后用钴蓝光检查有无荧光反应。

【结果判定】不同类型的眼角膜溃疡都有其典型的荧光残留特性，可以看到亮黄绿色的荧光阳性反应。弥漫性角膜基质损伤可看到较大面积的星星点点、略呈斑驳的黄绿色荧光；深部角膜基质完全暴露的溃疡染色为均匀的黄绿色荧光；当眼角膜溃疡深度达到眼角膜的后弹力层（也是疏水性）时，弹力层无法染上荧光颜色，但仔细观察溃疡灶周边角膜基质的边缘呈现荧光染色阳性，如果深的溃疡中心和周边均不着色，则说明溃疡面已经出现角膜上皮的修复，疏水性的上皮不能被荧光素钠着色。有时，周边及眼角膜上皮没有缺损时，也可能出现阳性反应，原因是角膜纤维血管组织新生（或肉芽组织新生时），而这些组织也为亲水性。

（二）孟加拉玫瑰红染色

【原理】孟加拉玫瑰红染色剂可以使死亡的上皮细胞着色。眼角膜上皮的缺损未达到全层上皮细胞死亡的程度，而且尚未暴露出角膜基质时（荧光素钠染色呈阴性），使用孟加拉玫瑰红染色可呈现玫瑰红颜色（阳性），这种染色技术可发现早期眼角膜上皮的缺损，并常用于猫角膜损伤的检查。

【操作方法】保定动物头部，首先清洗眼睛以避免过多的分泌物影响检查，然后取出孟加拉玫瑰红染色试纸，试纸的头端为玫瑰红试剂区域。检查时将试纸头端以无菌生理盐水沾湿后，翻开眼睑，轻触患病动物结膜。染色后立即用无菌生理盐水冲洗掉过多的染色剂。用自然光或日光灯检查角膜显色反应。

【结果判读】角膜上皮糜烂者会呈现玫瑰红色（阳性）。

【注意事项】玫瑰红染色液具有杀菌效果，因此做玫瑰红染色必须在分泌物采样之后实施。

二、泪膜的稳定性测试

【适应证】泪液量少或干眼症。

【原理】泪膜破裂时间可以反映泪膜的稳定性，这是泪液中黏液层质与量的检测方法，当泪液的质或量下降时即会造成泪膜不稳定而提早干燥。

【操作方法】先将一滴荧光素钠染色剂滴入被检眼，立即闭合动物眼睛。打开并暂时固定眼睑（使之不能闭合），同时用钴蓝光照射被检眼睛并开始计时，观察眼角膜背外侧处并记录黄绿色泪膜的干燥时间，截止时间为看到黑色斑点出现，即为泪膜破裂时间。

【结果判读】犬正常泪膜破裂时间约为20s，猫约为17s。低于参考值时间范围诊断为泪膜稳定性差。

三、施里默泪液量测试

施里默泪液量测试（Schirmer test，STT）应用施里默泪液试纸进行测定，为半定量检查泪膜中水样液的方法，是目前比较客观的检测泪液量的方法。

【操作方法】首先每张纸条在检测前需先弯折其凹角处（0刻度起始端），从眼外眦处拉开下眼睑，放置于下眼睑外1/3处。在检测过程中，尽量让动物闭上眼睛，减少因为身体活动和强制保定造成的刺激。检测时间为1min，1min后读取试纸条上泪液所浸润处的毫米数即为该动物的STT值。

【注意事项】进行施里默泪液试纸检查之前，一定要避免过多刺激眼睑和角膜的操作，也就是说最好在其他检查之前进行，同时眼表不要滴加任何药物。因为某些药物会造成泪液检查结果假性升高，有些药物（如局部麻醉药或副交感神经阻断剂等）会降低泪液量，其他检查（如眼角膜或结膜采样或冲洗鼻泪管等）也会造成泪液量假性升高。STT为检测患病动物基本和反射性泪液量的检测方法，包含纸条基部本身对角膜刺激所造成的泪液量。所以在检查过程中，太靠近内侧会因第三眼睑保护角膜而造成泪液测量值较低，靠近中间则会使犬、猫因试纸条对角膜的刺激而增加泪液的产生，但一般来讲对检测结果不会产生太大的影响。该检查必须使用无菌且单独包装的专业泪液检测试纸条。

【结果读取】正常犬的STT值大于15mm，若低于10mm则可怀疑为干眼症，低于5mm可诊断为干眼症；若为10~15mm，根据干眼症相关的临床症状，则可高度怀疑为干眼症。

【注意事项】有研究指出正常猫的STT值为12~25mm，平均值为17mm，主要原因可能为猫在压力因素下短时间内所造成的现象，所以不能过分依赖数据进行解读。

四、眼压计的使用

【适应证】 伴有眼压升高或下降的各种眼科疾病。

【设备】 回弹式眼压计。

【操作方法】

（1）打开眼压计，针尖向内安装探针。

（2）测量时使被检动物保持站立姿势，兽医师一手执眼压计，另一手拇指和食指轻轻撑开眼睑，充分暴露角膜。

（3）将眼压计靠近患病动物眼睛，调整好距离。轻按测量按钮，依次完成6次测量，即可获得单次测量值和平均值。

【注意事项】

（1）无需麻醉即可操作。

（2）按键时要快速，整个测量时间非常短，只需几秒。

（3）电量不足时探针会震颤而不能弹出，需要更换电池。

（4）不可用手接触探针头部的小球。

（5）鼻、颞侧眼压与中央眼压有很好的一致性。

★ 知识链接 ＞＞＞＞＞＞＞＞＞＞＞＞＞＞＞＞＞＞＞＞＞＞＞＞＞＞＞＞＞＞＞＞＞＞

眼压计的类型及原理

眼压计是通过角膜形状变化（压平式、压陷式、非接触式等）或直接测量角膜血流脉动压力变化，换算获得眼内压。

【基本构造】 眼压计的基本功能性部件有：角膜形状变化发生器、角膜变形测量系统或接触角膜装置和压变传感器。

【类型】 眼压计的主要类型有压陷式眼压计、压平式眼压计、非接触式眼压计、回弹式眼压计等。

1. 压陷式眼压计 是用一定重量的眼压测杆将角膜压成凹陷，在眼压计重量不变的条件下，压陷越深其眼压越低，其测量值受眼球壁硬度的影响。Schiotz眼压计属于此类，该眼压计1905年由Schiotz发明，由于其价廉、耐用、易操作，在我国应用仍较广泛。它由一个金属指针、脚板、活动压针、刻度尺、持柄和砝码组成，活动压针和指针砝码分别为5.5g、7.5g、10g和15g。测量时眼压计刻度的多少取决于眼压计压针压迫角膜向下凹陷的程度，所以测量值受到球壁硬度的影响。当眼球壁硬度较高时（如高度远视和长期存在的青光眼）测量的眼压值偏高；当眼球壁硬度较低时（如高度近视、视网膜脱离手术后）所测的眼压值偏低。可以用两个不同重量的砝码测量后查表校正，以消除球壁硬度造成的误差。

2. 压平式眼压计 是用一定力量将角膜凸面压平而不下陷，眼球容积改变很小，因此受眼球壁硬度的影响小。1948年由Goldmann设计，是国际较通用的眼压计，它附装在裂隙灯显微镜上，主要由测压头、测压装置、重力平衡杆组成，患病动物采用坐位测量。

当角膜被压平面直径达 3.06mm（面积 7.354mm^2）时，通过裂隙灯显微镜看到的两个半圆环的内缘正好相切，刻度鼓上所显示的数值即为测量的眼压。中央角膜厚度会影响其测量的眼压数值。如中央角膜厚，眼压值会比真实值偏高，中央角膜薄（包括激光屈光性角膜切除术后），眼压值会比真实值偏低。

3. 非接触式眼压计 其原理是利用可控的空气气流快速使角膜中央压平，为了检测角膜压平面积，仪器同时向角膜发出定向光束，其反射光束被光电池接受。当角膜中央压平区直径达 3.6mm 时，反射光到达光电池的量最大，此时的气流压即为所测的眼压。由于测量的是瞬间眼压，应多次测量取其平均值，以减少误差。其优点是检查时间短，避免了眼压计接触角膜所致交叉感染的可能，可用于筛查以及表面麻醉剂过敏者。

4. 回弹式眼压计 又称动态眼压计或撞击眼压计，采用了创新的感应回弹专利技术。探针插入眼压计后被磁化，产生 N/S 极，仪器内螺线管瞬时电流（持续约 30ms）产生瞬时磁场，使磁化的探针以 0.2m/s 的速度朝向角膜运动（同极相斥原理）。探针撞击角膜前表面，减速，回弹，控电开关监视回弹的磁化探针引起的螺线管电压，电子信号处理器和微传感器计算探针撞击角膜后的减速度，最后将整合信息转换成眼压读数。该眼压计可在 0.1s 内完成测量。如果眼压升高，探针撞击后的减速度增加，撞击的持续时间缩短。

五、鼻泪管检查

（一）鼻泪管造影技术

【适应证】 诊断先天性或后天性的鼻泪管阻塞。

【造影剂】 碘海醇溶液。

【操作方法】 首先尽量挤出泪囊中的内容物，并用泪道冲洗器或留置针向泪囊中注入 0.3～0.5mL 碘制剂。推注完毕及注入 4min 之后分别拍 X 射线片，拍摄体位为鼻泪管外侧和斜外侧，后前位。

【结果判读】 正常情况下，碘制剂会大部分顺利排入鼻腔，或仅仅在泪囊及鼻泪管中留下少量残余造影剂。如果存在鼻泪管阻塞，则会有泪囊扩张、狭窄、粘连或周围组织占位性病变的压迫等，可以在 X 射线片上显示出来。

（二）鼻泪管排泄试验

【适应证】 检测鼻泪管通畅与否。

【操作方法及判读】 将荧光素试纸条放置于动物背侧的球结膜，如果鼻泪管是通畅的，那么就会在鼻孔发现排出的荧光素。一般情况下，大多数品种的犬在眼内滴加荧光剂后，荧光剂会在 5～10min 经鼻泪管流至同侧的鼻腔与口腔中，可观察鼻腔或口腔来判读其鼻泪管是否通畅。需要注意的是，短吻犬或猫因鼻泪管开口位于鼻腔的后半部，荧光素往往会排入鼻咽，若只检查鼻腔则可能会造成假阴性，因此需要打开口腔进行确认。

六、聚光光源的使用

【适用范围】 在昏暗的环境下以单点聚光的光源配合具有放大镜的设备进行眼球内部的检查。

【操作方法】检查时必须使用足够亮且聚光的光源，放大镜与点光源可以从不同角度检查眼睛。常用简易型放大设备的焦距为15～25cm，具有2～4倍放大效果。当点光源垂直进入眼睛时会经过眼角膜、晶状体前囊与后囊而产生3个反射点，可以从不同角度下所观察到的反射情况来评估眼球内部的状况。使用放大镜与点光源，动物医师可以根据既定的眼科学检查表来逐一检查眼睛结构，通常会由周边向中央、由前向后来进行检查（图1-2-1）。

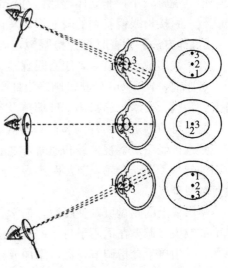

图1-2-1　聚光光源的检查方法示意

七、检眼镜的使用

检眼镜是利用照明系统和观测系统来直接观察眼内及眼底情况的眼科检查设备，可分为直接检眼镜和间接检眼镜两种。

（一）直接检眼镜

直接检眼镜是目前最常用的检查工具，也称手持式检眼镜。在暗室内直接使用，无需散瞳。镜头的构造包括照明系统和观察系统，灯光由一小镜反射入被检眼内，检查者可通过调节镜头屈光度检查屈光间质、玻璃体、视网膜、脉络膜及视盘等部位。

直接检眼镜的构造及功能如图1-2-2所示。

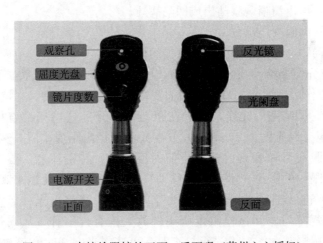

图1-2-2　直接检眼镜的正面、反面观（苏州六六授权）

【适应证】

（1）检查眼底，特别是较大动物。

（2）高倍放大，针对特定区域进行详细检查，如视神经和血管。

（3）在进行间接眼部检查或检耳时作为光源。

【设备特点】直接检眼镜看到的影像放大倍数较高（15倍），影像更明亮。远视眼、无晶状体眼的放大倍数较小，而近视眼放大更多。对于小动物而言，直接检眼镜检查很有必要，但其视野较小，非立体影像，对眼部进行全面观察要求操作熟练程度更高。与间接检眼镜比较，直接检眼镜看到的眼底影像解读起来稍感困难。

【操作方法】检查时打开检眼镜，调节光线强度来适应术者需要。将屈光轮调至 0 度，这适合于大多数动物。术者用右眼观察动物的右眼，反之亦然。调暗室内光线，将检眼镜置于术者眼前，在 25cm 处获得脉络膜虹膜反射影像。术者和检眼镜一同向受检眼移动，其间可看到角膜、房水、晶状体、玻璃体及空气的成像及其对眼底成像的干扰。距受检眼 2～3cm 时，可清晰观察到视网膜、视神经、视网膜血管以及脉络膜虹膜。寻找到血管，沿着它找到视神经。观察视神经和血管，之后扫描眼底，观察是否有颜色、透亮度、体积和形态方面的异常。用屈光轮调节焦距来观察凸起或凹陷病变，轮上红字代表负数或调深，黑字代表正数或调浅。

检眼镜上的轮盘可调整度数，初学者检查前需练习单手持镜，将检眼镜紧贴在鼻梁近内眦部或额头（调整在适用于自己的最佳位置，开始时务必贴紧面部），使视线能够顺利通过小孔，并用单手食指调节轮盘，增加或减少度数，此步骤必须熟练掌握。

（二）间接检眼镜

手持式便携间接检眼镜自带聚光镜，头戴式间接检眼镜不需要聚光镜。

【适应证】检查眼底，特别是针对小动物。

【特点】

(1) 动物需要充分散瞳。

(2) 更好地观察眼部透光结构。

(3) 低倍放大，视野广阔，可以观察整个眼底。

(4) 立体影像，可以清晰观察凸出或凹陷病灶。

(5) 易于观察视网膜周边部分。

(6) 远离受检动物，降低术者受动物攻击的概率。

【操作方法】首先需要给动物做散瞳处理，可以选择复方托吡卡胺扩大瞳孔，需时 10～15min，对犬的散瞳作用持续 8～12h。然后需要一名助手保定动物，并拉开眼睑。术者在一臂距离处检查动物，调暗室内光线，一手在距动物一臂远处持局部直接检眼镜（带有光源），一手将放大镜（屈光度为 20 或 30）放在光照路径内距受检眼 3～5cm 处，获得脉络膜虹膜反射影像。眼底影像表现为放大镜前的反转影。特别注意：要观察放大镜前的影像，而不是镜内或眼内的影像。术者通过移动自身、光源和放大镜来观察眼底其他部位，三者始终应处在一条直线上。如果影像丢失了，将放大镜移出光柱后重新开始。掌握此项技术的要领是反复练习。间接检眼术所用的放大镜有许多种，放大倍数各不相同，放大倍数越低，观察视野越大。对犬进行检查时，可选屈光度 30、2 倍放大者或屈光度 20、4 倍放大。

八、裂隙灯的使用

裂隙灯构造可分为裂隙灯系统和显微镜系统两部分。裂隙灯系统通过强烈的聚焦光线将透明的眼组织作成"光学切面"，从而可以像观察病理组织学切片那样，在显微镜下比较精确地观察病变的深浅和组织的厚薄。

【适用范围】检查角膜、前房、虹膜及晶状体。眼睑、泪器、结膜等组织的病变也可用活体显微镜检查。若配以附件，其检查范围将更加广泛。

【操作方法】根据检查目的和检查的眼睛结构使用不同的检查技术。

1. 弥散光照射法　此法无需暗室，光线照射方式为：裂隙照明系统从较大角度斜向投射，同时将裂隙充分开大，大面积照射，利用集中光线或加毛玻璃，用低倍显微镜进行观察。当使用普通光线照明时，因光线较暗，不加毛玻璃；当使用光线强度较大时，不建议长时间持续检查，同时要加毛玻璃，检查中动物眼睛会较为舒适。此法主要用于检查结膜、巩膜、角膜、晶状体等眼前部组织。

2. 斜照法　此法需要暗室，裂隙宽度可选择 0.1mm、0.2mm 或 0.8mm，裂隙直径可选择 1mm、5mm 或 12mm，采用高强度光亮、高倍显微镜正面观察。用斜照法可观察大部分眼前部病变，如结膜乳头增殖、结膜滤泡、角膜异物、角膜薄翳、晶体前囊色素沉积和晶体混浊等。根据检查目标调整裂隙灯的焦点和照明系统与观察系统的角度。观察晶状体、玻璃体时，照明系统与观察系统角度调整为 15°，调整焦点深度；观察角膜、前房和晶状体前极时，照明系统与观察系统角度调整为 60°，调整焦点至角膜或前房。

3. 反光法　此法需要暗室，建议使用 0.8mm 裂隙，照明系统与观察系统角度调整为 45°～60°。当裂隙灯照入眼部，遇到角膜前面、后面，晶体前面、后面等光滑界面时，将发生反射现象。观察时，调整显微镜位置，适时调整照明系统与观察系统角度，反射光线进入显微镜时，将看到较亮的反光。本法可用来检查角膜水肿时角膜表面"小肿泡"、上皮剥落或角膜瘢痕及晶体前囊病变等。

4. 后照法　此法需要暗室，对焦方法基本同斜照法，观察技巧很重要。例如，裂隙光从右侧照入，调整显微镜对焦于角膜上，同时使裂隙光束通过角膜到达虹膜，形成一个模糊的裂斑。这时，观察者不要去看角膜被照亮处，而是将视线转向虹膜斑前方的角膜部分观察，便可看到在光亮背景上出现的角膜病灶。当角膜有新生血管或后沉着物等不透明组织时，就会在光亮背景上显出不透明的点或线条。该法适用于检查角膜深层血管、角膜深层异物、角膜后沉着物等。

⭐ **知识链接** >>>

便携式裂隙灯显微镜

【原理】裂隙灯显微镜是使灯光透过一个裂隙对眼睛进行照明。由于是一条窄缝光源，因此被称为"光刀"。将这种"光刀"照射于眼睛形成一个光学切面，即可观察眼睛各部位的健康状况。其原理是利用了"丁达尔现象"：当一束光线透过胶体，从入射光的垂直方向可以观察到胶体里出现的一条光亮的"通路"，即丁达尔效应（图 1-2-3）。

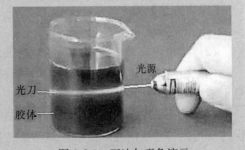

图 1-2-3　丁达尔现象演示

裂隙灯显微镜有台式和便携式两种，台式显微镜不可移动，检查人员和被检查者均需保持坐立状态，且被检查者头部要置于特殊的位置。动物用裂隙灯显微镜为便携式，检察人员手持操作，方便灵活。

【构造】便携式裂隙灯显微镜主要由两部分构成，即裂隙灯与显微镜（图1-2-4）。

1. 裂隙与光源角度　为了便于裂隙光源从不同的角度照射眼睛各部位，以及显微镜从不同的角度观察眼睛，要求裂隙灯与显微镜在机械上都具有足够的左右摆动角（图1-2-5）。

2. 裂隙灯的光源要求　裂隙边缘必须非常平整，裂隙必须清晰成像在左右摆动的圆心垂直面上，而显微镜也必须同样聚焦在这个圆心垂直面上。便携式裂隙照明光源可调节范围：①裂隙宽度在0～0.8mm范围内可调；②裂隙的长短在1～12mm范围内可调（12mm时裂隙灯光是一个圆形光斑）；③裂隙的方向可调，即裂隙光源可以是垂直的，还可以是斜的；④光源的亮度可调。

3. 显微镜　立体双目结构，必须具备清晰的成像、可调节目镜焦距、可调节瞳距等功能。

图1-2-4　便携式裂隙灯显微镜
（苏州六六授权图）

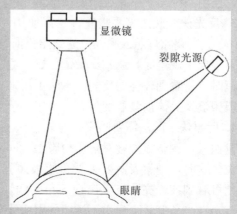

图1-2-5　裂隙灯显微镜原理示意：照明
光源与观察者角度

九、房角镜的使用

【适应证】房角粘连或闭角型青光眼。

【操作方法】

（1）动物镇静，眼表麻醉。

（2）动物角膜表面使用透明的耦合剂或抗生素眼膏。

（3）在暗室内进行检查：翻开动物眼睑，将房角镜置于上下结膜穹隆内，紧贴角膜，注意不能产生气泡。

（4）检查者左手控制房角镜，右手持裂隙灯或头戴式放大镜（带有光源），检查过程中保持房角镜与角膜的良好接触，缓慢旋转房角镜，依次检查360°的房角情况。

（5）检查完毕后，用生理盐水冲洗动物角膜，并给予抗生素滴眼液。

（6）使用完毕后清洗、消毒房角镜。

★ 知识链接 ＞＞＞＞＞＞＞＞＞＞＞＞＞＞＞＞＞＞＞＞＞＞＞＞＞＞＞＞＞＞＞＞＞＞＞

房　角　镜

　　房角镜是用来检查房角的仪器，房角是眼角膜与虹膜之间的结构，负责调控眼前房液排出，所以会影响眼压的高低。正常情况下，来自房角的光线碰到眼角膜和空气分界时会完全反射回去，因此无法直接通过肉眼观察患病动物房角的情况，需要借助屈光系数与眼角膜相近的材质所制造的房角镜，才能观察到房角的状况（图1-2-6、图1-2-7）。

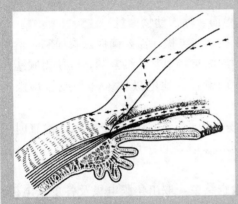

图1-2-6　光线在房角的折射示意

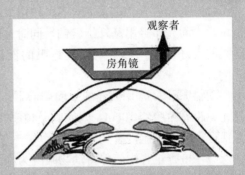

图1-2-7　房角镜原理示意

　　房角镜可以分为直接观察型与间接观察型两类。直接房角镜优点是：可以直视房角的全貌，所看到的是连续的图像；检查者通过改变自己的体位和观察角度，可观察到窄房角的深处，不会引起人为的房角扭曲变形。其缺点是：使用不便，需要额外仪器的检查操作空间，需要患病动物平卧保定，有时需要助手协助。并且由于缺乏照明亮度及放大倍率，对房角的解剖标志及细微变化的分辨程度差。间接房角镜的优点是使用方便，尤其是四面镜，不需要接触镜液（利用自身泪液作为液桥）便可以检查。裂隙灯双目显微镜提供优越的光学照明条件和放大倍数，房角的解剖标志及细微变化的分辨程度高，并且可以进行静态和动态检查。其缺点是看到的房角图像不是连续的，而是片段的倒像；较难观察到房角深处；可能因加压产生人为因素的误差。

　　目前动物眼科医生最常使用的为低度真空的房角镜，可以用来诊断患病动物的房角是否正常，有无关闭、狭窄、异物阻塞或炎症物质堆积等结构问题，还可以用来协助治疗青光眼。对于配合性高的患病动物，只需要做局部麻醉即可进行检查，否则需要镇静后再检查。进行检查前需要了解正常动物房角的结构才能判读结果。此检查适用于各种动物，但最常用于犬、猫。马因其眼前房较深，有时通过肉眼便可以直接检查其房角结构。

十、视网膜电图仪的使用

　　视网膜电图（Electroretinogram，ERG）可以客观反映视网膜电生理功能。视网膜电图（ERG）可以在细胞水平了解视网膜功能，小动物临床目前使用的为放光二极管闪光刺激诱发的视网膜电图（flash ERG，FERG），适用于视网膜功能评估、视网膜色素变性、视网膜变性或脱离、视网膜萎缩等。

【前期准备】

（1）各种视网膜遗传性和变性性疾病的检查需充分散大瞳孔，可用复方托吡卡胺，每次 1～2 滴，间隔 10min 后再次点眼，共 3 次。

（2）角膜和结膜表面麻醉。记录前 5min 用角膜表面麻醉药点眼。

（3）测定暗视 ERG，检查前至少应暗适应 20min。随后，电极要在暗光下放置。放置电极的皮肤区应用酒精棉球擦干净。

【操作方法】

（1）在独立的暗室内进行。

（2）连接 ERG 设备于计算机显示器，打开操作界面，输入动物信息。

（3）电极放置。记录 FERG，作用电极使用角膜接触镜电极，需要确保点眼局麻，然后在角膜表面涂布羟甲基纤维素钠，同时在眼镜的凹面内涂布羟甲基纤维素钠，以使得眼镜与角膜的良好贴合。参考电极接近眼的面部皮肤，如前额；接地电极插入耳垂或被检眼的颞侧。

动物 FERG 常用闪光的平面刺激器，可与视觉诱发电位（VEP）检查合用。检查时闪光光源距离角膜约 10cm，闪光刺激频率 0.01～100Hz，刺激亮度一般在 2～3cd/（m^2·s），为视杆、视锥细胞混合反应。

（4）检查过程中，保持动物眼睑为睁开状态。检查结束，取出角膜电极及各皮肤电极，皮肤消毒，滴抗菌滴眼液，嘱咐患病动物主人注意保持卫生。

【检查报告】

视网膜电图应反复测定，以确认波形的再现性。临床上主要报告 a、b 波（图 1-2-8、图 1-2-9）。

（1）a、b 波。是光刺激后最先出现的波，振幅（单位：μV）最大的负向波为 a 波，目前认为 a 波来源于视杆、视锥细胞；接着出现的快速上升的振幅最大的正向波为 b 波，b 波来源于视网膜内的双极细胞或米勒细胞。

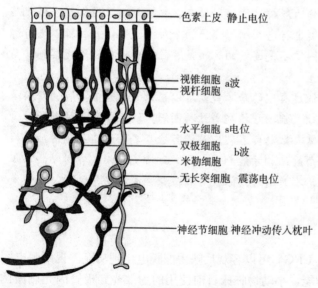

图 1-2-8　视网膜各细胞层产生的电位示意

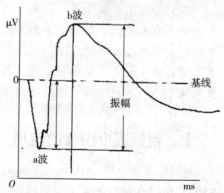

图 1-2-9　暗视闪光 ERG 波形示意

（2）波幅和潜伏期。a波测量从基线至a波波谷的高度；b波测量从a波波谷至b波波峰的高度。潜伏期测量是从刺激开始至波峰或波谷的时间。

【注意事项】

（1）安放或取下角膜电极时避免擦伤角膜上皮。

（2）所有电极要接触良好。

（3）建立实验室自己的正常值，并注意与对侧健眼比较。

（4）重复测定，即同一刺激重复三次，确认波形相近可信。

【影响 ERG 结果的因素】

（1）闪光刺激的参数。如刺激强度、刺激间隔时间等。

（2）生物性因素。如动物的性别、年龄、瞳孔大小、镇静或麻醉的情况、体温、血氧饱和度及昼夜变化等。

任务反思 >>>

1. 眼科一般检查都包括哪些项目？

2. 裂隙灯的原理和使用范围是什么？

3. 检眼镜可以检查眼组织的哪些结构？

4. 眼压计的原理和使用方法是什么？

5. 视网膜电图仪的原理是什么？

任务三 眼科用药

任务目标 >>>

1. 在充分理解眼睛解剖生理特征的基础上，掌握眼科药物的类型与作用机制。

2. 灵活掌握小动物眼科疾病的用药方法。

任务准备 >>>

一、眼科用药的特点

眼科疾病的治疗精细而长期，因此在正确诊断之后，临床医师需要据动物的特点、病变原因选择适当的内科或外科方法实施治疗。其中，选择正确的药物及其使用方法十分重要。通常选择眼科药物需注意以下几点。

1. 药物的溶解性 巩膜表面积大，高度亲水性，水溶性高分子物质可以透过巩膜到达脉络膜和视网膜。角膜上皮和内皮为脂溶性，角膜基质为水溶性，故既能溶于水又能溶于脂质的药物，会更容易穿透角膜进入眼内。

2. 药物的 pH 对药物的穿透性起决定性作用的是药物在泪液生理 pH 环境下未解离型

和解离型的比值，此比值取决于药物本身的解离常数和环境的 pH 状况。一般眼药的 pH 在
5~9 之间比较合适。酸碱性影响大多数生物碱类滴眼液的穿透性，pH 略大于 7 的药物更容
易穿透角膜。

3. 药物的浓度　每一种药物浓度不同则透入房水的能力不同，最佳浓度是指滴入量最
小，而房水中获得的浓度最高，如 1%~2% 毛果芸香碱透入房水的比例最高。

4. 药物对血管的通透性　血眼屏障是包括血-房水屏障、血-视网膜屏障等的眼部结构，
它使全身给药时药物在眼球内难以达到有效浓度，因此大部分眼病的有效药物治疗方法都是
局部给药。类似于血脑屏障，脂溶性或小分子药物比水溶性大分子药物容易通过血-眼屏障。
头孢菌素类药物通透性（血管屏障穿透能力）很差，因此并不适用于治疗葡萄膜炎等眼内感
染，但用于眼睑炎与眼窝蜂窝织炎等眼外感染时是可以的。相对来说，氯霉素和四环素比较
适合用于治疗葡萄膜炎或其他眼内感染。

5. 药物的选择性　眼科药物虽然看似用量很小，但其选择却十分严格，如青光眼药物
的严格针对性，角膜溃疡时，类固醇类药物的使用就会造成角膜溶解的严重后果。动物本身
的因素和疾病病理状态对于药物也有影响，用药的时候也要格外注意。如闭角型青光眼禁止
使用散瞳药进行临床检查；角膜穿孔的动物尽量不要使用凝胶或眼药膏；患糖尿病的动物在
治疗自身免疫性疾病的时候慎用皮质类固醇类药物。

6. 药物持续作用时间　水剂眼药虽然浓度高，但通过鼻泪管等流失量多且与角膜接触
时间短，而凝胶剂及膏剂在角膜表面作用时间较长，药物有效成分缓慢释放发挥作用，且药
物外流损失也少，因此这些不同剂型眼药给药的频率也就不同。

二、眼科用药途径

由于眼科疾病可独立发生且有血眼屏障的作用，因此眼病给药方式主要为局部性给药，
临床医生根据眼病的严重程度以及与其他系统性疾病的相关性同时配合全身性给药。在治疗
眼球前部疾病时，局部眼药可使该区得到较高的药物浓度，同时能使药物进入体循环造成伤
害的可能性降至最低。常见的局部给药途径有眼局部点眼、睑结膜下注射、球结膜下注射、
玻璃体内注射及球后麻醉等。

1. 局部点眼　局部点眼是很方便的治疗方法，要想使局部点眼的治疗效果好，必须选择
合适的治疗药物、给药频率及动物和主人的良好配合度。对于比较严重的或顽固的眼部疾病，
如严重的眼部感染，可根据需要增加点药的频率，使用角膜黏弹剂或黏性物质以延长药物停留时
间，如必须或只能选择水剂眼药时，为了减少药物的流失，点完药水后应立刻压住鼻泪管。

药膏制剂眼药的成分通常是亲脂性药物或眼部润滑剂，与药水相比，药膏的优点是可延
长药物作用时间而降低点药频率，对动物主人来说较为方便；缺点是因膏状物附着于角膜而
易导致视物模糊，但这种困扰对动物尤其是犬可能没有太大影响，不过过多黏性分泌物使得
动物有不舒适的感觉。药水制剂有溶液、悬浮液及乳状液之分，其性质分别为水溶性药物、
难溶于水的药物及脂溶性药物。药水的优点为不会干扰视物且比药膏容易使用。通常来讲眼
药水一滴至少 $30\mu L$，而实际大约只有 $20\mu L$ 的药水能够停留在眼部产生疗效，多余的药水
会溢出眼睑或经由鼻泪管流失，超量给予只会造成浪费，对治疗并无帮助。若需要重复点
眼，应至少间隔 5~10min 再给予。

选择眼药时，药物的亲水与亲脂特性也是临床医生必须考虑的，否则治疗效果就不好。

同时，某些动物尤其是猫，会对制剂中添加的稳定剂和防腐剂产生不适感，导致或加重角膜上皮的损伤，那就必须选择没有添加任何防腐剂的单次使用性眼药。

小动物眼部出现感染后会产生很多黏性分泌物，尤其是猫，黏性分泌物会造成眼及眼周的毛污染，因此，点眼药前要准备好冲洗瓶，如果没有冲洗瓶可以直接用商品化的洗眼液，或者使用生理盐水将眼部分泌物清除干净，这样可以使药物更容易穿透或发挥作用。

小动物局部点眼给药时，应采取临床诊断时的保定方法，一般采取坐姿或腹卧为佳，助理站在动物左侧，从动物后方保定，左手揽于动物胸前，手固定到动物右侧的肩关节，接着另一只手从右侧轻轻托起动物的下颌并将头部仰高，将动物夹在右臂腋下，同时以手指轻轻固定下眼睑，以避免动物眨眼。待动物稳定后松开左手打开眼药由动物头部后侧向前移，将眼药置于其头部后上方，并以该手手掌外侧轻轻拉抬固定上眼睑，将适量药点于角膜或结膜上，药膏亦可点于结膜穹隆内。注意眼药瓶口应避免直接碰触动物的眼睑、结膜、角膜与毛发，以防止污染内容物。如果是水剂眼药，点完后立即轻轻压住眼内眦的鼻泪管位置，防止药水过快地经鼻泪管流失；如果是眼药膏，点完后需轻轻将其上下眼睑开闭数次，使药膏能均匀分布于眼球表面。需要注意的是，某些眼药水会有轻微的刺激甚至使动物产生刺痛感，眼药膏会有异物感和视物模糊，动物在刚点完药物的数分钟内可能因此而抓挠及磨蹭眼睛，必须防范此时的行为可能造成的伤害。若使用两种以上眼药，每种眼药使用应间隔 5~10min，处方应标明先用水溶液，再用混悬液，最后用凝胶或眼膏（先凝胶后眼膏），以避免药膏妨碍药水的作用。

2. 结膜下注射　结膜下注射药物分为睑结膜下注射和球结膜下注射。

（1）睑结膜注射时需将针头经眼外眦的眼睑皮下刺入，保持针头与眼球方向平行，将药物注入眼睑皮下与眼睑结膜的间隙，可以治疗比较顽固的眼睑炎及眼周蜂窝织炎。睑结膜注射的大部分药物是经眼睑吸收而进入全身循环的，不会作用于眼球内。

（2）球结膜注射则是利用分布于球结膜内的睫状体动脉和静脉吸收药物，药物最终进入葡萄膜发挥作用，因此临床上较适用于葡萄膜炎的治疗。球结膜注射在注射前必须先给予眼科局部麻醉剂，注射位置应选择接近角巩膜缘的球结膜上，注射最常使用的药物为抗生素及类固醇类药物，注射量不宜太多，小动物单眼一般注射 0.1~0.3mL。当然，需要注意的是由于这种给药方式会伴随医源性眼球创伤，以及可能形成结膜下肉芽组织等风险，因此只有在疾病治疗特别需要，或动物主人无法遵照医嘱局部点药或动物极度排斥点药等情况下，无法使用局部外用方式给药时，才建议使用结膜下注射。操作时如果动物很难保定，除了眼部局麻，还需要给予适当的镇静药物，操作人员要使用眼科专用无损伤镊夹持球结膜，即一手用镊子提起球结膜，另外一手持注射器注入药物，药物注入后会形成一个小泡，因此，注射结束应防止动物抓挠。猫的球结膜注射相对较难操作，因为猫的角膜面积较大，球结膜暴露面积小，因此更要防止操作过程中造成角膜的损伤。

3. 玻璃体内注射　玻璃体内注射是经由巩膜向玻璃体内注入药物。通过玻璃体内注射给药，药物直接作用于影响新生血管的关键因子——血管内皮生长因子（VEGF），从而抑制新生血管，达到治疗效果。此项操作要求严格，动物必须进行全身麻醉，注射部位做好消毒措施，即使如此注射还是有可能伴随眼内组织医源性创伤。为了操作的准确性，临床上可以进行超声引导下的注射，操作会更准确，速度更快，在很大程度上降低了医源性损伤的概率。玻璃体内注射时，选用高浓度的庆大霉素具有破坏睫状体的效果，从而使眼房水产量降低，因此可考虑青光眼时恶性高眼压的控制。当然，与此同时高浓度的庆大霉素会导致眼内组织非常严重的炎症反应，也是一个难以避免的问题，因此操作者需要跟宠物主人做好沟通，否则慎用。

4. 球后注射（球后麻醉）　球后注射需要经由结膜穹隆穿刺入眼球后区域，再将药物注入深部眼窝处。临床上常用于局部麻醉眼球动眼肌，以用来眼内手术时固定眼球，或是用于眼球摘除手术。当注入药物后，由于药物的压迫会出现轻微的眼球突出。注意操作时不要误伤眼球。

5. 全身性给药　许多眼病都会累及相邻组织器官，或者犬、猫的某些系统性疾病也会继发眼部疾病。因此在必要的时候也需全身给药。全身给药的关键是药物经口或血液吸收进入体循环后，药物能否穿越血眼屏障到达眼部，当然，血流量大的组织，药物浓度较高，如眼睑皮肤、眼球周围软组织、结膜、脉络膜、虹膜、睫状体等。一般来讲药物的亲脂性越高、药物分子越小，便越容易穿越血眼屏障，如若是血眼屏障的结构被破坏，则原本正常时无法进入的药物，也可能到达眼部。全身性给药通常适用于治疗眼球后段疾病，往往也需要配合局部外用药物。

三、药物代谢动力学

药物代谢动力学主要研究药物吸收、分布、生物转化与排泄作用。药物动力学过程会影响给药的途径、剂量、投药频率及可能造成的身体毒性。眼科药品的独特性在于其配方或赋形剂可能会影响药物的传送、穿透与组织的吸收，这些变化可以指导临床用药，因此针对不同的眼部疾病需选择最适当的眼科药物、给药途径及给药频率。

眼药滴入眼结膜囊内后，经过结膜囊内泪液的稀释、角膜透过、眼内代谢消除等过程。眼药与眼球组织的结合力、扩散及输送过程会因为眼部的病变而发生变化。

眼药水或眼药膏给药后，药物多聚集于下眼睑结膜囊穹隆内，随着眨眼动作，药物与泪液充分混合后被泪液稀释成未知浓度的混合液，浸入泪膜而分布于整个眼表面，有部分随泪液的分泌排出。泪液在结膜囊内的容量和分布，会对结膜囊内的代谢起很大的作用。犬眼泪量为 $8\sim12\mu L$，而结膜囊为 $3\sim6\mu L$。一滴眼药若为 $50\mu L$，最多只有 $20\mu L$ 可滞留在眼内，结膜囊内药物与泪液混合之前就会有很大一部分溢出流失，一部分经鼻泪管排入鼻腔，剩余的小部分随着眼睑开闭分布于结膜和角膜，可由结膜吸收或穿透角膜进入前房。泪液的更换速率为每分钟 $0.5\sim1.0\mu L$，所以一般眼药水浓度的半衰期为 $3\sim6min$。有时眼睛因为药物的刺激导致眨眼次数增加，泪液分泌也增加，会缩短药物的排除时间。控制适当的 pH 与渗透压可降低局部用眼药的刺痛与不舒适感。药膏剂的药物排除率较慢。眼泪中的蛋白质或结膜色素与药物结合，可能会降低药物的生物利用率。

局部眼药穿透进入眼球通常与结膜无关，结膜下、巩膜与脉络膜不是扩散穿透显著的区域。药物进入眼球主要的路径是穿透角膜，角膜上皮组织与内皮组织细胞间紧密排列，只让亲脂性药物渗透通过；亲水性与水溶性药物易通过角膜基质扩散渗透。药物进入角膜内可能会被酶分解而影响药物的吸收。药物一旦穿透角膜便会进入眼前房，然后扩散进入虹膜、睫状体基部及晶状体，对一般药物而言，能进入后眼房的量非常少甚至无法进入眼后房，多数药物于房水中经房角而进入静脉系统排出（眼球内无淋巴循环）。有时药物进入眼前房后，也可能与蛋白质结合而失去活性，并加速由前房房角排出。

进入眼内的药物以及其代谢产物大部分随着房水循环经巩膜静脉窦进入血流，房水内的药物还可通过虹膜根部和脉络膜上间隙经葡萄膜-巩膜途径排除，少数药物会经过主动转运返回血液循环而被排泄。局部眼药与眼球组织的结合力、扩散及输送过程在不同个体及病变之间存在相当大的差异。

　　眼内存在多种药物生物转化酶系统，包括脂酶、氧化酶、还原酶、溶菌酶、转移酶、单胺氧化酶、糖皮质激素氢化酶等，如虹膜、脉络膜、睫状体中的尿嘧啶核苷二磷酸葡萄糖醛酸转移酶（MDP-GT）和高活性谷氨酰转肽酶（γ-GTP），药物通过酶的氧化、还原、水解和结合过程形成其代谢产物。许多局部眼药在眼球中几乎不会被分解，特别是抗生素与类固醇类药物，几乎都是以药物原型由眼球排出，而后进入体循环。

　　药物经鼻泪管被鼻黏膜吸收，或溢出的药水被舌头舔舐而由消化道吸收，这些都可能产生全身性不良反应。

任务实施 >>

眼科常用药物及使用方法

　　根据药物作用及治疗目的，临床常用药分为抗感染药物（抗细菌药物、抗病毒药物、抗真菌药物、抗寄生虫药物）、抗炎药、人工泪液及眼球润滑剂、自律神经药物、青光眼药物、眼局部麻醉药、胶原酶抑制剂、眼科染色剂等。

（一）眼科抗细菌药物

　　眼科临床上使用抗菌药物的机会非常多。一般局部抗菌药物眼药倾向用于眼球浅层的感染或预防；全身性抗生素倾向用于眼球内感染或预防。当眼球内因为微生物感染而造成发炎时，将会使血管通透性增大，从而增加了药物选择机会。

　　全身性给予抗菌药物通常无法有效治疗角膜及结膜感染。当发生角膜溃疡时，角膜上皮已失去屏障功能，因此局部眼药能直接经由角膜缺损处进入角膜内，所以此时药物的穿透性就不是选择局部眼药时需要考虑的因素。由于局部眼药在眼内滞留的时间很短，所以必须增加使用抗菌类局部眼药的频率，尤其在急性期或感染严重时必须增加点药频率。通常在没有进行细菌培养及药敏试验前，为了保证抗菌效果，通常会联用数种局部抗菌类眼药，有时联用可达协同作用。局部抗菌类眼药的不良反应会因药品及患病动物本身而表现出个体差异，如出现因刺激或过敏而导致的溢泪、眼睑痉挛、结膜充血、结膜水肿或眼睑红肿等现象。

　　全身性使用抗菌药物一般适用于眼睑、眼球内部及眼球后方的细菌感染；若感染区域为角结膜、巩膜及前葡萄膜，仅使用局部外用抗菌类眼药进行治疗即可。

　　1. β-内酰胺类　β-内酰胺类抗生素包括青霉素与头孢菌素两大类，此类抗生素的作用机制为通过抑制细菌细胞壁的合成而达到杀菌效果，对大部分革兰阳性菌具有良好杀灭能力。适应证为眼眶、眼睑、眼球等部位的需氧菌感染。目前宠物临床使用的头孢类抗生素主要为头孢甲肟。使用时需要注意此类药物如通过局部外用，其穿透角膜的能力很差，药效仅作用于眼球表面而无法到达眼内，除非角膜上皮及内皮细胞受损才可能进入前房。全身性给药时，此类药物在组织的分布会依据药物的不同而有所差异，但对于血眼屏障的穿透力基本上都很差，除非血眼屏障因炎症受损，否则无法穿越。当药物进入体循环后将不经代谢作用而直接由肾排出。

2. 四环素类 四环素类是化学合成的广谱抗菌药物，通过干扰基因转录使细菌蛋白质无法顺利合成而达到抑制细菌生长的效果。此类药物极性小，局部给药时可穿透角膜，并可在眼前房达到较理想的有效治疗浓度。常用的四环素、多西环素及米诺环素均为脂溶性，全身性用药对于眼球组织的血管穿透性非常好，对于猫的眼部披衣菌感染的治疗效果较好。此类药物进入体循环后经由消化道、胆道与泌尿系统排泄。

3. 氨基糖苷类 氨基糖苷类药物通过与细菌 30S 核糖体结合而使细菌无法合成蛋白质，进而达到杀菌效果，主要针对革兰阴性菌。但局部给药时药物无法穿透角膜上皮，且具有一定的角膜上皮毒性，所以在眼科临床上常用来治疗溃疡性角膜炎、铜绿假单胞菌感染与溶解性角膜溃疡。此类药物可以配合青霉素、头孢菌素使用，效果更佳。氨基糖苷类全身性给药时其药效无法穿越血眼屏障进入眼内，且最后会经尿液排出体外，因此全身性给药对肾有较大的毒性。眼科临床上也常选择此类抗生素进行结膜下注射治疗严重的感染性葡萄膜炎。

4. 大环内酯类与林可霉素类 这两类药物通过干扰细菌的蛋白质合成，防止细菌进行复制，为抑菌型抗生素，对大部分革兰阴性细菌具有良好杀灭效果，临床上对于弓形虫、披衣菌和铜绿假单胞菌感染有效。此类抗生素目前没有商品化的局部眼药，不过由于具有良好的组织穿透性，即使是以全身方式给予，其药效亦可到达眼内组织，最后经由肝代谢。

5. 氟喹诺酮类 该类药物的作用机制是与细菌 DNA 复制时所需的特殊酶结合，使 DNA 无法复制进而杀灭细菌，属于广谱抗生素。此类眼药是临床商品化较多的产品，局部用药耐受性好、无明显毒性。其中氧氟沙星及恩诺沙星局部眼药对于角膜的穿透性较环丙沙星好。经全身性给药，恩氟沙星、氧氟沙星等可穿透进入犬、猫眼房水及玻璃体达到治疗浓度（用于猫时，需注意视网膜毒性，长期使用可导致视网膜变性），其毒性与剂量有关，应谨慎使用。喹诺酮类药物经肝与肾代谢。

6. 氯霉素 这类药物属于广谱抗生素，作用机制是与细菌 50S 核糖体结合而阻碍其蛋白质合成，可使细菌停止生长但无法杀灭细菌，属抑菌型抗生素。氯霉素的局部眼药水角膜穿透性佳，且全身性给药亦可自血管穿透至眼内组织。临床常用于巴氏杆菌与披衣菌感染，以及用作预防眼科术后感染的预防性给药。

7. 多肽类 该类药物属于杀菌型抗生素，无法穿透角膜，因此治疗范围仅限于眼球表层。临床上常将多黏菌素 B 与杆菌肽混合。局部用药有复方多黏菌素 B、杆菌肽、新霉素。

8. 磺胺类 局部眼药如磺胺嘧啶、磺胺异噁唑少用于动物。磺胺嘧啶全身性给药时容易穿透眼房水及玻璃体，但磺胺类药物可能对泪腺细胞具有毒性，临床上尽可能不要用于怀疑患干眼症的动物。

9. 夫西地酸 夫西地酸可通过干扰细菌蛋白质合成而抑制其复制，但无法使细菌死亡，属于抑菌型抗生素。夫西地酸具有良好的角膜穿透性，临床上最常用于治疗眼表层的革兰阳性细菌感染，例如犬细菌性结膜炎。局部用药有夫西地酸眼药水或凝胶。

（二）眼科抗病毒药物

1. 嘧啶核苷酸类药物 该类药物属胸苷类似物，可取代胸苷于 DNA 合成中的位置，因而干扰病毒复制。在核酸类似物中，三氟胸苷是猫疱疹病毒 I 型（FHV-1）的首选药物，局部用药吸收穿透能力较佳，其毒性最小，但具有局部刺激性，同时也可能使猫发生过敏。

2. 阿昔洛韦 阿昔洛韦为尿苷的类似物，可选择性抑制病毒的胸苷激酶而不会抑制未受感染的正常细胞。局部用药也是用于 FHV-1，但不如三氟胸苷有效。全身性给药无法达到血浆治疗浓度，因此效果不佳。

3. 干扰素 干扰素与邻近细胞受体结合而增加细胞 DNA 转录与活化细胞核酸内切酶，增加细胞对病毒感染的抵抗力。临床上干扰素适用于治疗猫疱疹病毒性结膜炎及角膜炎，局部用药只对结膜、角膜上皮细胞感染发作期有效。干扰素与抗病毒药物联用具有协同作用。干扰素眼药制品没有商品化，必须由临床医生配制。

4. 赖氨酸 为全身性用药，作为一种氨基酸会与精氨酸竞争，而精氨酸是病毒复制所必需的氨基酸，因此赖氨酸具有减弱 FHV-1 型病毒复制的作用，可防止或抑制猫 FHV-1 型结膜炎或角膜炎。赖氨酸易通过消化道吸收而由泪液排出，一般临床剂量无副作用。目前有含有该成分的眼科药物，可用于预防或治疗猫的疱疹病毒性角膜结膜炎。

（三）眼科抗真菌药物

犬、猫眼部真菌感染并不常见，全身性真菌感染可能是唯一容易继发眼部真菌感染的原因，所以抗真菌药物经常需要局部用药配合全身用药。抗真菌类药物的局部制剂很少，临床中可根据需要由专业人员配制后使用。

1. 络合碘和碘酊 络合碘是碘化合物消毒剂，眼科多以 1：20 稀释于生理盐水中，具有杀菌效用。络合碘对因真菌或细菌感染的角膜基质溃疡有疗效。但络合碘无法穿透正常的角膜上皮，所以对角膜深层溃疡治疗效果不佳。络合碘在部分患病动物中会造成局部刺激与结膜水肿现象。

2. 唑类（咪唑类） 由于阻断细胞色素 P450 酶可抑制麦角固醇与真菌细胞膜的合成，因而可提高细胞的渗透性。酮康唑穿透角膜的能力中等；氟康唑与蛋白质结合力低，因此结膜穿透性良好；伊曲康唑具有良好的眼血管屏障穿透性。静脉注射用制剂可局部用于治疗真菌性角膜炎，咪康唑和伊曲康唑的口服药剂可调制成软膏用于眼球局部；伊曲康唑和氟康唑经全身投药对治疗角膜深层真菌感染有疗效。经口服或静脉注射治疗眼内真菌感染的首选药物为伊曲康唑。部分阴道与皮肤用咪康唑和咪康唑药膏可能添加有醇类，会伤害眼角膜组织，应避免用于眼睛。

3. 多烯巨环类 本类药物可与真菌细胞膜上的脂醇基团结合，形成多烯脂醇聚合物，并改变细胞膜通透性而导致钾离子流失、真菌细胞氧化损伤、细胞质外流与胞器破坏。根据使用浓度不同可分为真菌的抑菌剂或杀菌剂。两性霉素 B 为广谱抗真菌药，可用于全身性真菌感染，由于具有肾毒性且有唑类药物可选用，一般很少用于眼科全身性给药。两性霉素 B 浓度大于 0.3% 时，局部用药会引起角膜充血、结膜水肿及虹膜炎，玻璃体注射具有视网膜毒性。

（四）眼科抗炎药物

眼组织发炎后所产生的渗出、炎性肉芽肿等对眼组织结构影响巨大，如角膜瘢痕会造成角膜透明度下降，虹膜炎症会导致虹膜与角膜或虹膜与晶状体粘连，脉络膜炎症会造成视网膜脱离。因此在眼部疾病的治疗上，要尽量控制炎症的发展，所以抗炎的药物在眼科的治疗中具有非常重要的作用。

1. 类固醇 类固醇为肾上腺皮质激素，其抗炎作用强，但其免疫抑制作用可能会降低细胞对致病性微生物的抵抗能力，因此独立使用时感染性病因并不会被清除。局部使用类固醇眼药能较强的控制结膜、角膜、巩膜、虹膜与睫状体的炎症。但类固醇的种类、剂型、效价与角膜穿透性和副作用差异非常大，因此临床上应按治疗所需使用。磷酸盐类固醇溶液为水溶性；脂溶性类固醇的醋酸与酒精制剂是悬浮液，且呈双向性可促进药物透过角膜而被吸收。悬浮液较水溶液的药物浓度更高，其穿透角膜能力是磷酸盐水溶液的 20 倍。地塞米松和倍他米松的效价比泼尼松龙强 5～10 倍，也比氢化可的松强 20 倍，但提高泼尼松龙的浓度可弥补效价的差异。类固醇类药物最典型的眼部副作用是眼压升高，因此青光眼病例慎用。类固醇会增强导致角膜坏死的基质蛋白质活性，所以类固醇局部眼药慎用于溃疡性角膜炎。长时间使用磷酸盐基类固醇局部眼药，还会导致角膜表面钙化和角膜脂质病变。

2. 非类固醇抗炎药（NSAID） 发生炎症时，炎症介质前列腺素会导致眼血管屏障受损、痛觉阈值下降、瞳孔缩小、畏光及眼房水生成减少。非类固醇药物通过抑制前列腺素的合成发挥抗炎作用，临床用于葡萄膜炎及各种眼科手术后的疼痛。手术前使用 NSAID 可预防术中瞳孔缩小。但 NSAID 眼药可能会造成局部的刺激性与角膜上皮的细胞毒性、浸润、点状角膜病变及眼房水流出量下降。全身性使用 NSAID 常常会引起胃肠道症状，如厌食、呕吐、下痢及胃溃疡，肝、肾毒性亦常于犬、猫中发现。

（五）人工泪液与眼球润滑剂

泪膜可分为 3 层：脂质层、水样层及黏液层。临床上干眼症的泪液分泌不足最常见于水样层异常，但也可能是睑板腺炎或慢性结膜炎导致的泪膜不稳定。缺乏泪膜保护时，将对角膜造成刺激与伤害，因而表现为充血、血管新生及黑色素沉积，使视力受损。人工泪液与眼球润滑剂可润滑眼球表面（角膜与结膜），以提升舒适度，减轻角膜机械性刺激，帮助维持泪膜在角膜表面的光学界面。

1. 人工泪液 人工泪液就是模仿泪液的成分的滋润型眼药，一般分为水液型和凝胶型两种。各种人工泪液制剂中的常用成分包括纤维甲醚、羟丙基甲基纤维素和羟甲基化纤维素。玻璃酸钠可延长水分滞留时间，改善泪膜稳定性。人工泪液中常添加维生素、细胞修复因子或表皮生长因子衍生物，可以起到角膜修复作用，添加的防腐剂可能会具有刺激性。

2. 润滑剂 眼科润滑剂的剂型包含水剂、膏剂及凝胶，药膏主成分为凡士林；凝胶成分常见的为聚丙烯酸。润滑剂多选择在眼部手术术后使用，其他选择依据是动物所需点药次数与动物主人的不同偏好。

（六）自律神经药物

这类药物主要作用于虹膜、睫状体及小动脉血管壁上的平滑肌。

1. 散瞳剂 散瞳剂包括副交感神经抑制剂或拟交感神经兴奋剂。

（1）副交感神经抑制剂。这些药物与乙酰胆碱受体竞争性结合，可逆性阻断受副交感神经支配的虹膜括约肌及睫状肌信号传导通路，导致睫状肌麻痹与瞳孔散大。

①阿托品（0.5％～2％溶液）。散瞳作用起效较慢，但持续时间长。犬点药后约 60min 达到最大散瞳作用，可持续 4～5d，属于长效型散瞳剂。通常不适用于疾病诊断，仅适于治疗或术前使用。主要适应证为角膜感觉神经刺激引发的睫状肌痉挛、急性虹膜炎导致的括约肌疼痛及葡萄膜炎时睫状肌痉挛，减少虹膜葡萄膜炎时由于瞳孔缩小、前房渗出导致的前或后粘连，青光眼病例可以和毛果芸香碱交替使用调节瞳孔，同时也可用于白内障手或眼后节手术术前的散瞳。局部使用时，可能会造成泪液分泌减少、散瞳后房角狭窄，以及由于药水味苦，当经由鼻泪管流入动物口中时可能会造成动物不适，尤其是猫常会出现大量且夸张的唾液分泌，故猫较适合使用此药的药膏剂型。

②复方托吡卡胺（0.5%～1.0%溶液）。散瞳作用起效较快，但持续时间短。犬点药后20min达最大散瞳作用，可持续散瞳30min，属于短效型散瞳剂。临床上主要在眼科检查时散瞳，如白内障的检查和眼底的检查。

③盐酸环喷托酯滴眼液。点眼后25～75min出现最显著的睫状肌麻痹效果，散瞳维持时间6～24h，某些病例可能持续几天。该药相对无苦味，猫用比较合适。

（2）拟交感神经兴奋剂。这类药物直接作用于肾上腺素受体。1%～2%肾上腺素溶液可使虹膜开大肌收缩而散瞳，同时肾上腺素可经由睫状肌血管收缩而减少眼房水的产生，并且作用于α_2受体会促进眼房水流出。对于葡萄膜炎引起睫状肌痉挛的疼痛并无解痉、止痛效果。

2. 缩瞳剂　拟交感神经兴奋剂可分为直接与间接作用的胆碱性药物，瞳孔收缩与睫状肌收缩会促使眼房水的排出。

（1）直接作用的胆碱性兴奋药物。这类药物具有乙酰胆碱样蕈毒碱作用，可作用于节后副交感神经，兴奋虹膜括约肌与睫状肌。

①毛果芸香碱（1%～2%溶液、4%软膏）。毛果芸香碱为脂溶性天然植物碱，局部用药可引起虹膜括约肌及睫状体缓慢收缩。缩瞳可于点药后10min开始，最大作用时间约为30min后，可持续6h。由于虹膜括约肌收缩，可扩大房角范围，使房水容易排出。这类药物对开角型青光眼有较好的降眼压效果，但对于闭角型青光眼的降眼压效果差。使用此类药物可能会出现局部刺激、流涎、流泪、恶心、呕吐及腹泻等不良反应。另外，由于缩瞳必须注意可能导致的虹膜粘连及可能降低眼房水由巩膜、葡萄膜通路的排出，因此临床上单独使用毛果芸香碱的降眼压效果不佳。

②碳酰胆碱（0.75%～3%溶液）。碳酰胆碱可提升房水的排出能力，降眼压效果与毛果芸香碱相同。缩瞳于点药后最大作用时间约为5min后，可持续2d，与毛果芸香碱比较，药效强且持续时间久。此药为非脂溶性，所以局部眼药难以穿透角膜上皮进入眼前房。临床上可用于白内障手术后的眼内给药，以避免外围虹膜与角膜粘连，稳定植入的人工晶状体，降低眼压。其不良反应与毛果芸香碱类似，局部用药不会造成全身性不良反应。

（2）间接作用的胆碱性兴奋药物。胆碱酯酶抑制剂可通过抑制神经传导物质的水解作用，让乙酰胆碱持续存在于神经末梢。

地美溴胺具有水溶性，在水溶液中稳定，能可逆性地抑制胆碱酯酶。药效强且作用时间长，缩瞳作用可在点药后2～4h达最高峰，且可持续数天。临床上主要用于治疗原发性青光眼及预防另一眼患青光眼。由于此药可能会引起瞳孔阻断，因此不能用于继发性青光眼（通常由葡萄膜炎引起）。不良反应包括流涎、呕吐及腹泻，不可同时与含胆碱酯酶抑制剂的驱寄生虫药使用。

（七）青光眼用药

1. 渗透性利尿剂　本类药物通过升高血液渗透压，促使眼内的组织液水分逆浓度梯度进入血液循环，间接减少房水，快速降低眼内压，适用于急性、恶性青光眼。但此类药物因利尿作用，可能导致脱水加重，禁止用于患肾源性无尿、严重脱水、脑出血、严重肺淤血及肺水肿的动物。因为影响血液的渗透压，可能出现的不良反应包括恶心、呕吐、肺水肿、充血性心力衰竭和心动过速等。常用的为20%甘露醇溶液，每千克体重1～2g，20～30min内缓慢静脉注射，注射后禁水30～60min；50%甘油溶液，口服，每千克体重1～2mL，服用后禁水 30～60min。

2. 碳酸酐酶抑制剂（CAIs） 碳酸酐酶在睫状体非色素上皮细胞能催化形成碳酸氢根，随着碳酸氢根被运送到眼后房产生渗透压梯度，导致钠离子与水移动而产生眼房水。碳酸酐酶抑制剂占据酸酐酶分子表面，阻断碳酸酐酶作用使房水减少生成。本类药物用于降低眼内压，为降眼压药物中唯一适合长时间治疗青光眼的全身性药物。动物临床建议局部使用 CAIs 眼药控制慢性青光眼或预防高眼压，目前没有全身性使用该药物治疗青光眼的经验。局部眼药可能有刺痛感。临床常用布林佐胺和多佐胺，可以配合使用其他降眼压药物。

3. 前列腺素类似物 此类药物为前列腺素 $F_{2\alpha}$ 的类似物，可活化前列腺素 FP 受体，但猫和马没有这种作用。前列腺素类似物通过促进眼房水自葡萄膜、巩膜路径的排出及降低房水外流阻力，降低眼内压，同时还可使视神经血管舒张，增加血流灌注，以避免视网膜因高压而受损。酯化物局部眼药很容易穿过角膜进入眼前房而至睫状体及房角小梁组织中。局部用于犬原发性青光眼，降眼压效果快且良好，但不适用于猫和马。其溶液可能会导致刺痛感、缩瞳、虹膜黑色素沉积。前列腺素类似物会加剧组织炎症反应，因此患有葡萄膜炎时禁用。目前商品化的产品有拉坦前列腺素（0.005％溶液）、曲伏前列腺素（0.004％溶液）、比马前列腺素（0.03％溶液）。

4. 乙型肾上腺素性阻断剂 此类药物可阻断睫状突上皮细胞的 β 受体，抑制环磷酸腺苷（cAMP）生成而导致眼房水生成减少，不影响碳酸酐酶及眼房水排出，临床上常与碳酸酐酶抑制剂配合局部使用，尤其适用于慢性青光眼的长期使用。局部使用经鼻泪管吸收后作用于交感神经导致心动过缓是最重要的不良反应。噻吗洛尔滴眼液在动物临床上作用较好，副作用少。

5. 自律神经药物 根据青光眼的临床特征及临床全面评估，合理交替使用阿托品和毛果芸香碱调节睫状肌和瞳孔括约肌。

（八）眼科局部麻醉剂

这类药物属于角膜表面麻醉剂，可阻断钠离子通道、抑制轴突去极化，显著降低神经动作电位而引起可逆的神经传导阻断。常用奥布卡因滴眼液和丙美卡因滴眼液，临床上可用于局部麻醉结膜或角膜以方便进行诊断或治疗，包括测眼压、鼻泪管灌洗、眼睑痉挛时检查角膜、结膜下注射、眼睑穹隆检查异物、角膜切开术。重复使用此类局部麻醉剂，可能会造成角膜水肿、溃疡、减少泪液生成。临床上常用于诊断与轻微手术所需的短暂止痛，长期使用可能会抑制细菌生长，如果有条件建议进行细菌培养，且应在结膜、角膜采样后再给药。

（九）胶原酶抑制剂

角膜溃疡在愈合过程中，角膜上皮、角膜基质细胞、炎性细胞甚至伴随细菌繁殖都会产生胶原酶，并对角膜愈合有重要促进作用，但同时过多的胶原酶或活性过高的胶原酶，会造成角膜溶解。尤其是严重的细菌或病毒感染、碱性烧伤及猫的特发性角膜病。胶原酶的活性增高会造成在原有角膜病变的基础上发生溶解性角膜病变，所以需选择胶原酶抑制剂进行干预。首选胶原酶抑制剂为犬、猫自体血清，其内含有多种有益因子，具有广泛的抗胶原酶作用。另外，乙酰半胱氨酸也是很有效的药物，但因其价格昂贵，在小动物临床应用受到限制。有很多医生配制 EDTA 滴眼液（向容积为 5mL 的含有 9.5mg EDTA Na_2 的采血管内加入无菌生理盐水 1mL 配制成 0.95% 的 EDTA 滴眼液）进行治疗。

（十）眼科试纸

1. 荧光素钠试纸　该试纸所含染色剂为橘色，主要成分为荧光素钠，该成分为亲水性，与角膜基质有很好的亲和性，可以将角膜基质着染而显绿色荧光。因此临床主要用于诊断角膜溃疡，也可以检测房水渗漏情形（赛德尔检测法，Seidel test），以及测试鼻泪管的通畅程度。

2. 孟加拉玫瑰红试纸　该试纸所含染色剂可以与损伤的角膜上皮结合，显示玫瑰红色，可用于检查角膜表面的浅表性损伤，如由猫疱疹病毒 I 型所引起的树枝状溃疡。因此成分具有一定的刺激性，注意使用后必须彻底冲洗干净，否则会造成角膜不适和刺痛。

🎯 任务反思 >>

1. 滴眼液的药物代谢动力学受哪些因素影响？
2. 全身性用药治疗眼部疾病的效果受什么影响？
3. 控制眼压的药物分为哪几种类型？
4. 动物常用眼科试纸的应用范围是什么？

任务四　眼科手术基础

⭐ 任务目标 >>

1. 眼科手术综合了普通外科和显微外科的技术要点，了解眼科器械的类型和特点。
2. 掌握眼科器械的使用技巧和维护方法。

⭐ 任务准备 >>

眼科器械的特点

眼科器械尤其是显微眼科器械，用于精细操作，易损坏。眼科器械的基本特征如下：

（1）眼科器械的基本长度为 10～12cm，重量大概 80g。因为眼科显微镜的物镜焦距一般为 150～200mm，如果器械太长太重，操作中容易碰到镜头且不够灵活。

（2）多数眼科器械为弹簧式把柄，所以要求其弹性良好。如果弹性太大，操作时手用力太大容易疲劳和颤抖；弹性太小，则器械复原太迟。不能因为突然的弹跳导致夹持组织脱落。

（3）器械的手柄应为圆柱形，以利于向各个方向调整，手柄也不能有反光，且应有细齿状、滚花状等花纹利于把持，不易脱落。

（4）持针器、镊子等的咬合部要求光滑平整、咬合严密，有齿镊无错齿。剪刀刃部平整，关节部分要足够灵活，开合过程中无震动和弹跳。

一、眼外科及显微眼科器械

1. 眼科手术用剪 眼科剪刀可以选择普通外科剪刀，但是要求长度适合，尖端足够细，以便于操作。

（1）剪线剪。用于剪断缝线，头钝而直，刃较厚，在质量和形式上的要求不如组织剪严格，但也应足够锋利，这种剪有时也用于剪断较硬或较厚的组织。

（2）眼用组织剪。沿组织间隙分离和剪断组织。组织剪的尖端较薄，剪刀要求锐利而精细。为了适应不同性质和部位的手术，组织剪分大小、长短和弯、直几种。直剪用于浅部手术操作，弯剪用于深部组织分离。要求手和剪柄不妨碍视线，从而达到安全操作的目的。

（3）角膜剪。角膜剪属于显微眼科剪刀。显微眼科剪刀功能不同其设计也不同，主要表现在刀柄和刀刃上。尤其是刀刃，有直和弯两种，弯刀刃便于操作，视线好；直刀刃多用于切口的剪开。显微剪刀较易损坏，在使用时不可剪坚韧的组织，应经常保持清洁、保持刃口锋利，防止跌落、碰撞，损伤剪尖。角膜剪多为弯剪，把柄稍长，利于把持稳当，刀刃长度为 6～7mm，尖端较钝，不易损伤角膜内皮（图 1-4-1）。有的角膜剪刀分左、右（图 1-4-2），分别用于做角膜左、右或上、下侧切口，操作时配套使用，剪尖到剪刀关节约 10mm，外侧剪刀刃较内侧长 0.5mm，全长约 102mm。多用于白内障摘出时角膜切口的延长或角膜移植术中角膜植片及植床的制作。

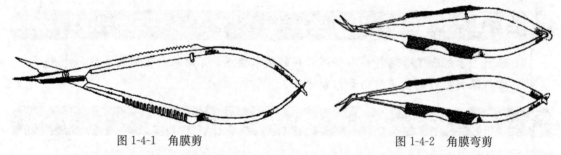

图 1-4-1 角膜剪　　　　　　　　　　　　　　图 1-4-2 角膜弯剪

（4）虹膜剪。虹膜剪前端角度较大，尖端较钝，剪刀柄部呈翼状向前方两侧伸出，当其合拢时剪刀的刀刃部分吻合，用于剪除虹膜组织（图 1-4-3）。

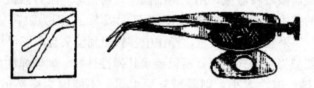

图 1-4-3 虹膜剪

（5）小梁剪。为弯尖头，供眼科手术时剪切小梁、虹膜、囊膜等组织用（图 1-4-4）。

2. 镊子 镊子用于夹取、固定和分离组织。显微镊子全长 10～12cm，整个前部细长以免妨碍视线，其后部至柄部逐渐变粗，以增加夹持力。尖端精细，尖端的平台长约 5mm，对合良好，镊子的内侧面有 1～2 个定位销，有防止尖端错位的功能。非使用状态下镊尖相

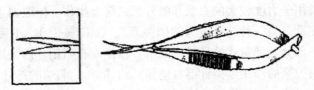

图 1-4-4　小梁剪

距为 6～8mm，手持镊子准备操作的工作状态时镊尖间距为 4mm 左右。镊子的弹力要适中，弹力过大，手掌肌肉容易疲劳，弹力过小，镊尖距过窄，不利于操作。根据镊子结构可分为有齿镊、无齿镊、直镊和弯镊 4 种类型（图 1-4-5）。

　　有齿镊分直镊和弯镊。通常一侧为单齿，另一侧为双齿，有犬齿状、鼠齿状和杯口状，有的齿呈直角，有的向前突，齿的长度为 0.1～0.5mm（图 1-4-6）。各种镊子的用途不同。平台镊齿的后部呈平台状，用以打结。0.1～0.12mm 长的齿适用于角膜移植手术时抓夹膜植片，对角膜尤其是对内皮的损伤轻微。0.5mm 长的无齿镊直角齿有利于固定组织如巩膜。此外，还有珍珠镊、弯镊及成角镊等，主要用于白内障或青光眼手术的切口切开时固定眼球；杯状齿既能够固定组织，又不引起组织穿透损伤，属无损伤有齿镊，特别适用于青光眼手术中固定巩膜瓣和结膜组织，还可用于眼肌夹取和固定，避免损伤和撕裂肌肉。

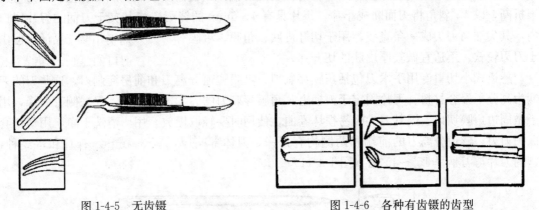

图 1-4-5　无齿镊　　　　　　　　　图 1-4-6　各种有齿镊的齿型

　　无论是直镊还是弯镊，无齿镊的尖端部分细而光滑，其平台部分 5～7mm，直镊打结虽然灵活但有时由于遮挡视线而不便于操作。有的镊子一侧尖端咬合部呈锯齿状，可增加夹持组织的牢固性。白内障手术中撕囊镊和人工晶状体镊均为弯镊，弯曲部分 10～12mm（图 1-4-7、图 1-4-8）。

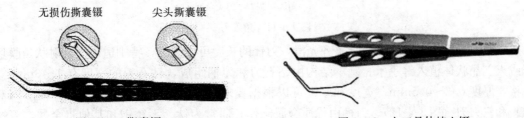

图 1-4-7　撕囊镊　　　　　　　　　图 1-4-8　人工晶体植入镊

　　3. 持针钳　持针钳的基本形式有两种。一种为锁式（如图 1-4-9），可分为头部、柄部和卡锁部，使用时右手以握笔式持钳，拇指置于弹簧片上，夹持针后，拇指将弹簧片卡在锁柄内进行缝合。主要用于力度较大的直肌和眼外肌的缝合操作，但眼内手术操作时，锁扣的开关会引起针体的震动。另一种持针钳为圆柄弹簧式（图1-4-10），不带锁，分为柄部、关节阻栓部和持针部三部分。弹簧式的柄呈半圆形，内侧面有阻销，防止用力过大损伤前端的咬合面，非使用时因弹簧的作用，持针器自动张开约3mm。前端的持针部长7～10mm，尖端呈钝圆形，咬合面光滑，闭合良好，边缘无棱角，能够夹持无损伤缝针和9-0以上的缝线进行打结。弯的持针钳较直的使用方便，角度在30°～40°，使用时轻轻旋转手指并向前推动缝针即可。

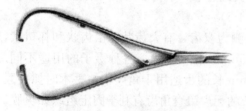

图1-4-9　带锁持针器

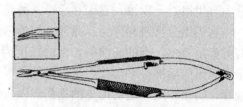

图1-4-10　弹簧式持针器

4. 刀柄及刀片　刀柄有两种基本类型，一种为解剖刀柄，使用11号的小尖刀片，用于切开皮肤、巩膜瓣和角膜缘等。第二种为弹簧式刀柄，用时需要改制剃须刀，把剃须刀片对半折断，以45°斜将刃面断成小片，每片具有4～6mm的锋刃，将其夹于刀柄的刀片钳口内，其尖端与刀尖成一条直线，用于切开皮肤、角膜、巩膜等，刀刃锋利，操作灵活，但由于刀刃较软，不适宜做较厚皮肤的切开。

隧道式小切口专用手术刀包括角膜穿刺刀、巩膜隧道分离刀和前房穿刺刀。这些刀的刀柄为高分子聚合材料，刀片固定于刀柄上。角膜穿刺刀的刀尖薄而锐利，仅一侧有刀锋，用于做周边角膜切口。因其刀尖极易损坏卷曲，使用时要轻取慢放，用毕清洗干净，用塑料套保护刀刃。隧道分离刀的前端和两侧均有刀锋，刀体部略厚，宽3.5mm。有直和弯2种，弯的刀片与刀柄呈15°～45°角（图1-4-11）。

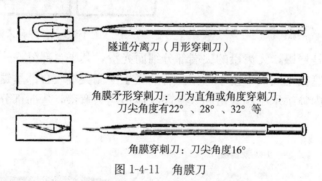

隧道分离刀（月形穿刺刀）

角膜矛形穿刺刀：刀为直角或角度穿刺刀，
刀尖角度有22°、28°、32°等

角膜穿刺刀：刀尖角度16°

图1-4-11　角膜刀

钻石刀极为锋利，切口边缘整齐光滑，刀锋的长度可以调控，特别适用于放射状角膜切开或人工晶状体植入等手术。基本结构由钻石刀和刀柄组成，钻石刀的宽度有1～3mm等规格，厚度0.2～0.5mm，宽度和厚度可以根据要求制作。刀锋的形状有斜形、棱形（双刃）和三刃刀（图1-4-12）。刀柄由优质金属制作，通常为钛、不锈钢和其他贵金属，刀柄前端有钻石刀固定装置和刀锋保护装置，后部为带有刻度的刀锋长度调节装置。末端有推压杆与钻石刀相连，当轻推压杆的末端，刀锋即显露，处于使用状态。如需要设置刀锋的长度，使刀柄垂直，推压末端，旋转调节螺旋于零位，此时，刃锋尖端与保护套同齐，调节螺旋每转动一圈等于 0.5mm 刀锋长度。用毕后旋转调节螺旋至第 1 个刻度环，推压末端，刀锋退回保护装置内，刀锋长度应定期用校正器校正，使钻石刀的刀锋使用长度精确无误。

5. 开睑器　开睑器类似于普通外科手术中的拉钩，在眼科手术中起到支撑眼睑的作用。开睑器有简易型，也有可调节的（图 1-4-13、图 1-4-14）。

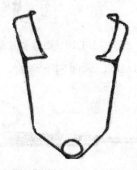

图 1-4-12　各种类型的钻石角膜刀　　图 1-4-13　简易开睑器　　图 1-4-14　平移开睑器

6. 睑板腺相关器械　霰粒肿夹或睑板腺夹，由圆形或椭圆形坚固的下板和环形的上板构成，两者的锯齿状手柄由锁拇螺丝固定（图 1-4-15）。睑板腺囊肿刮匙（图 1-4-16）手柄呈扁形，刮匙呈杯形，长度为 1.0～3.5mm。

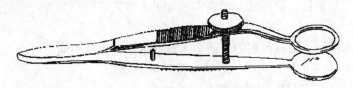

图 1-4-15　霰粒肿夹或睑板腺夹

图 1-4-16　睑板腺囊肿刮匙

7. 眼用圆规　Castroviejo 圆规，测量范围为 0～20mm，精确度为 0.5mm（图 1-4-17）。

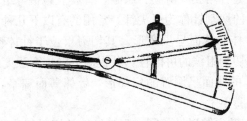

图 1-4-17　Castroviejo 圆规

8. 眼球摘除器械

（1）眼球勒除器。该器械通过控制棘轮的作用，使线圈逐渐被收紧，这种方式允许它在一弯曲部平滑地回缩，并可从颞侧和鼻侧使用（图 1-4-18）。

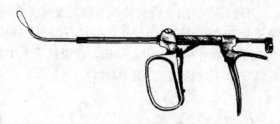

图 1-4-18　眼球勒除器

（2）眼球摘除匙。该匙宽 21mm，匙面向下弯曲，前缘有切迹，手柄扁而光滑（图 1-4-19）。

图 1-4-19　眼球摘除匙

二、显微缝合针和缝合线

1. 眼科缝针　眼科缝针按其针体截面的形态分为圆体针及切割针两大类，后者主要包括三角形针、反三角形针、铲形针。根据用途和手术方式不同可分为常用的普通手术缝针和显微手术缝针。

（1）普通手术缝针。眼科可用的普通手术缝针根据针体的不同，分为以下几种：

①3/8 弧长 3×6 三角针。用于一般的角膜及巩膜缝合。

②3/8 弧长 4×8 三角针。用于巩膜及睑板缝合。

③3/8 弧长 6×17 三角针。用于皮肤缝合。

④3/8 弧长 9×28 三角针。用于五针一线内翻矫正术。

⑤3/8 弧长 4×12 圆针。用于结膜或黏膜缝合。

⑥3/8 弧长 4×8 圆针。用于结膜或黏膜缝合。

（2）显微手术缝针。眼科显微手术因为操作对象为细微的眼组织，因此针体的形态会对眼显微组织造成不同的损伤，临床选择的依据为：

①圆体针。主要用于缝合结膜、虹膜、睫状体、睑缘和眼肌等组织，不切割组织。

②切割针。主要用于缝合角膜、巩膜、眼眶、骨膜及睑板等组织，针体的边缘具有切割组织的功能，故用于眼科的切割针称为微尖针，常用的有以下几种：

a. 微尖反切割针：针体的截面呈反角形，其切刃仅位于针体弯曲部分的外侧，从而避免了缝针针尖穿过组织时切割组织的可能性，并提高缝针抗弯强度。

b. 微尖铲形针：针体的截面呈倒置的扁梯形，针体薄而扁平，极易穿透角膜和巩膜组织，用于白内障及角膜巩膜手术。

c. 微尖 X 形铲针：与微尖铲形针相同，只是针体的切刃部分较长。

d. 铲形针：针体的截面与微尖铲形针相似，主要用于加固缝合不切割组织。

e. 微尖缝合针：针体弯曲或呈独特的几何形状，以便能准确地缝合角膜缘等特殊解剖部位。

f. 微尖针：针体扁平部直行、极细，针尖极锐利，穿透性好，针体不切割组织。

2. 眼科缝线　一般临床应用的眼科缝针都是针线一体的，但其中的缝线种类及其特点不同。一般眼科手术缝线常用丝线，质地柔软，打结牢固且不易松脱。根据眼科手术的需求不同，眼科显微缝线又大致分为可吸收缝线和不可吸收缝线。

（1）可吸收缝线。可吸收缝线有很多种。聚二氧杂环己酮缝线为单丝缝线，在体内2周可保持原有强度的70%，4周保持50%，6周保持25%，主要用于缝合眼肌及青光眼手术。适合临床用的还有化学合成可吸收多股编织缝合线（聚乙醇酸缝线），在组织内15d之后开始被吸收，30d后大量被吸收，60～90d完全被吸收，主要用于眼肌缝合、青光眼手术和结膜手术。涂层缝线即外表有涂层的编织缝线，涂层是乙交酯和丙交酯的共聚物与等量的硬脂酸钙混合而成的物质，在体内不会影响缝线的生物性质，在体内溶解速度慢，能长久保持其抗张力强度，一旦溶解很快被吸收。在体内2周可以保留原有缝线抗张力强度的55%，3周后保留20%的抗张力强度，60～90d内被吸收，主要用于眼肌缝合。在皮肤和黏膜下可能引起发臭，如果保留超过10d可能需要取出。

（2）不可吸收缝线。

①尼龙缝线。为人工合成不吸收的单丝缝线，具有很高的抗拉强度和极低的组织反应。主要用于眼科显微手术和皮肤手术。目前认为，尼龙缝线最后经体内降解而被吸收，所以无后囊膜支持的人工晶状体固定不宜使用。

②聚丙烯缝线。为人工合成的单丝缝线，在体内不被吸收、不发生排斥反应，组织反应极轻微。目前认为能保持永久性抗拉强度，维持线结的牢固性较其他人工合成的单丝线强。因此，能长时间固定维持伤口和固定植入组织。主要用于无后囊支持的人工晶状体固定的标准缝合。

③聚酯缝线。即涤纶缝线，是由聚酯纤维编织而成，外表涂有润滑剂，使缝线容易穿过组织，易打结，在体内能长久维持其抗张力强度，主要用于人工晶状体固定术以及视网膜脱离手术、眼睑整形手术。

④聚酯纤维缝线。由人工合成，已经证明能在体内永久存留，组织反应轻微，主要用于血管手术和人工晶状体植入固定。

⑤聚酰胺单丝。是人工合成的不可吸收缝线，组织反应轻，线体柔软，易打结，无毛细管现象，适用于污染及感染伤口的缝合。主要用于整形外科、表皮及皮下缝合、显微手术和神经血管吻合手术、白内障手术和角膜手术。

⑥手术丝线。由蚕丝编织制成，在体内可被缓慢吸收，1年后失去抗张力强度，2年后被吸收，因其容易操作而广泛使用。主要用于角膜缝合、白内障手术、巩膜手术及巩膜牵引。

⑦纯丝线。是由多股天然蚕丝捻成的细线。主要用于眼科手术。

3. 缝线的选择　缝合的目的是使切口或伤口正常愈合。所使用的缝线不仅要有良好的抗张力，在组织内要保持足够长的时间以保证切口或伤口愈合，还应具有炎症反应轻、组织耐受性好、容易操作等优点。选择要点如下：

（1）外科肠线容易吸收，但炎症反应重，不适用于眼科手术。

（2）不锈钢丝虽然组织反应轻，能在体内保留足够长的时间使组织愈合，但不易操作。肌肉组织愈合快，术后拆线困难，应选择可吸收缝线；角膜组织愈合慢，因此常常选择尼龙缝线。

（3）年老体弱、营养不良及患有贫血、肿瘤、糖尿病等慢性疾病的动物伤口愈合较慢，应选择吸收较慢的缝线，如尼龙缝线。

（4）术后需要使用激素和抗代谢药物的（如青光眼手术后常使用皮质类固醇等），切口及伤口愈合较正常组织慢，宜选择吸收较慢的缝线。

（5）各种缝线的阻力比较接近，影响缝线阻力的主要因素是直径的大小。缝线越细，越容易通过组织；缝线越粗，较难通过组织且组织反应越明显，缝合时容易引起组织变形。

（6）缝线外表的涂层是为了加强其抗牵拉力，同时也会增加其表面的阻力，通过组织的阻力较单丝缝线大。其特点是打结不会滑脱，组织缝合牢固，缺点是外界的细菌可以通过涂层物质和缝线之间的缝隙进入组织引起感染。

（7）良好的缝线应柔软。丝线较柔软，尼龙线较硬。硬的缝线虽然组织反应轻，但线头会引起不适，甚至穿破组织暴露于外。因此，缝合完毕应将线头埋藏在组织内。

（8）缝线具有的弹性在一定程度上会伴同切口或伤口的组织肿胀而随之伸长，避免割断组织，但是弹性越大，打结时越难于掌握缝线的紧张度。尼龙缝线、聚酯缝线、涂层缝线等合成缝线有很高的弹性，打结时容易滑脱。涤纶涂层缝线和单丝聚丙烯缝线弹性较低，容易打结，不会滑脱。因此，缝合的原则是结扎缝线不可太紧，以避免引起组织扭曲变形和影响局部的血液循环或造成角膜散光过高。

（9）所有的缝线均会在不同程度上引起组织的炎症反应，炎症的程度不仅与缝线的材料有关，而且与缝线在组织内的体积有关，缝线的体积随其直径呈几何级数增加，如同样长的缝线，8-0 缝线的体积较 10-0 缝线的体积约多 4 倍，因此，细线引起的组织反应较粗线轻。另外，不同组织对缝线的耐受性有差异，如角膜组织对聚甘醇酸缝线的耐受性远较皮肤组织要好。

三、手术显微镜

1. 手术显微镜应具备的条件　手术显微镜是眼科显微手术的主要设备，是在显微外科手术的基础上发展起来的。理想的眼科手术显微镜，应具备下列条件：

（1）具有适度的操作距离，物镜焦距在 150～200mm。术者的眼与术野的距离在 350～380mm，以便于术者操作。

（2）目镜的放大率在 10× 左右，并能在（4～40）×之间迅速自动变焦，保持视野清晰。

（3）照明系统的亮度要适宜并可按需要随意改变亮度、照明投照角度及位置。同时配置斜照光源与同轴光源照明。照明范围应满足手术需要，亮度要均匀一致。要采用同轴冷光源，并在同轴光源中附设滤光片，以避免强光照射所致的视网膜损伤及使术者出现眩目。

（4）具有可按术者及助手需要而调节的不同屈光度及瞳距的双筒目镜。

（5）术者及助手在目镜下所见的影像均必须是正立体视野，二者目镜的焦距必须相同，并可以变倍［助手镜为（2～10）×］。

（6）目镜应具有可供术者和助手需要而改变视角的装置。

（7）支架转动要灵活、固定可靠，不妨碍手术操作。

（8）具有灵敏而准确地控制升降、X-Y 运动及迅速变倍的脚踏开关装置。

（9）容易安装其他附件，如拍照及录像设备等，并同时能进行电视教学。

（10）体积不大，容易清洁消毒、维修，且价格不宜过高。

2. 手术显微镜的结构 包括观察系统、照明系统、控制系统、支架系统和附属设备（图 1-4-20）。

（1）观察系统。由目镜（主镜和助手镜）、物镜和变倍镜片组合组成（图 1-4-21）。

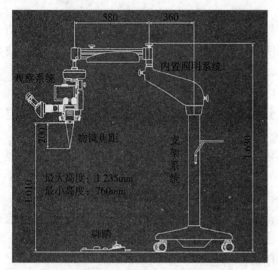

图 1-4-20 眼科手术显微镜结构示意（单位：mm）
（图片由深圳莫廷医疗科技有限公司授权）

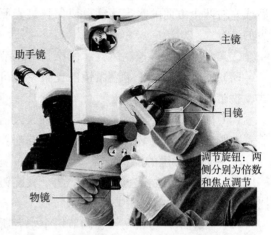

图 1-4-21 眼科手术显微镜观察系统示意
（图片由深圳莫廷医疗科技有限公司授权）

①目镜。主镜的目镜均为双镜筒，上端放置目镜片，下端装有棱镜片。目镜片的放大率有 10×、12.5×及 20×可供选择。

新型手术显微镜的助手镜由安装在主镜的分光器引出，它虽可减弱主镜的明亮度，但与主镜为同一光源照明，两者的视野一致，并在同一放大率下操作，可以提高助手在术中的协助作用。一般的助手镜也可以设计成独立的光学系统，可产生真实的立体视效果。然而，这种助手镜与主镜有一定夹角，故助手观察的视野容易产生误差，难以精确配合术者完成复杂的玻璃体、视网膜显微手术。此外，独立的助手镜必须能围绕主镜作不同角度旋转，以便根据不同手术的要求，调整术者和助手间的相互位置。

②物镜。为单片镜，安装在变倍放大系统下方，显微镜身的下端。它的焦距决定手术显微镜的有效工作距离。物镜焦距在 150～200mm 是最适宜的眼科显微手术镜工作距离。

③变倍组合镜片。安装在目镜和物镜之间，系快速变倍的装置，由手动变倍旋钮手动控制。若通过改变镜片组合来调整放大率，称为分级变倍；如通过自动变焦连续改变放大率，称为无级变倍。

（2）照明系统。眼科手术显微镜有三种照明方式。第一种为倾斜光外照明，光线与被照物体呈 20°角，常用于眼前段手术照明，它易形成界面反射，增加观察目标的深度感和层次感。第二种为斜裂隙光照明，裂隙光线与被照物体呈 35°角，斜照的裂隙光按固定弧度作前后运动，能形成光学界面的光扫描，可以鉴别角膜内异物、角膜后弹力层撕脱和晶状体后囊膜是否完整。最后一种为同轴照明，光线与被照物体呈垂直方向。同轴光源照明常用于现代白内障囊外摘除术、人工晶状体植入术及玻璃体手术等。因为它可以通过瞳孔区反射出现视网膜红色反光，术中能观察瞳孔膜、玻璃体及晶状体后囊等透明组织，并增加手术操作的准确性。高质量的手术显微镜应同时具有斜照明和同轴光照明。

（3）控制系统。

①同轴旋转装置。手术显微镜的镜身被悬吊及固定在同轴旋转旋钮上，手术者旋转此旋钮能使固定镜身的支持臂沿枢轴移动，使显微镜的镜身移动到手术野的中心，以使双目镜在最适当的位置对准术者的双眼。

②X-Y运动调节装置（纵向及横向运动装置）。这种是由脚踏控制开关，调节镜身作前后或左右两个方向的水平移动，以保持灯光照明在术野中心，特别是在高倍镜下操作不可缺少的装置。

③焦距及放大率控制装置。术中实时调节以使物象更加清晰。

（4）支架系统。手术显微镜的支架系统可分为通用式、电动升降式、电动液压式、固定式、携带式和平衡式等。

（5）附属设备。附属设备包括各种放大倍数的目镜和物镜、示教镜，摄影、摄像、电视装置，眼内激光光凝装置等，根据需要选配。

3. 手术显微镜的操作步骤

（1）先将悬吊显微镜支臂上的两个大旋钮拧松，然后打开照明系统，将照明光线移到术野中心，最后应固定上述两个旋钮。

（2）根据术者的屈光状态调节每个术者所用目镜的屈光度。

（3）使双目镜的距离与术者的瞳距一致。

（4）选定合适的放大倍数。

四、眼科手术器械的消毒与保养

眼科手术器械相对小巧精细容易损坏，这些器械的维修和保养不同于普外科尤其是骨科器械，手术室人员应熟悉眼科器械的性能、特点、使用方法和维修保养方法。要有专业的手术器械盒或器械架，不与普通器械混杂。存放时注明器械的名称、数量、购买日期、生产厂家和价格等，不可每次使用的时候来回翻找。要轻取慢放，严禁碰撞，防止跌落。手术者应正确使用每一种器械，切不可用精细的角膜剪刀分离或剪除肌肉、筋膜等。显微镊子的尖端仅 0.1～0.3mm 宽，其接触面极小，使用时极易损坏。故切勿用显微镊子夹肌肉、肌腱、皮肤和粗糙的丝线等需要用力较大的组织，避免造成错位或闭合不良，甚至损坏镊尖。每次手术结束后要用软毛擦小心刷洗，一定要用清水清洗，未经清洗的器械不能存放使用。手术室经常需要用消毒液浸泡器械，但是，必须认识到所有的消毒液对眼内组织均会产生毒性作用，尽管术前已反复冲洗器械以防消毒液进入眼内，但是微量的残留对眼组织尤其是角膜内皮的损害仍不容忽视。对于眼科显微器械来讲，高压蒸汽灭菌也是不推荐的，因为高压蒸汽会让其尖端变钝，所以如条件允许应使用超声波清洗机清洗，之后干燥并涂上石蜡油。尖端锐利的显微器械必须用一次性管套保护其尖端，以避免碰撞损坏。

1. 物理灭菌法

（1）高压蒸汽灭菌。适用于布类、敷料、金属器械、陶瓷类、橡胶类、玻璃类等。灭菌有效期 2 周。

所有物品在灭菌前均需作常规清洗，清除物品上的油污、血迹，感染手术的器械、布类，先用化学消毒剂处理干净，灭菌前污染物越少，达到的无菌效果越有保证。灭菌物品采用双层平纹布或合适的材料分类包装，便于使用后洗涤，每件包裹体积不宜过大，根据所使用的蒸气灭菌设备而定。手术包内应放入灭菌指示剂或指示卡，物品外应标有记录包内物品的名称、包裹日期、灭菌有效时间。

（2）干热灭菌法。利用点热式红外线烤箱所产生的热空气进行灭菌。适应于玻璃器皿、试管、瓷器等物品及不能高压蒸汽灭菌的明胶海绵、凡士林、油脂等。干热渗透力弱，不易使蛋白凝固，必须使微生物水分烤干致死，所以需在 160～170℃持续 2h 才能达到灭菌的目的。明胶海绵加热温度应低一些，可在 120℃持续 4h。

（3）煮沸灭菌法。适用于耐热、耐湿的物品。操作前，应将物品洗净，易损坏的物品应用纱布包好，再放入水中，以免沸腾时相互碰触，物品与物品之间必须留有空隙，水面应高于物品。灭菌器要加盖。灭菌时间应自水沸开始计算，一般需要 15～30min，灭菌过程中保持连续沸腾，中途不能添加新的未灭菌物品。可以在水中加入碳酸氢钠，使成为 2%溶液，可减轻器械的生锈，提高温度，加强灭菌能力。玻璃类物品从冷水煮起，以防破裂；橡胶类物品宜水煮沸后放入。已灭菌物品取出时应慎防再次污染，灭菌结束后可将水放去利用余热烘干器械。

（4）紫外线消毒法。紫外线照射适用于空气、水和物体表面的消毒，有效距离不超过 2m，时间 30～60min，消毒时室内应清洁、干燥，温度不低于 20℃，相对湿度不超过 50%。灯管每周用 70%～75%酒精棉球擦拭一次，以清除污垢。确保消毒效果，定期用紫外线照度计或化学指示卡检查，在距离 1m 处照射 1min，紫外线灯管的照射强度低于 70mW/cm^2 时，需要更换灯管。

2. 化学消毒灭菌法　使用化学消毒灭菌剂杀灭微生物的方法适用于锐利的或不能用高热灭菌的器械，其效果不如高压蒸汽灭菌好。消毒灭菌前，应清除器械表面的污染物或保护油，如果附着血液或组织不易清洗，不可用力刷洗，建议使用超声波清洗仪，以免造成器械尖部或刀刃的损坏；器械的锋利尖端用棉花包裹，以防碰损。消毒灭菌时，应根据不同物品选用合适的消毒剂，有关节的器械应将关节打开；有空腔的器械，应使消毒液能进入腔内；消毒灭菌液完全浸没器械。

所有的化学消毒灭菌剂都具有一定毒性，手术前所浸泡的器械必须将消毒剂充分清洗干净方能使用，以防微量的消毒剂残留进入眼内，引起不良反应。

根据消毒灭菌效果，可将化学消毒剂分为高效消毒灭菌剂、中效消毒灭菌剂和低效消毒灭菌剂三种。高效消毒灭菌剂能杀灭细菌繁殖体、芽孢、病毒和真菌孢子，又称灭菌剂，常用的如过氧乙酸、环氧乙烷、甲醛及部分含碘、含氯的消毒剂。中效消毒灭菌剂可以杀灭细菌、真菌、大部分病毒，如乙醇、酚类和部分含氯的消毒剂。低效消毒灭菌剂只能杀灭细菌繁殖体、部分真菌、亲脂病毒，如新洁尔灭、洗必泰。

理想的化学消毒灭菌剂应符合以下条件：①杀菌谱广；②有效浓度低；③作用速度快、穿透力强；④化学性质稳定，不受酸、碱、化学因素和温度的影响；⑤易溶于水，不受水影响；⑥对物品无腐蚀性；⑦无味、无臭、无色，消毒后易于除去残留在器械表面的消毒灭菌剂；⑧不易燃烧、爆炸，无毒或低毒；⑨价格低；⑩运输方便，可大量供应。

常用化学消毒灭菌剂如下：

（1）碘伏。医用碘伏液有 10%、7.5%、5% 及 1% 四种。碘伏的含碘量为 8.5%～12%，0.5%、1%碘伏的外用消毒作用相当于 2.5%的碘酒。无刺激性，不需酒精脱碘，可直接用在皮肤、黏膜和伤口上，对芽孢有杀菌作用，对真菌有抑制作用。

应用方法：0.5%～1.0%用于消毒皮肤；0.25%～0.5%用于浸泡洗手，需要 3～5min；0.02%～0.05%可用于黏膜冲洗，作用时间随用途而异，一般为 1～10min。

碘伏的最佳 pH 为 2～4，稀释时注意保持 pH 在最佳值范围内。

（2）酒精。酒精能杀灭细菌、真菌、多数病毒，对芽孢和肝炎病毒无效。酒精在60%～80%浓度时杀菌作用最强，浓度过低或过高杀菌作用均下降，因此，在浸泡器械时应加盖或用无菌纱布包裹以防挥发。

（3）环氧乙烷。环氧乙烷为广谱气体灭菌消毒剂，能杀灭细菌、病毒、芽孢和真菌，具有穿透力强、对物品无损害的优点，消毒后迅速挥发，适用于怕热怕湿的物品消毒，灭菌方法可用柜式法。经消毒后的物品，需放置在通风良好的环境一定时间待环氧乙烷完全挥发后再使用。

应用方法：0.5～1.0mL/m³ 在 50℃下作用 6h，消毒时要保证消毒装置的密闭性，消毒物品有效期 2 年。

任务反思 ＞＞＞＞＞＞＞＞＞＞＞＞＞＞＞＞＞＞＞＞＞＞＞＞＞＞＞＞＞＞＞＞＞＞＞＞＞

1. 眼科器械和眼科显微器械有什么差别？
2. 眼科缝针如何选择？
3. 眼科器械如何消毒和保养？

任务一 眼睑疾病诊疗技术

★ 任务目标 >>>>>>>>>>>>>>>>>>>>>>>>>>>>>>>>>>>>>>>

1. 掌握眼睑疾病的发病原因和临床表现，学会宏观地看待眼睑疾病，善于使用整体加局部的治疗思路。

2. 掌握常见眼睑手术的操作方法。

任务实施 >>>>>>>>>>>>>>>>>>>>>>>>>>>>>>>>>>>>>>>

一、眼睑肿胀

导致眼睑肿胀的原因很多，眼睑本身的疾病、局部感染、邻近组织的严重炎症、血管渗透性异常或眼睑组织引流障碍均可引起眼睑肿胀。

【临床检查】根据病史和年龄以及宠物的生活环境，全面评估肿胀的眼睑和毗邻组织的状况，以及有无全身性疾病影响的可能。

眼睑水肿不易扩散，应先检查眼睑本身。因鼻根部筋膜稀疏，所以水肿可能蔓延至对侧眼睑、眼球及其附属组织，所以要检查双眼的眼睑及眼球和附属组织。严重肿胀者，小心触诊其眼睛及附属组织，紧张并有压痛时，要排除结膜异常、角膜疾病、眼球突出、眼压升高等可能的异常。

【症状】

1. 炎性水肿 细菌、真菌、寄生虫的感染及某些免疫性疾病等均可引起眼睑炎性水肿。

单纯性眼睑炎会有充血和肿胀，触诊可摸到硬结，常有压痛。如麦粒肿（睑腺炎）、化脓性霰粒肿（睑板腺囊肿）、急性泪囊炎、急性泪腺炎等，这一类多有压痛性硬结，且为局限性肿块，炎症剧烈时整个眼睑均红肿。

弥漫性红肿而无硬结者要检查是否存在外伤性或感染性的眼睑蜂窝织炎及眼睑脓肿。急性红肿也可能是虫媒叮咬、接触性皮炎等，特征为浮肿及血管神经性水肿。

并发眼睑水肿的疾病包括急性结膜炎、角膜炎、虹膜睫状体炎、全眼炎、青光眼急性期、眼眶蜂窝织炎、耳源性脑膜炎、鼻旁窦急性炎症等。

2. 非炎性水肿 非炎性水肿是由于静脉或淋巴管阻滞，或血液状态改变所致，一般不充血、无热感、无痛感。多因系统性疾病所致：

（1）肾功能不全引起的眼睑暂时性水肿，数小时或数日后可随着肾功能的改善而消退。

（2）心源性水肿多数先发生四肢浮肿，然后发生眼睑浮肿。

（3）肿瘤等眶内占位性病变压迫导致回流障碍而引起眼睑乃至结膜水肿。

（4）重症内分泌性疾病造成代谢障碍、眶内压增高，常伴有眼肌麻痹。如甲状腺功能低下而引起的双侧性上下睑肿胀，压之无凹陷，皮肤较为干燥。

（5）长期眼睑痉挛引起眼轮匝肌压迫静脉。多见于上眼睑。

（6）寄生虫过敏反应，如缘虫幼虫、丝虫、疟原虫等均可引起变态反应而引起局部血管神经反应。

3. 眼睑气肿 多数继发于眼眶气肿，也可因泪骨骨折或泪囊破裂而导致。如动物发生头部及眼部钝性外伤后，筛骨破裂，鼻腔的空气会进入眼眶及眼睑皮下。在打喷嚏或鼻腔胀气时，肿胀越剧烈。肿胀的眼睑不充血，触之有弹性，用手捻压眼睑皮肤有捻发音。眶内气肿者，常伴有眼球突出。

【治疗】治疗原发病，有针对性的给予抗感染和消肿治疗；难以治愈的有必要根据药敏试验选择抗生素；寄生虫导致的需要进行驱虫治疗及对症治疗；对感染性肉芽肿可以考虑使用类固醇类药物控制。非感染性的对症处理即可。

二、眼睑出血

眼睑出血分为急性出血和慢性出血。

【临床检查】调查动物的病史，了解动物的基本信息，尤其是年龄和品种。

急性眼睑出血多由于眼睑外伤（挫伤、跌伤、撞击、咬斗）所致，应详细问诊，进行全面临床检查，尤其是影像学检查，以检查是否有眼球受伤、眼眶骨折甚至颅骨骨折的可能性。

慢性眼睑出血多因为局部血液循环障碍所致。要仔细检查是否有眼睑出血期间的皮下淤血，即使淤血一般无不良影响。有体表其他部位出血的要考虑血凝情况及全身性疾病的影响。眼睑缘位置的局部肿块或结节应注意鉴别是否为毛细血管瘤（属于一种血管畸形，为良性肿瘤，边界清楚，无痛，呈扁平或隆起的深红色斑或小红点，位置深的呈紫色，按压多可褪色）。应与出血斑及炎症性出血相区别。

【治疗】眼睑少量出血会自行吸收；淤血面积较大的，在排除系统性疾病的可能性后可以采用热敷等理疗方法。有些需要配合抗炎治疗。

如果有系统性疾病，要根据临床检查的结果，如血常规、血凝试验和影像学检查制定相应的治疗方案。

三、眼睑炎

眼睑炎主要是指眼睑皮肤或局限于眼睑缘浅表组织的炎症，少数严重、顽固者会发展到深层，如皮下结缔组织蜂窝织炎。

【症状】

1. 浅表性眼睑炎 浅表性眼睑炎的发病原因有感染、过敏、刺激或自我损伤等，也有新陈代谢障碍或自身免疫性因素。

眼睑炎案例

浅表性眼睑炎最明显的特征是睑缘炎，即整个睑缘肿胀增厚，发生充血和糜烂，也有的有鳞屑或痂皮。因为睑缘有睑板腺、毛囊的皮脂腺及汗腺开口，发炎后有较多的分泌物，因此眼睑缘粘着黏性分泌物或肿胀且有光泽，如炎症来自结膜炎，则黏性的分泌物更多；如果炎症来自皮肤病变，则会因为皮肤病的原因不同而具有不同的特征性表现，如脱毛、结节、红疹等。

眼睑炎持续时间较长者，睑缘及周边皮肤充血、水肿、增生及皮屑，特征是脂肪样的鳞片。由于充血，表皮细胞增生较多，发生脱屑现象，脱落的鳞屑可与分泌物混合结成黄色痂皮堆集于睫毛根部，去除睫毛和睑缘之间的鳞屑片时睑缘皮肤发红，并无溃疡，睑缘灰线不清。睫毛在疾病的初期有显著的毛囊炎且消退缓慢。动物眼睑有痒感，因此会有抓挠现象。慢性或重剧者整个睑缘肥厚，被覆黄色的痂皮，除去被覆的痂皮则显露出潮湿而易出血的溃疡面。由于毛囊被破坏，被毛和睫毛甚至完全脱落，最终引起睑缘变形、粗大、下垂，眼裂缩小，眼睑外翻。因为眼睑受损引起的睫毛脱落，一般预后良好，睫毛常可重新生长。

2. 深在性眼睑炎 深在性眼睑炎表现为眼睑深层蜂窝织炎，大多数由于外伤及感染化脓性细菌引起，但也可能来自附近组织的炎症，如眼球后蜂窝织炎、眼眶骨组织病变等。

眼睑蜂窝织炎可能为局限性或弥漫性。眼睑显著肿胀、紧张、疼痛、温热、坚实硬固、皮肤紧张。眼结膜显著肿胀充血，甚至为蓝紫色，有脓性渗出物。整个结膜的严重肿胀，表现为畏光，同时充血、水肿的睑结膜从眼裂处翻出。炎性肿胀出血时，可蔓延到周边眼眶及皮肤上。

化脓性泪腺炎也会表现为眼睑炎的特征，但其常常形成泪囊脓肿，且主要发生于上眼睑的外侧面。

【治疗】患眼睑炎的动物首先要佩戴伊丽莎白颈圈等防止自我损伤，动物的自我损伤可导致眼睑皮肤撕裂或溃疡；其次是尽量保证面部尤其是眼睑的清洁，以防止继发感染。轻度的眼睑炎或可自愈，药物的治疗可选择温和无刺激的外用抗生素制剂，鳞屑比较多的可以使用一些含鱼肝油、红霉素软膏等的凝胶产品以增加皮肤的湿度和营养。目前在宠物上更多单纯使用银离子制剂治疗，其效果也是不错的。为减轻不适和疼痛可以温敷。继发深层脓肿或面积太大者，很难治疗，因此适当使用非类固醇类或类固醇类药物控制炎症，感染性肉芽增生或皮肤溃烂过于严重者，可沿眼睑轮匝肌切开排脓，同时结合抗生素进行治疗。

四、眼睑外伤

宠物的眼睑挫伤、撕裂等较为多见。

1. 眼睑挫伤 意外撞击或从高处跌落、咬创，以及因为瘙痒等抓挠导致的自我损伤。

动物抓挠伤的局部皮肤可见明显的挠痕，其他表面性的创伤多数也只有皮肤层的破坏。轻微的挫伤仅表现为淤血。严重时因为炎症反应可伴有各种机能的变化，如流泪、眼睑关闭不全、眼睑外翻、结膜出血、角膜炎症、角膜溃疡。

眼睑挫伤的创面越小自愈速度越快，创面较大者，为防止继发性感染，一般按外科原则进行清创及抗感染处理。处理中应注意避免使用强烈刺激性的药物，以免损伤角膜。

2. 眼睑撕裂　眼睑严重创伤可穿透眼睑全层甚至结膜被分开，严重时可造成眼睑皮肤撕裂，眼睑边缘沿睑肌纤维的方向横断。由于部分或整个眼睑撕裂，引起眼睑闭合不全（兔眼症）。由于泪液过度蒸发易继发干性角膜结膜炎。

眼睑撕裂需要进行创伤处理，缝合皮肤及眼结膜。

五、眼睑缺损

眼睑缺损为眼睑缘不完整，同时缺乏睫毛、泪腺开口和睑板腺开口。由于缺乏眼睑的保护及分泌功能不全，常导致泪膜不稳定甚至干性角膜结膜炎。

眼睑缺损案例

【症状】先天性眼睑缺损主要见于猫，双眼发生且多发生于上眼睑的外侧。后天性眼睑缺损是因为动物受到外伤或进行眼睑部位手术不当造成的，有明显的瘢痕组织。

先天性眼睑缺损的猫可见其上眼睑缺损的边缘线和正常眼睑缘的延长线不一致（图 2-1-1），缺损处缺乏眼睑缘结构，为正常被毛或稀疏被毛的皮肤。患眼同时还会有永久性瞳孔膜等其他先天性异常。外伤引起的缺损由于瘢痕组织的存在，缺损部位的皮肤有收缩的迹象。眼睑缺损会导致眼表感染及泪液过度蒸发，并且由于被毛对角膜的刺激，会有溢泪现象，并继发角膜炎和干性角膜结膜炎。

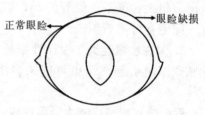

图 2-1-1　眼睑缺损示意

【治疗】眼睑缺损需要手术修补。注意所有的眼睑手术不可破坏眼周围的肌肉及韧带。

1. 下眼睑缺损的手术修补　犬的下眼睑瘢痕性缺损，可以采取皮肤移植片修补眼睑的缺陷（图 2-1-2）。皮肤裂开的，大的创伤需要进行缝合。在清理创伤时应尽量保护和保留健康组织，减少组织缺损，以免因眼睑创伤瘢痕的收缩造成眼睑内翻或外翻。如果原有眼睑在形态上存在异常，则应在处理过程中予以纠正。

2. 上眼睑缺损的手术修补　猫的上眼睑缺损可以实施皮瓣扭转修补术。动物侧卧或仰卧位，调整头部使术眼尽量平行于手术台。术眼粘上眼科手术专用覆膜，然后盖上眼科手术洞巾，保证术野良好暴露。使用组织钳夹持眼睑缺损处的皮肤，使其固定位外翻状态。然后用手术刀沿侧面将皮肤、眼轮匝肌和眼睑结膜依次分离。接着测量需要修补的长度，在眼睑上做合适长度的皮瓣。保留下

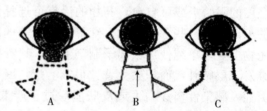

图 2-1-2　皮肤移植片修补眼睑缺损

A. 切除眼睑的瘢痕组织，如图示做皮肤切开，去除两侧的三角形皮肤　B. 提起中间毗连的皮瓣眼睑缺损区域　C. 皮瓣高出其相邻边缘 1mm，缝合

眼睑的完整眼睑，不可破坏。皮瓣距离眼睑缘大约 2mm，注意皮瓣的宽度和长度，不可过宽（图 2-1-3）。将做好的皮瓣向上眼睑缺损处翻转填充到缺损部位，将上眼睑皮肤和结膜分别与皮瓣的两侧进行结节缝合（图 2-1-4）。最后将下眼睑的皮肤切口缝合。下眼睑的缝合处理要评估或作修整，避免造成眼睑外翻。手术最后做固定于睑结膜的瞬膜遮盖术（见角膜疾病诊疗技术）。

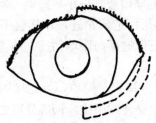

图 2-1-3　下眼睑的皮瓣制作示意　　　图 2-1-4　将下眼睑的皮瓣翻转至上眼睑的缺损处，其边缘分别与上眼睑的皮肤层和结膜层缝合

【术后】术后正常佩戴伊丽莎白颈圈防止抓挠，全身抗感染，局部按照结膜炎治疗。

六、眼睑粘连

眼睑粘连分为睑缘粘连和睑球粘连。在小动物上又分为先天性粘连和后天性粘连。

【症状】

1. 睑缘粘连　眼睑缘粘连可发生上、下睑缘的全部粘连或部分粘连。

（1）先天性睑缘粘连。胚胎发育时上、下睑原本是相互粘连的，到胚胎中期以后彼此分离形成睑缘。先天性上、下睑缘粘连是由于微细的皮肤纹的显著延长，是一种生理现象，在犬和猫出生后第1~12天可逐渐消失。有时还要延长或完全不能开张，有时胚胎发育期的炎症反应会导致重新粘连。

眼睑粘连案例

睑缘粘连可以发生于内眦或外眦，也可发生于中部一处或几处，呈桥瓣状，极少见整个眼睑完全粘连的情况。桥瓣样粘连常为治疗目的而做的睑缘缝合，偶见先天性的。内眦或外眦的粘连应与睑裂狭小加以区分。在眦角部的睑缘粘连虽也造成睑裂缩小，但在粘连处可以见到睑缘的组织构造（如睫毛等），有的在粘连处隐约可见水平的融合线。有时伴有小眼球等畸形。

（2）后天性睑缘粘连。在眼睑损伤后发生，特别是睑缘，当外伤、热伤、化学伤、脓肿时，常因产生瘢痕组织而形成，同时常发生睑球粘连。医源性睑缘粘连多因为手术造成。在神经麻痹性角膜炎、麻痹性兔眼症做手术缩小睑裂或封闭睑裂以保护眼球时也可发生。

2. 睑球粘连　睑球粘连是指睑结膜与球结膜甚至与角膜粘连的一种异常现象，犬、猫均可发生。多为各种眼病所致的一种后遗症。在眼外伤、眼手术、严重急性角膜结膜炎或慢性复发性角膜结膜炎（如猫疱疹病毒性角膜结膜炎）时均可引起睑球粘连。眼病越严重或病程越长，越易发生睑球粘连。

结膜炎时的睑缘粘连是睑内面与眼球粘连的原因。大的瘢痕可能形成完全粘连。

眼球前粘连是睑结膜与眼球粘连（图 2-1-5）。眼球后粘连是眼球与结膜穹隆部粘连。睑球粘连严重时可限制眼球和眼睑的活动，导致眼球运动困难（眼球的上下运动）。

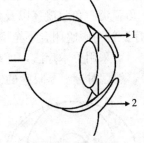

图 2-1-5　上眼睑与球结膜及角膜粘连示意
1. 粘连的上眼睑　2. 正常的下眼睑

严重的结膜炎会造成结膜粘连，猫眼睑粘连常见的原因通常是小猫感染了疱疹病毒，发炎的结膜可能会自相连接，可能破坏了结膜穹隆的结构而造成粘连，这样会干扰泪液的引流。结膜粘连也会影响到第三眼睑的活动，甚至使第三眼睑横跨眼球粘连。结膜也可能影响到角膜，与角膜发生粘连。

【治疗】眼睑粘连需要手术矫形。单纯的睑缘粘连分离相对简单，可直接用镊子固定眼睑，沿着粘连部用外科刀做小切口，然后用小剪刀分离粘连的眼睑，彻底分离之后将上下眼睑的皮肤与结膜分别各自缝合即可。

睑球粘连的外科处理相对复杂，操作需要丰富的经验。因为手术有复发的可能，故未累及角膜或不影响眼球和眼睑活动以及泪液排泄者，权衡之下，可不予手术治疗。眼睑结膜粘连导致眼睑无法自如运动者，分离眼睑与结膜，打开结膜穹隆。一般粘连分离后会发现残存的结膜厚且弹性差，很难进行结膜穹隆的修复，无法缝合，因此只有每天涂抹眼膏防止其反复生长并再次粘连。如粘连较严重、范围较大、涉及角膜面时，需要将角膜表面粘连的结膜组织切除，切除的时候要使用眼科显微设备，防止损伤角膜组织，分离后留下缺损的球结膜。要每日数次在结膜囊内涂擦氯霉素眼膏或配合应用抗生素眼膏和及类固醇眼药，防止再次粘连及瘢痕过度生成。同时每日用玻璃棒或不锈钢棒分离睑、球结膜数次，以防再次发生粘连，直到上皮再生为止。当睑结膜与巩膜完全粘连时，应用眼科手术刀切开。操作时应十分慎重，防止巩膜破损。分离后其结膜缺损难愈合的，可根据情况施行结膜瓣或游离瓣移植术，以修补缺损的结膜。角膜粘连的疗法，决定于角膜粘连的多少及经过，若完全粘连，因无正常的结膜组织，且角膜的瘢痕严重，导致无法进行手术。强行手术，术后会完全再次粘连。有再次粘连倾向者可以考虑用佩戴软性角膜保护镜。

七、睑闭合不全

动物眼睑完全不能闭合或闭合不全又称为兔眼症。

【病因】眼睑闭合不全有先天性和后天性之分：

1. 先天性　如上睑过短，或短吻犬因眼眶过浅导致眼球突出。

2. 后天性　如眼睑皮肤瘢痕收缩，眼睑外翻；或是分布于眼睑轮匝肌的颜面神经麻痹及其他神经运动障碍引起的（麻痹性兔眼症）。

【症状】由于眼睑闭合不全或完全不能闭合，常发生流泪、结膜炎、溃疡性眼睑炎、角膜干燥、角膜炎、角膜溃疡以及角膜穿孔而流出水样液，可引起下眼睑外翻。

【治疗】针对眼睑闭合不全引起的并发症，需要对症治疗，主要措施是预防角膜干燥和炎症反应。或采用手术疗法，即缩小眼裂：由眼外眦上下缘切去适当长度的眼睑（图 2-1-6、图 2-1-7），然后对合上下眼睑的创缘并做 8 字缝合（图 2-1-8）。

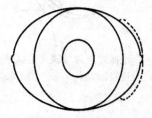

图 2-1-6　眼外眦的上下眼睑切开线示意

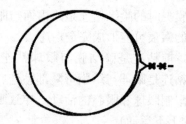

图 2-1-7　眼外眦的上下眼睑缝合示意

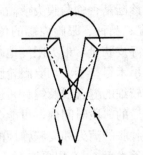

图 2-1-8　眼外眦的上下眼睑 8 字缝合示意

八、眼睑内翻

眼睑内翻是指眼睑的边缘向眼球方向内卷。

【病因】很多原因都会导致眼睑内翻。

1. 先天性发育异常　结构发育性眼睑内翻在很多品种都公认是由遗传因素造成的，如松狮犬、英国斗牛犬、沙皮犬、大丹犬、藏獒、拉布拉多犬、金毛寻回猎犬等。

眼睑内翻案例

2. 后天性眼睑内翻　如眼睑痉挛性、瘢痕性眼睑内翻，由炎症、眼睑肿胀或眼球位置的改变（眼球内陷）引起的眼睑内翻。

【症状】眼睑内翻很常见。先天结构性异常引起的眼睑内翻常见于犬，在猫并不常见。结构发育性眼睑内翻多数情况下会影响双眼，两眼睑内翻的程度可能相同，也可能显著不同。眼睑内翻发生在下眼睑的概率远大于上眼睑。在一些严重的病例，也可能会因为眼睑过长而造成内翻，但是这种内翻多数局限于眼睑边缘的某个区域。短头犬的眼睑内翻多发生于鼻侧，而对于大型犬或宽颅骨犬的眼睑内翻多发生于下眼睑的外侧或外眦处。有些动物睁眼后即可发现结构发育性眼睑内翻，但很多动物直到后来因为头颅和面部皮肤发育不成比例时才会表现出临床症状，而有些个体在成年后眼睑内翻症状会逐渐改善甚至彻底消失。因此，幼年动物的眼睑内翻，建议先保护角膜，尽量推后等到动物面部发育正常后再进行矫正手术。

痉挛性眼睑内翻是各种眼部疾病并发的疼痛反应造成的，如角膜溃疡、非溃疡性角膜炎、结膜炎或葡萄膜炎。这种类型在猫发生的概率相对较大，因为很多时候猫感染疱疹病毒会导致角膜发生问题。眼睑的炎症如表现为眼睑肿胀、疼痛，可能发展为眼睑内翻。不管何种原因造成的眼睑内翻，都会造成睫毛或者面部被毛对角膜的刺激，因为眼睑内翻，所以动物会出现眼睑痉挛的症状。

综上所述，眼睑内翻可能表现出如下症状：①眼脓性分泌物增多或溢泪；②眼睑痉挛、畏光；③结膜充血；④动物抓蹭眼睛的频率增加；⑤角膜溃疡、色素沉积或新生血管。

【诊断】在进行永久眼睑内翻矫正术前，一定要考虑所有造成眼睑痉挛的因素，防止术后出现眼睑外翻的症状。所以建议术前按照如下步骤鉴别造成眼睑内翻的原因。

（1）眼表局部麻醉，评估眼睑内翻改变的程度。

（2）泪液量检查。

（3）荧光素染色，判断是否角膜溃疡导致的眼睑内翻。

（4）用放大设备检查是否有睫毛异常。

（5）用裂隙灯和眼压计检查，诊断是否葡萄膜炎或高眼压。

【治疗】应根据面部发育的状况、品种、眼睑内翻的位置和程度决定手术方案。手术前一定要检查眼睑内翻的程度，评估好皮肤量，最大限度地减少对组织的损伤；双眼手术的一定要考虑到术后美观对称的问题。手术尽量不要切除眼轮匝肌，以免过多出血，并发术后水肿，增加术后感染机会。尽量使用较细的缝合线及缝针，进行美容缝合。对于比较敏感的动物，建议手术后使用止疼药物。术后的一段时间内，可能会因为局部肿胀导致暂时的过度矫正现象，不用过分担心，随着局部肿胀的消失和皮肤弹性的恢复，症状会逐渐改善。如果需要进行二次手术，一般应在第一次手术后4～6周再进行。

动物背腹位仰卧保定，颈部前屈，用塑形垫或头枕固定，以便在术中更精确地评估需要切除组织的多少。

1. 暂时性"订书器"（手术缝合器） 某些幼龄动物因为眼球后脂肪缺乏，表现为暂时性眼睑内翻，这些病例都适合进行暂时性眼睑矫正手术。传统的做法是吊线手术，操作较烦琐，速度慢。目前最先进、快捷的方法是使用外科手术用的缝合器取代吊线法，这种方法的优点是操作简单、快捷，并且对组织创伤小、刺激性小（图2-1-9）。

2. Hotz-Celsus 法 大多数品种遗传性、简单的和结构性眼睑内翻都可以使用 Hotz-Celsus法。具体操作：沿眼睑缘外侧做皮肤切口，切口位置应该选择在眼睑边缘有毛和无毛交界的区域，距离眼睑缘1～2mm。切口位置不可距离睑缘过远，否则机械性矫正内翻的程度较小，效果不佳。切口的长度略大于内翻部分眼睑的长度。用拇指轻轻将内翻处的下眼睑慢慢往外翻，直到看到整个眼睑呈正常状态，即可获得内翻的眼睑长度，做标记。然后评估眼睑多余的皮肤，用剪刀剪除或用手术刀切除。上下眼睑的操作方法相同（图2-1-10）。

切口结节缝合，先从切口中央开始缝，然后逐渐对称地缝合两侧，这样可以保证内翻最严重部位组织对合得最好。也可用8-0号可吸收线做皮内缝合。

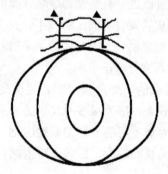

图 2-1-9　皮肤订合器订合上眼睑示意
（图中黑色三角形所示为两个皮肤订合针将上眼睑皮肤
订合后，呈皱褶状态）

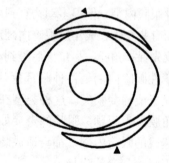

图 2-1-10　上眼睑和下眼睑的皮肤切除示意
（黑色三角形所示为新月形切除区域）

3. 眼外眦楔形切除术 手术原则是包括皮肤和结膜在内全层切除内翻的眼睑，这种方法适合于眼内眦内翻的病例，手术的切口位于眼外眦（图2-1-11）。使用8字缝合法缝合，或结节缝合，注意线结不可留在结膜面。

4. 眼外眦成形术 适用于眼外眦的上下眼睑同时内翻。手术操作类似Hotz-Celsus法，只是切除方法不同（图2-1-12）。皮肤切成合适面积的箭头形态，缝合时左右牵拉，结节缝合。

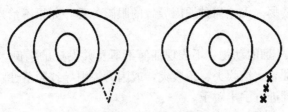

图 2-1-11　眼外眦成形术示意
（左图为呈三角形全层切除的眼睑区域，右图为缝合后）

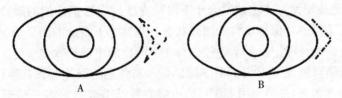

A　　　　　　　　　　B

图 2-1-12　眼外眦成形术示意
A. 皮肤切除示意　B. 缝合示意

5. 内眦成形术　目的是解决所有的短头犬眼综合征。手术原则是通过缩短上下眼睑，并切除内侧肉阜，矫正内侧的眼睑内翻，减少角膜的暴露时间，并解决鼻泪管堵塞等问题。对于非常严重的病例，可能需要同时进行内眦和外眦的成形术。此手术需要在眼科显微镜下操作，避免在术中损坏泪点。手术首先确定切除部分的轮廓，距离泪点约 1mm，不能涉及泪点。将眼内眦的上下眼睑缘切除，并切除泪阜，切除的组织应具有一定的深度（大约3mm），以保证手术效果（图 2-1-13）。最后将切口缘上下对接，用 8 字缝合或结节缝合。

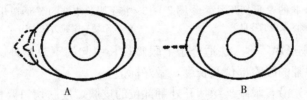

A　　　　　　　　　　B

图 2-1-13　眼内眦成形术示意
A. 眼内眦的上下眼睑及眼睑缘切除部位　B. 缝合示意

九、眼睑外翻

眼睑外翻是指眼睑缘向外翻转，导致睑结膜不同程度地暴露，常伴有睑裂闭合不全。眼睑外翻多影响下眼睑。

【病因】因面部皮肤松弛而引起结构性眼睑外翻的情况具有品种特异性，常见品种有寻回犬、寻血犬、可卡犬和圣伯纳犬等。

瘢痕化的眼睑外翻，大多数是因为外伤或原来眼睑内翻矫正过度所致。

【症状】轻微的眼睑外翻仅在靠近内眦处出现下眼睑边缘离开眼球表面，由于下泪点向外不能引流泪湖的泪液以致表现为溢泪，泪液的长期浸渍可导致局部产生湿疹及感染，鼻皱褶多的犬、猫会导致鼻两侧的皮肤感染。严重的眼睑外翻使得整个眼睑都向外翻转，使结膜暴露，结膜长期暴露可导致干燥及炎性刺激性充血，眼内黏性分泌物增多。因眼睑闭合不全，角膜失去保护，导致角膜泪液层过度蒸发，发生角膜炎症反应，严重时可发生干性角膜结膜炎或暴露性角膜溃疡。无论何种原因导致的眼睑外翻，如果不治疗，严重时都会造成角膜和结膜的病变。

【治疗】轻微眼睑外翻的动物、不表现任何不适及并发症的病例，不建议进行眼睑外翻矫正手术。当眼睑外翻导致结膜炎、角膜炎，或因为溢泪导致脱落性睑炎，以及干眼病症状加重时，需对眼睑外翻进行手术矫正。

手术前动物要进行全身麻醉；眼周备皮消毒；侧卧或仰卧位，调整头部使术眼尽量水平于手术台。

1. "V-Y" 眼睑成形术 本方法适合于下眼睑皮肤过度松弛造成的眼睑外翻。首先将麻醉后松弛的眼睑完全拉平，保持正常的闭眼状态，观察上下眼睑的闭合情况，计算好下眼睑多余的眼睑皮肤量，做好标记。手术一般选择在下眼睑的中部切除多余的下眼睑皮肤。在下眼睑中部根据测量结果做 V 形切开，将下眼睑做一与外翻的眼睑等长且平行的三角形皮瓣，切除此三角形皮瓣（图 2-1-14）。用 6-0 号的可吸收线结节缝合，将三角形切口的三条边的中央向三角形中心对合，形成 Y 形，三个方向分别缝合（图 2-1-15）。

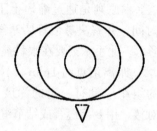
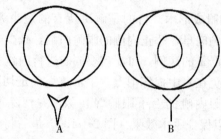

图 2-1-14　下眼睑皮肤的 V 形切开示意　　图 2-1-15　将下眼睑皮肤的 V 形切开进行 Y 形缝合示意
（图示切除三角形区域内的皮肤）　　　　　A. 表示切口牵拉方法　B. 表示缝合完毕

2. 改良的 V-Y 成形术 本方法适合于下眼睑过长引起的下眼睑外翻。动物麻醉后观察因下眼睑过长导致外翻的眼睑部位及长度，做好标记。

（1）方法一。首先沿着眼睑外缘切开外翻部位的皮肤，皮肤切口要稍长以便皮下术野良好暴露，同时也保证皮下组织自然而不因为牵拉而导致切开的皮肤卷曲，可以将切口一直延伸至眼外眦，然后将皮肤做一可以外翻的皮瓣以暴露皮下术野（图 2-1-16）。沿下眼睑缘切开皮肤后，再在切口的中心做垂直切开，形成一个 T 形切口，将两侧皮肤与皮下组织分离开，将过长的外翻的眼睑全层做 V 形切除（图 2-1-17）。用可吸收线缝合 V 形切口，注意经切口的切面进针和出针，针线不可进入结膜面，做结节缝合或 8 字缝合。缝合完毕后，复位分离的皮肤，皮肤完全覆盖于创面上，剪去多余的皮肤，做结节缝合。

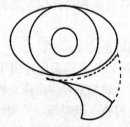
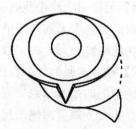

图 2-1-16　沿虚线切开皮肤，并与皮下　　图 2-1-17　分离皮肤层后，皮下全层切除（包
　　　　　　组织分离　　　　　　　　　　　　　　　括结膜）外翻的眼睑

（2）方法二。沿下眼睑缘切开皮肤后，再在切口的中心做垂直切开，形成一个 T 形切口，将两侧皮肤与皮下组织分离开（图 2-1-18）。同方法一，将过长的外翻的眼睑全层做 V 形切除。用可吸收线缝合 V 形切口，注意经切口的切面进针和出针，针线不可进入结膜面，做结节缝合或 8 字缝合。缝合完毕后，复位分离的皮肤，皮肤完全覆盖于创面上，去除多余的皮肤，做结节缝合。皮肤的最终缝合与皮下的缝合尽量不完全重叠（图 2-1-19）。

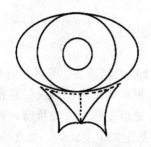

图 2-1-18　沿 T 形虚线切开皮肤，
并与皮下组织分离

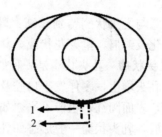

图 2-1-19　缝合结束示意
1. V 形切口的缝合处　2. 皮肤切口的缝合

3. 外眦成形术　切除结膜眼睑适用于眼睑的眼外眦处外翻。麻醉状态下评估眼外眦外翻的眼睑面积及长度，做好标记。在眼外眦处做合适的三角形皮肤切开，同时切除眼睑缘，并向内对睑结膜做三角形切除（图 2-1-20）。缝合结膜，注意缝线打结时不可留在结膜面。缝合皮肤切口，将下方的皮肤上提，形成 Y 形或倒 L 形缝合线（图 2-1-21）。

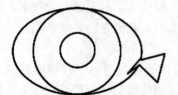

图 2-1-20　眼睑的三角形切除及睑结膜的
三角形切除示意

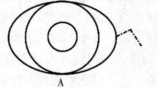

图 2-1-21　皮肤切口的缝合示意
A. 倒 L 形缝合　B. Y 形缝合

【术后护理】术后戴伊丽莎白颈圈防护，使用抗生素和角膜润滑剂，按结膜炎常规治疗。

十、眼睑肿瘤

在眼睑上最常发生的肿瘤有疣、乳头状瘤、纤维瘤、组织细胞瘤、黑色素瘤、睑板腺腺瘤及癌。

【症状】

1. 疣　疣是一种小的上皮乳头状赘生物，由病毒感染引起，具有传染性。潜伏期比较长，有些感染后约 5 个月才发病。发生于眼睑皮肤者大多由四肢上的疣接触感染而来。发生在睑缘者，可位于睫毛之间，也可向黏膜处发展而扩展到结膜面。疣的表面类似感染性软疣，发生在结膜时，不同于皮肤，因为没有角化层的保护，潜伏期比较短，表面也易脱落。起初表现为皮肤上皮增厚呈现灰色半透明状，逐渐变为不规则灰黄色的角化颗粒。疣可为数个或单个发生，逐渐变为黑色，并有裂隙，也可能数个融合成一个。习惯上将皮肤上的圆球状疣称异常疣；扁平无蒂的称扁平疣；分叶状或手指状，有几个突起合在一个蒂上的为指状疣；细长呈线状或丝状，表面皮肤几乎正常的称为丝状疣。眼睑上以丝状疣较为多见（图2-1-22）。

睑缘处的反复刺激可以发生疣性结膜炎。呈亚急性过程，结膜表面光滑，偶尔有少量滤泡。睑缘疣也会引发疣性角膜炎，主要是侵犯角膜的上皮层，发生表层点状角膜炎，偶尔也可引起溃疡或侵犯较深层的基质，引起类似酒渣样角膜炎的变化。

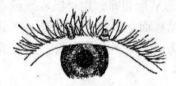

图 2-1-22　上眼睑的疣

应注意与乳头状瘤鉴别诊断：乳头状瘤的特征是表面粗糙，有角化及鳞屑，呈菜花状或桑葚状突起。

2. 乳头状瘤　乳头状瘤是一种原发的上皮赘生物，青年犬较常见，是不同于疣类的炎症性上皮乳头增生，多伴发于口腔及全身性乳头状瘤。乳头状瘤发生于睑缘、黏膜、泪阜、结膜等处，表面潮红，粗糙不平，如桑葚或菜花。发生于眼睑皮肤的乳头状瘤，表现干燥、角化及鳞屑。乳头状瘤一般形态如乳头状，有基底较小的甚至如带茎状的，也有基底较宽的如半球状隆起。通常如半粒米大至黄豆大，并不过分长大，可多年不变。一个或数个，即孤立的或多发的。结膜的乳头状瘤由于泪液的长期湿润，会逐渐变柔软，颜色变为灰白色。

应注意与丝状疣相区别，丝状疣表面皮肤近乎正常，呈丝状。迅速增大的乳头状瘤在临床上易误诊为癌，病理上有时难以区分良性和恶性。因此凡突然快速生长，流出液体或出血甚至溃烂的，应怀疑恶变。应与瘤体长大后因机械性损伤而导致的破溃、出血等加以区别。

3. 纤维瘤　纤维瘤是来自结缔组织的良性肿瘤，犬、猫均可发生。皮肤纤维瘤可发生于皮肤的任何部位，纤维瘤界限很清楚，紧连于被覆表皮，瘤体上的被毛通常会脱落。纤维瘤不易形成溃疡，但可在深部组织内扩散。质地或坚硬或柔软，切面呈白色或黄白色，为纤维性表面。纤维瘤生长十分迅速，大小不同，表面光滑。

4. 组织细胞瘤　眼睑的组织细胞瘤在犬比较常见，瘤体为粉红色，生长速度较快，多数出现溃疡而引起局部感染。组织细胞瘤在犬主要是良性，但临床会出现转移的现象，从而导致眼睑、附近淋巴结或其他器官受到影响。因此，局部的细胞学检查怀疑为组织细胞瘤的病例，要进行全身性检查。

5. 黑色素瘤　黑色素瘤在犬、猫的皮肤肿瘤中较为常见。尤其肤色深的犬种如可卡犬、波士顿犬、苏格兰牧羊犬等更常见，常见于7～14岁的公犬；猫则无品种和性别差异。主要发生于皮肤、黏膜、眼和口腔。

良性黑色素瘤按其起源可分为表皮下和真皮黑色素瘤。良性黑色素瘤起初表现为黑色素斑块，逐渐发展成硬实的小结节，真皮黑色素瘤表面平滑、无毛，突起程度不一，与周边组织界限明显。良性的往往增长较缓慢，并维持局限性生长。

恶性黑色素瘤的瘤体一般较大，颜色呈棕黑色或灰色，肿块一旦发生破溃，可浸润邻近组织。黑色素瘤恶性变化称为黑色素肉瘤。其具有恶性肿瘤特点：生长快，瘤体大小和形状不一。肿瘤有迁移至身体各部的趋向，并有淋巴道及血道转移的特点。

6. 睑板腺腺瘤　犬的睑板腺腺瘤较常见，其他品种的动物则不多见。睑板腺腺瘤原发于睑板腺，多数为良性。恶性睑板腺腺瘤生长速度较快，从睑板腺开口处呈浸润性生长，表现为单个的结节，呈褐色或黑褐色，常伴发感染，并因抓挠等摩擦继发结膜炎症。

7. 癌　癌为来源于上皮组织的恶性肿瘤，其特征为迅速性破坏和浸润性生长，能转移，手术后常复发，甚至导致全身性症状及恶病质状态。癌多发于老龄动物。鳞状细胞癌简称鳞癌，起源于皮肤的上皮层或表皮，能形成角蛋白，沉着在上皮细胞巢的中心，形成"癌巢"，故临床称为"珍珠癌"。鳞癌有转移性，生长迅速，无定型增长，大小不等。起初是一个结节或一处浸润，而后发展为溃疡，病灶高出皮肤表面，呈火山口样，触诊有坚实感。鳞癌多发生局部组织浸润，导致眼睑及结膜发生感染，有的则侵害鼻腔引起严重的呼吸困难。晚期可发生淋巴转移。

【治疗】肿瘤的治疗措施有手术治疗、放射治疗、激光治疗、化学治疗、冷冻治疗、高热治疗、免疫疗法等方法。

1. 良性肿瘤　根据肿瘤的种类、大小、位置、症状和有无并发症来决定治疗方案。

（1）肿块大、已并发感染的或可能会恶变的良性肿瘤建议尽早手术。

（2）生长慢、无症状、不影响眼球及周边组织的可以不考虑手术。

2. 恶性肿瘤　在肿瘤尚未扩散或转移时尽早进行手术治疗。

目前，在宠物上也可以使用电刀、冷冻疗法、激光等技术切除局部的肿瘤。放射疗法在肿瘤的治疗上也证实有效。

肿瘤的化疗在宠物临床的应用进展迅速，可以根据肿瘤的类型选择合适的药物。

十一、睫毛异常

犬的上眼睑缘皮肤侧具有单排睫毛。睫毛生长异常指的是睫毛的位置及方向改变。猫无睫毛，故睫毛的位置及方向的改变仅发生于犬，包括倒睫、双行睫和异位睫毛（图 2-1-23）。临床常常把睫毛向内向外生长方向不一致称为睫毛乱生（图 2-1-24）。

睫毛异常案例

    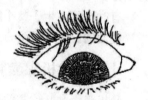

图 2-1-23　上眼睑的睫毛生长位置示意　　　　　　　　图 2-1-24　睫毛乱生
A. 正常位置和方向的睫毛　B. 正常位置倒生的睫毛
C. 眼睑缘结膜面的异位睫毛　D. 眼睑缘双排生长的睫毛

【症状】先天性睫毛生长异常多发生于美国可卡犬、西施犬、圣伯纳犬、金毛寻回猎犬、松狮犬等，这些犬常见倒睫毛、双行睫或双毛症（一个毛囊长出两根毛），同时常有眼睑内翻。

犬倒睫多数为先天性原因，如单纯的倒睫毛或先天性小眼球（眼球陷凹）。后天性因素较少，常见瘢痕收缩及短睫毛的形成等睫毛根部组织患病，改变了睫毛根的方向和位置，如溃疡性睑缘炎。发生在内外眼眦的倒睫毛，因为睫毛不触及角膜，表现的临床症状较轻，发生于眼睑中部的睫毛乱生可以引起明显刺激症状。

先天性双行睫相对比较少见，为常染色体显性遗传。睑缘除有一排正常向外的睫毛外，还有一排生长于睑板腺开口处的睫毛，这排睫毛可刺激眼球继发角膜炎、角膜溃疡、结膜炎及眼睑内翻等各种症状。

异位生长的睫毛多数生长在睑结膜上，睫毛缺乏色素，细软，肉眼检查很难发现，需要借助泪液的反光或良好的光源才能观察到。尽管睫毛很细，但常常为螺旋状，有很多睫毛的根部也呈螺旋状生长，对角膜会产生刺激，导致角膜炎甚至角膜溃疡。

睫毛异常造成眼表刺激的症状主要为：

①畏光、流泪、眼睑痉挛。

②慢性结膜炎：结膜充血，血管粗大充盈，大量黏性分泌物。

③角膜炎症或炎性角膜溃疡：角膜新生血管、色素沉着，炎性浸润。

【治疗】对于睫毛生长异常但未表现临床症状的，如眼内眦或眼外眦的异常睫毛，无需治疗。若刺激症状明显，并发慢性角膜炎或角膜溃疡时，建议手术治疗。

1. 电解法　倒向内侧的少量睫毛、单根或几根倒睫或双行睫者，姑且治疗，可用镊子拔除，但其会再生长。超过5根以上睫毛者可施行睫毛电解术，永久破坏睫毛囊。操作方法：将睫毛电解器的阳极板用生理盐水纱布包裹，放在犬的额部（事先已剪毛）；再将阴极连接细针，刺入毛囊2～3mm，通电20～30s，待毛囊周围皮肤发白，出现气泡时拔出针；然后用镊子将睫毛拔掉，术后局部涂少许眼膏。

2. 异位睫毛切除　睫毛异生数量过多时，电解方法操作不便，或在电解术拔毛时发现断毛根现象，说明毛根较深或为螺旋形，这种情况可采用手术切除。常用结膜切除术，可用睑板腺囊肿钳夹持眼睑，使其外翻，经睑结膜将生长睫毛的睑板腺整块切除。此法可以消除瘢痕性睑内翻的可能。

也可用冷冻法或电烧烙切除睫毛和破坏睫毛囊。不用缝合，也不用植皮术，闭合结膜的缺损，疗效极佳。术后，需要配合使用抗炎药物和抗感染药物，患眼每日涂布抗生素眼膏进行治疗。

有时倒睫发生于整个眼睑或大部分眼睑，仅移植外睑缘处得到治愈。

轻度的倒睫，将眼睑皮肤结构做圆形切除，其效果良好。手术方法同于眼内翻。

十二、睑板腺囊肿

睑板腺囊肿又称霰粒肿，为睑板腺的特发性、慢性、非化脓性炎症。常由于脂类物质分泌过盛，排泄管狭窄阻塞，内容物蓄积于蔡司腺和睑板腺，形成慢性睑板腺炎性肉芽肿。本病犬多发。

【症状】睑板腺囊肿可能继发于结膜炎、眼睑炎，早期可出现相关炎症表现；也可能为腺上皮本身角化过度造成的。睑板腺囊肿时，可在睑缘或睑结膜见到小的圆形肿胀（4～6 mm），边界清楚，大小不等，触之厚实，呈黄白色，无压痛，无充血。其表面有结缔组织包囊，囊内含有睑板腺的分泌物，细胞学检查主要为巨噬细胞。腺体破溃者，分泌物中的脂质会进入眼睑的基质，并引起脂质肉芽肿性炎症反应。

本病应与睑板痛和睑腺炎相区别。前者更有侵蚀性，后者含脓样物质。

【治疗】小的或无症状的睑板腺囊肿无需治疗，其可能逐渐变软并自行吸收，切不可用手挤压，否则腺体破溃，释放浓缩物质，可使周围组织形成脂样肉芽肿。较大的囊肿需手术切除：用睑板腺囊肿钳钳住囊肿，使其固定在钳环中，翻转眼睑；在囊肿表面做与睑缘垂直方向的切开；然后用小刮匙，彻底刮净囊腔内的胶状物和部分囊壁；用生理盐水冲洗结膜囊。除去睑板腺囊肿钳，并立即压迫眼睑数分钟，防止出血；涂抗生素眼膏。如果囊壁较厚，切开后用有齿镊夹住切口缘的囊壁，用尖头剪沿切口将囊壁与周围睑板组织分离，并拉出切口外剪除之。切口较大者，术后可缝合一针。对泪点附近的睑板腺囊肿，应先把探针从泪点插入泪小管，然后安置睑板腺囊肿钳，切开睑板腺囊肿时，切口应避开泪小管，以免损伤泪道（图 2-1-25）。

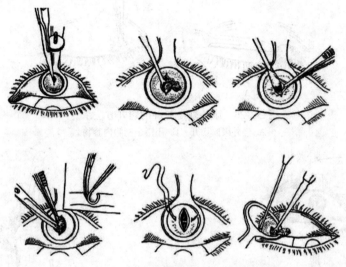

图 2-1-25　睑板腺囊肿的手术切除示意

十三、睑腺炎

睑腺炎，即麦粒肿，是因为细菌侵入睫毛囊、眼睑缘腺体和睑板腺引起的急性化脓性炎症。因睫毛囊所属的皮脂腺发生感染造成的称为外麦粒肿（外睑腺炎），因睑板腺发生急性化脓性炎症造成的称为内麦粒肿（内睑腺炎）。

【病因】睑腺炎的致病菌多数为金黄色葡萄球菌。睑缘腺炎和睑板腺炎也可引起本病。

【症状】急性睑腺炎临床表现为眼睑缘的皮肤或睑结膜呈局限性红肿，触之有硬结及压痛。外麦粒肿时，外睑缘一般有隆起疼痛性脓疱，内麦粒肿隆起比前者小，在睑板腺基部出现小的白色脓肿，疼痛更明显。脓肿成熟可自行破溃流脓，但严重者可引起眼睑蜂窝织炎。

幼犬整个眼睑可表现为多发性肿胀，可能是一种变形的"幼犬腺疫"。

【治疗】病初期可局部抗生素治疗配合热湿敷疗法。脓肿尚未成熟之前，切不可过早切开或任意用力挤压，以免感染扩散导致眶蜂窝织炎或败血症。较大的严重脓肿，需要切开排脓并进行冲洗。术后用抗生素眼药水滴眼，并全身配合应用抗生素。

手术前动物全身麻醉，眼周备皮消毒；侧卧或仰卧位，调整头部使术眼尽量水平于手术台。

（1）外麦粒肿切开。用尖刃刀片与睑缘平行，迅速挑开脓点，切口长度一般应大于脓点的直径，便于排脓，当脓液黏稠不易排出时，可用镊子夹取脓头或用外科刮匙清理（图 2-1-26）。

（2）内麦粒肿切开。翻转眼睑，在睑结膜面，用尖刃刀片，刀刃向上与睑缘垂直方向挑开脓疱（图 2-1-27）。排脓后充分冲洗结膜囊，涂抗生素眼膏。多处脓肿灶对角膜造成继发性损害的，切开排脓后提高抗生素的局部用药频次以防止角膜感染。

（3）眼睑脓肿切开。使用眼睑垫板经眼睑结膜面支撑眼睑，经眼睑外部皮肤切开脓肿，切开方向与睑缘平行，切口不宜过小，切开后可用剪刀的尖端撑开扩大切口便于排脓（图2-1-28）。脓液清理完毕，在结膜囊涂抗生素眼膏。

图 2-1-26　眼睑外麦粒肿的切开方法示意
A. 经外眼睑切开　B. 用镊子刮除内容物

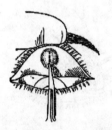

图 2-1-27　经眼睑结膜面切开内麦粒肿　　　　图 2-1-28　眼睑脓肿切开示意

任务反思 >>>>>>>>>>>>>>>>>>>>>>>>>>>>>>>>>>>>>

1. 眼睑肿胀的病因有哪些？如何进行鉴别诊断？
2. 眼睑内翻和外翻对眼睛的影响有哪些，手术治疗的基本方法有哪些？

任务二　第三眼睑疾病

任务目标 >>>>>>>>>>>>>>>>>>>>>>>>>>>>>>>>>>>>>

1. 在了解第三眼睑的解剖位置、解剖结构、生理功能和运动特征的基础上，掌握第三眼睑疾病的特点，按临床发病原因治疗第三眼睑疾病。
2. 掌握第三眼睑常见手术的操作方法。

任务准备 >>>>>>>>>>>>>>>>>>>>>>>>>>>>>>>>>>>>>

第三眼睑的检查

检查第三眼睑（瞬膜）通常需要检查内外表面及其深入眼内的部分，通常要将第三眼睑从眼内拉出方可观察完全，因此检查前要保定好动物，使用眼科专用滴眼液做眼表局部麻醉，然后用眼科无损伤镊辅助提起瞬膜，使用合适的力度拉出第三眼睑，仔细观察。需要注意的是此项检查要有较好的照明设备，最好是眼科专用的检查灯，保证灯光的颜色不能干扰黏膜本身的颜色。

首先检查其眼睑侧的结膜，检查时轻轻提起上眼睑稍外侧的皮肤，向眼内眦的方向轻轻地压迫眼球，使得第三眼睑更加向外突出。若暴露不完全，就需要拉出第三眼睑后再进行观察。接着观察第三眼睑的眼球侧结膜，观察这一侧需要将拉出的第三眼睑向外翻开，观察包括结膜本身及第三眼睑与眼球之间的空隙。整个过程要尽量快速，不可长时间牵拉。如果需要清除进入第三眼睑和眼球之间的异物，需要提前准备无菌生理盐水或眼科专用洗眼液进行冲洗，时间较长的操作建议给动物进行镇静或麻醉。但全身麻醉的动物不便于观察第三眼睑随眼球运动而发生的非自主上升及回缩。

任务实施 >>>

一、第三眼睑软骨变形

T形软骨变形

第三眼睑即瞬膜的软骨变形主要表现为瞬膜的外翻（外卷）和内翻（内卷）。

瞬膜软骨外翻或外卷，一般认为属于先天性发育异常，是由于软骨纵轴的眼睑侧生长速度快于眼球侧，从而导致瞬膜软骨弯曲，瞬膜游离缘呈现外翻甚至外卷的病理状态。可能单侧或双侧发病。由于外翻的瞬膜软骨反复刺激眼结膜及角膜，导致动物流泪，眼睛分泌物增多，瞬膜本身及结膜发红，某些病例由于炎性肿胀，会容易被误诊为樱桃眼。有些外翻特别严重的会并发眼睑腺脱出。

有些病例，可见瞬膜内侧边缘和外侧边缘同时内翻，相比外翻，内翻的软骨更容易刺激角膜，所以宠物主人多因为角膜炎、角膜溃疡等角膜问题去就诊。

无论内翻还是外翻，眼药只能控制感染，根治必须通过外科手术切除内翻的部分或修复外翻。

【手术治疗】

1. 动物准备

（1）全身麻醉。

（2）眼内冲洗。抽取 0.05％聚维酮碘液，用眼科专用冲洗针头深入结膜穹隆冲洗，彻底将眼内的分泌物冲洗干净。接着清洁眼周皮肤，先用无刺激性的清洁剂（可用幼儿浴液代替）清洗眼周皮肤，然后用清水擦洗干净，再用 1％聚维酮碘液消毒，多余水分用无菌纱布擦拭干净以免影响手术覆膜的贴覆。

（3）眼部局麻。用眼科专用麻醉药点眼。

（4）用抗生素凝胶点眼。

2. 手术操作　动物侧卧或仰卧位，调整头部使术眼尽量水平于手术台。首先给术眼粘上眼科手术专用覆膜，然后盖上眼科手术洞巾。在眼睛的部位按照眼睛轮廓剪开覆膜，并用开睑器固定眼睑。用眼科无损伤镊轻轻夹起第三眼睑，用 6-0 号尼龙线在第三眼睑的边缘做牵引线（T形软骨的两边），牵引线游离端用止血钳夹持，调整止血钳的位置，使第三眼睑拉伸平铺至方便手术即可。拉出来的第三眼睑的眼睑面下方放置眼科垫板，使用手术刀在变形（外翻或内翻）的软骨上平行于变形的软骨做合适长度的切开线（图2-2-1），之后用小梁剪沿切口向两侧分离结膜，要将眼球侧和眼睑侧结膜均完整地分离开（图2-2-2），要小心操作，不可破坏结膜。分离完毕后剪掉变形的软骨（图2-2-3）。切口小的可以不缝合，切口较长的使用9-0号或10-0号缝线做包埋缝合，线结一定不能留在表面，以免术后刺激角膜。缝合结束，做第三眼睑遮盖术，目的是让第三眼睑的修复性生长遵循眼球的弧度。全部结束后使用抗生素眼膏涂抹。

3. 术后护理　术后佩戴伊丽莎白颈圈，使用抗生素眼药、类固醇滴眼液点眼，若术眼存在角膜溃疡，类固醇的使用要根据角膜的情况综合评估。所有药物至少连用一周。

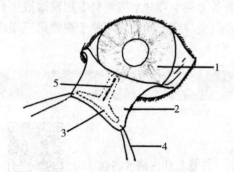

图2-2-1　第三眼睑的固定
1. 角膜　2. 瞬膜腺　3. T形软骨
4. 牵引线　5. 切开线

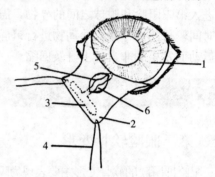

图2-2-2　分离第三眼睑的结膜，暴露变形的T形软骨
1. 角膜　2. 瞬膜　3. T形软骨　4. 牵引线
5. 变形的T形软骨　6. T形软骨下的眼睑侧的结膜

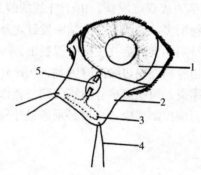

图2-2-3　切除变形的T形软骨
1. 角膜　2. 瞬膜　3. T形软骨　4. 牵引线　5. 切除变形段后的T形软骨

二、第三眼睑腺脱出

第三眼睑腺脱出即瞬膜腺体脱出，又称为樱桃眼。

猫的第三
眼睑脱出

瞬膜腺位于瞬膜的基部，当瞬膜腺肿胀时，体积过大，就会从眼眶窝里脱出来，但具体肿大的原因尚不明了，也有人认为瞬膜腹侧至眼眶周围组织之间较脆弱，牵拉力不足，导致瞬膜腺体从眼内脱出来。犬可表现为单眼或双眼发病，且2岁以下的犬更多发，易发犬种有京巴犬、美国可卡犬等。猫很少见瞬膜腺脱出，有报道统计，波斯猫、短毛家猫、缅甸猫等品种有患病病例。

瞬膜腺提供了泪液层中大约35%的泪液量，瞬膜腺完全摘除会导致临床泪液测试值明显降低。所以，瞬膜腺的这一部分泪液功能丧失会更容易使犬、猫发生干性角膜结膜炎（KCS）。另外，持续脱出的腺体也增加了感染的概率，所以，樱桃眼的临床处理要根据脱出腺体的体积、感染程度、动物的品种、年龄以及是否存在其他眼科疾病，尤其是角膜疾病等实际情况进行相应处理，临床治疗方式或处理措施有很多种。

【治疗】

1. 内科治疗　瞬膜腺并未脱出，只是瞬膜暴露、腺体轻微肿胀的，排除眼部的其他问题后，不建议手术，可以按照结膜炎的处理方案进行治疗。建议抗生素滴眼液控制已经存在的感染或可能发生的感染，尤其是要排除疱疹性眼结膜炎，为了快速控制肿胀，使用类固醇或非类固醇滴眼液点眼，同时可以配合全身类固醇治疗。无论手术与否，都建议佩戴伊丽莎白颈圈进行保护，防止自我损伤。

2. 外科切除　外科切除是一种传统的处理方法。

樱桃眼外科切除的过程如下：眼部先用聚维酮碘液（浓度为 0.05%～1%）清理眼周被毛和皮肤，然后冲洗整个结膜囊，最后用无菌生理盐水冲洗。用弯止血钳夹持腺体的根部，用手术刀直接在腺体和止血钳之间切断即可。切断之后不要立即松开止血钳，停留数分钟以便进行断端的止血。最后去除止血钳即可。术后使用常规滴眼液控制感染。

随着宠物医学技术的发展和设备的更新，超声刀也在宠物医学上投入使用。相比传统方法，超声刀切断组织后，断面的血管闭合性好，术后组织愈合速度快。医生可以根据手术器械和设备的实际条件选择合适的切除方法。但一定要注意，所有的外科器械在使用的过程中，不得碰触甚至损伤眼表其他组织，尤其是角膜。

3. 外科整复　樱桃眼的彻底切除在消除了瞬膜腺脱出问题的同时，也导致了瞬膜的泪液功能永远丧失，以及干性角膜结膜炎发生概率的增加。因此，可采用外科整复的方法，使瞬膜腺体得以保留。

通过外科整复保留瞬膜腺体，有几种不同的方案。常见方法包括包埋法和整复固定法。这两种方案都要在尽量减少对腺体导管的伤害和对眼球其他组织损伤的前提下，保证瞬膜腺完全复位到瞬膜游离缘的内侧，但不能影响其术后的活动性。

最典型的包埋方法是"Morgan"法。其基本原则是要在瞬膜上做口袋，将脱出的瞬膜腺包埋进口袋内。此方法维持了瞬膜本身的活动性，但是因为是包埋于瞬膜本身，空间有限，因此不适合脱出腺体体积特别大的病例。这种方法的术后并发症是瞬膜囊肿，另外会有部分病例因为医生的缝合技术问题造成的对角膜的磨损。与"Morgan"法相似的是美国眼科专家 Moore 所采用的荷包缝合技术，即在不做任何切开的情况下，用缝线沿着第三眼睑的周边做荷包缝合，收紧缝线后，腺体被完全包裹。这种方法也是不适合肿胀后体积较大的病例，因为有可能会导致 T 形软骨变形。

第二类方法是锚定法，也就是瞬膜腺复位固定法。此类方法是需要将第三眼睑腺固定到巩膜或巩膜表层、眼球下斜肌、眼球下直肌、眼眶骨骨膜等。这些方法可以实现对于肿胀程度较严重的第三眼睑腺进行复位，但对医生的操作水平有要求，因为固定的过程没有办法在完全暴露的术野下进行，所以，医生要对眼球周围的解剖结构了解透彻，避免出现血管、神经、眼球周围肌肉的损伤，减小术后腺体再次脱出的风险，尤其是避免术后瞬膜边缘内翻，以及由此导致的角膜损伤。所以，这些方法各有优劣，医生可以根据自身技术水平，选择安全可靠的方法进行固定。

相比之下，"Morgan"法只是将第三眼睑腺包埋进瞬膜的结膜之内，缺乏支撑性作用，术后由于瞬膜表面结膜的弹性较大，对于肿胀后体积比较大的腺体，再次脱出的风险相对较大。锚定法对于瞬膜的固定则需要相对深层的剥离，操作不当者，手术可能对除了瞬膜腺之外的组织（眼球、眼肌等）造成较大的损伤，所以，佛罗里达大学的 Plummer 等人于 2008 年提出了新的改进-瞬膜内遮蔽法，既不切开第三眼睑本身结膜，也不借助其他组织结构，直接将瞬膜腺固定到 T 形软骨上。这种方法简单可行，唯一的缺点是，患病动物需要有特别强壮的 T 形软骨，否则仍旧有可能脱出或引起瞬膜边缘内翻（概率很小）。近几年，临床医生经过不断临床实践，对以上技术又做了改进，即先用"Morgan"法切开第三眼睑的眼球侧结膜，然后再将瞬膜腺固定到 T 形软骨上，之后缝合切口，这种方法的临床效果也是不错的。

当然，无论选择哪种方法，都有不尽完美之处。所以，在选择手术方案时，医生要根据病例的实际情况，要考虑到腺体的脱出程度、急慢性、初发还是复发、发病动物的年龄、动物的品种、眼部有无其他疾病等。例如，短头吻犬种的干性角膜结膜炎发病率较高。对于专业眼科门诊来讲，对瞬膜腺体功能正常的病例，不建议直接切除，保留其泪液功能是十分重要的。所以对于急性脱出者，腺体肿胀程度小的，包埋法的成功率高、复发率低，医生选择此种方法的较多。但如果反复脱出，发病时间久，肿胀的体积较大，还是建议进行相应的固定比较稳妥。

【手术步骤】 动物全身麻醉。眼内冲洗，抽取 0.05％聚维酮碘液，用眼科专用冲洗针头深入结膜穹隆冲洗眼内，彻底将眼内的分泌物冲洗干净。接着清洁眼周皮肤，先用无刺激的清洁剂（可用幼儿浴液代替）清洗眼周皮肤，然后用清水擦拭干净，再用 1‰聚维酮碘液消毒，多余水分用无菌纱布擦拭干净，以免影响手术覆膜的贴覆。用眼科专用麻醉药点眼做眼部局麻，然后用抗生素凝胶点眼。

动物侧卧或仰卧位，调整头部使术眼尽量水平于手术台。术眼粘上眼科手术专用覆膜，然后盖上眼科手术洞巾。在眼睛的部位按照眼睛轮廓剪开覆膜，并用开睑器固定眼睑。用眼科无损伤镊轻轻夹起第三眼睑，用 6-0 号尼龙线在第三眼睑的边缘做牵引线（T 形软骨的两侧），牵引线游离端用止血钳夹持，调整止血钳的位置，使第三眼睑拉伸平铺至方便手术即可。然后检查腺体的情况，确定无溃烂、结节、化脓等异常。

1."Morgan"法第三眼睑腺包埋术 从腺体的背腹两侧开始，围绕腺体切开结膜（图2-2-4），注意不可穿透眼睑侧结膜。稍分离腺体外围的结膜，能用背腹两侧结膜将腺体紧紧包裹起来即可。使用 6-0 号可吸收线从眼睑侧结膜入针，从眼球侧结膜出针，缝合两侧结膜，再从眼睑侧结膜出针，在眼睑侧结膜打结，不剪线，然后针穿回到眼球侧结膜（图2-2-5），对腺体背腹两侧的结膜进行连续缝合，随着两侧结膜的关闭，将腺体包埋起来，最后一针仍从眼睑侧结膜出针并打结。注意缝合口起始处不可完全密封，要各留一针开口（图2-2-6），以使瞬膜腺的分泌物得以排出。去除牵引线，将包埋后的第三眼睑整体复位。

2.瞬膜内遮蔽法 首先调整牵引线，将第三眼睑向颞部铺开，暴露其眼睑侧，找到 T 形软骨的轮廓。使用 4-0 号尼龙线经 T 形软骨柄靠基部入针，穿透眼睑侧结膜，从眼球侧的瞬膜腺体出针，将腺体定位出四个对称的点（四个点连线基本呈正方形）作为固定点（图2-2-7），随即在腺体上出针处入针并在结膜下穿行至第二个点，出针再次入针并结膜下穿行至第三个点，然后第四个点，注意第四个点的出针要垂直刺穿整个瞬膜，即在眼睑侧出针（图2-2-8）。穿行过程中要有一定的张力，使得瞬膜腺固定于 T 形软骨柄上。最后将位于瞬膜眼睑侧的两个线尾打结（图2-2-9）。

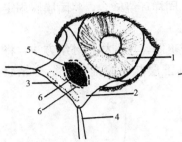

图 2-2-4　沿瞬膜腺两侧的切开线
1. 角膜　2. 瞬膜　3. T 形软骨
4. 牵引线　5. 瞬膜腺体　6. 切开线

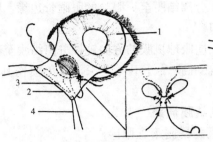

图 2-2-5　瞬膜腺两侧的结膜缝合
1. 角膜　2. 瞬膜
3. T 形软骨　4. 牵引线

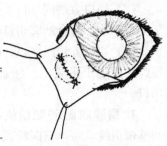

图 2-2-6　包埋瞬膜腺体并缝
合后的第三眼睑

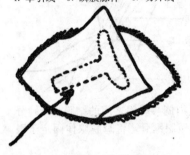

图 2-2-7　瞬膜上眼睑侧的入
针点
（图中箭头所示）

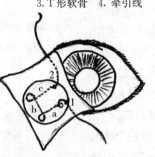

图 2-2-8　瞬膜眼球侧的行针路线
1. 起始第一针在眼球侧的出
针点　2. 眼球侧的出针点，
最后紧贴 T 形软骨柄再从眼
球侧进针，然后从眼睑侧出针
a、b、c 三段所示为缝合线
在瞬膜腺体内部的运行路径

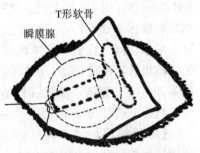

图 2-2-9　缝合线打结，将瞬膜固定
于 T 形软骨上

3. 瞬膜腺固定-眼球侧结膜通路　首先调整牵引线，将第三眼睑翻开暴露第三眼睑的眼球侧。在瞬膜腺上向角膜缘方向切开结膜。将瞬膜腺体与 T 形软骨分离开。

（1）从切口处钝性分离结膜至下眼睑，直到眼眶骨，将分离好的瞬膜腺缝合固定于眼眶骨的骨膜上。缝合固定方法为：用 4-0 尼龙线、铲针经远离眼球处的腺体中部入针，从腺体近眼球侧的中部出针，然后直接从此位置入针和出针做环绕，环绕的目的是防止腺体在缝线上滑动。出针后在眼眶骨骨膜上进针做固定，再经腺体近眼球侧入针并出针，向眼眶骨处拉紧腺体，从腺体出针的位置入针，穿过腺体经远离眼球处出针，再次环绕。最后打结（图 2-2-10）。检查固定的稳定状况。用 6-0 可

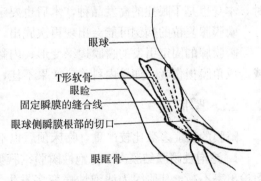

图 2-2-10　经眼球侧瞬膜根部切口分离组织至眼
眶骨，将瞬膜腺体固定于眼眶骨上

吸收缝线、圆针简单连续缝合结膜切口，注意打结要进行包埋，或在眼睑侧结膜上打结，以免刺激角膜。

（2）切口方法同（1）。分离结膜至下眼睑的眼眶骨边缘，同样环绕缝合，将瞬膜腺固定于下眼睑上。缝合结膜切口。

（3）切口方法同（1）。向眼球巩膜的方向钝性分离结膜至巩膜，用同样的环绕方法，将眼睑腺固定于巩膜上。注意巩膜入针不可太深，以免损伤其下层脉络膜血管。缝合结膜切口。

4. 瞬膜腺固定-眼睑侧结膜通路 首先调整牵引线，将第三眼睑翻开暴露第三眼睑的眼睑侧。经结膜穹隆附近切开腺体表面的结膜。钝性分离结膜至下眼睑眼眶骨骨膜（图 2-2-11）。用 4-0 尼龙线、铲针穿过骨膜，然后经腺体基部入针，在腺体顶部的一侧出针，随即在同一位置入针做环绕，在顶部的另一侧出针，再做环绕，出针的位置是腺体的基部，拉紧腺体，复位后打结。用 6-0 可吸收缝线、圆针简单连续缝合结膜切口。

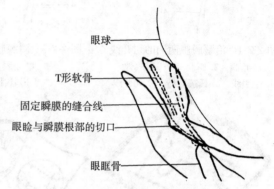

图 2-2-11 经眼睑内侧与瞬膜之间的结膜切开，分离组织至眼眶骨，将瞬膜腺体固定于眼眶骨上

眼球
T形软骨
固定瞬膜的缝合线
眼睑与瞬膜根部的切口
眼眶骨

【术后护理】 术后佩戴伊丽莎白颈圈，使用抗生素眼药、类固醇滴眼液点眼，也建议口服皮质类固醇类药物增强抗炎作用。所有药物至少连用一周。

【并发症】 术后几天至一周，会有分泌物增多、畏光、瞬膜局部的肿胀等临床表现，需要进行抗感染和抗炎处理，正常情况下，瞬膜结膜的修复能力是很强的。

瞬膜腺切除者如果发现有角膜炎的表现，一定要及时检测泪液量，如果有泪液不足的问题，要按照干眼症进行控制。

非切除性手术，如果线的型号太大（粗线），眼内的异物感较强，局部肿胀时间会较长，因此，不建议使用非吸收线，以免导致异物性肉芽肿。如果发生缝线或缝合处的组织结节刺激到角膜，会造成角膜糜烂或溃疡，一定要及时处理。预防性措施只能是采用凝胶或膏状眼药，提高润滑性。角膜糜烂或溃疡的处理参见角膜疾病诊疗技术。对于易发瞬膜脱出的品种，本身也是干眼症的高发品种，术后也要定期监测泪液量。

瞬膜腺复位的病例可能会出现再次脱出，需要根据实际情况进行二次手术。

瞬膜腺的固定引发的瞬膜边缘变形、内翻，轻度者不影响角膜的可以不予处理；严重者或造成角膜损伤者，如果内科治疗效果不佳，则需要进行瞬膜变形或内翻的外科处置。

三、瞬膜炎

瞬膜的炎症多数比较严重，临床预后也不理想。

1. 滤泡性瞬膜结膜炎 滤泡性瞬膜结膜炎在临床病例中相对较常见，犬比猫发生率高。但检出率不高，其原因为滤泡性病变多发生于瞬膜的眼球侧结膜。临床表现为溢泪，患病犬、猫的泪痕严重，但很少发生畏光的现象，也很少有抓挠等自我损伤的问题。因此，宠物主人带动物就诊的原因常为泪痕和溢泪。临床检查角膜和球结膜均正常，瞬膜也没有过度暴露的现象。瞬膜眼睑侧结膜无充血、肿胀现象，使用前面所述的瞬膜检查方法，将瞬膜从眼内眦拉出，翻开眼球侧结膜，能观察到分布于眼球侧结膜上的滤泡，呈粟粒状大小，在光源照射下可见弥漫性充血。

滤泡性结膜炎的发病原因可能为细菌感染、病毒感染（多为疱疹病毒）或自身免疫性。因此治疗建议采用抗生素、抗病毒药物及免疫性治疗。单纯药物的治疗速度慢，治疗效果不佳。所以通常需要在确诊后使用外科方法。操作方法：可以使用无菌纱布缠绕于止血钳，注意纱布要缠绕紧实，用包裹纱布的止血钳摩擦疱疹区域，要完全充分地将所有的疱疹均摩擦破裂。由于操作会有疼痛反应，时间较长，因此建议在深度镇静或全身麻醉下操作。临床也有医生使用金刚砂车针打磨疱疹区域，处理起来速度快，效果也很好。

2. 肉芽肿性炎 肉芽肿性炎症临床很难找到感染源或其他炎性因素，组织学检查很难找到细菌或真菌，即多为特发性。特发性肉芽肿性炎症可以波及眼睑、结膜和瞬膜，甚至面部皮肤，发病特点为大小不等的单个或多个结节性肿块。有很多情况下，肉芽肿性炎是来自于结节性肉芽肿性巩膜外层炎，临床表现为界限不清的无色素性隆起，表面光滑，或呈现肿胀的管状结构，肿胀严重者表面充血，由于有一定的硬度，除了由于巩膜结节导致的眼球尤其是角膜变形外，会表现为瞬膜脱出，但并非单纯的樱桃眼，临床要注意鉴别。

肉芽肿性炎无论是否特发，在确定无细菌、真菌感染的情况下，均需要使用免疫疗法，建议使用的首选药物是泼尼松或泼尼松龙，效果不明显的可以配合硫唑嘌呤，也有建议使用四环素或烟酰胺治疗，但预后都不确定。肉芽肿性结节药物治疗效果不佳的病例要进行手术切除，尤其是猫，越早切除，对于周围组织尤其是对眼球的影响就越小。

3. 炎性浆细胞浸润 浆细胞炎症会表现为浆细胞性肉芽肿性病变，一般为局部慢性炎症所致，特点为局限性肿块或病灶。病因尚不明，有人认为可能是变态反应，但未得到证实。本病除了瞬膜之外也可见于眼球后，所以临床检查时要全面，应检查腹腔、肠系膜、膀胱、子宫等，如果是猫的浆细胞性浸润，临床要进行更加彻底的评估，包括传染性腹膜炎、白血病、免疫缺陷综合征（猫艾滋病）等重要传染病也要进行筛查。全身性浆细胞性炎性浸润会表现为体重下降、贫血、脱水、免疫球蛋白升高，多数病例可触及肿块。组织学检查基本结构为肉芽肿，在纤维肉芽组织的基础上，有弥漫性成熟的浆细胞浸润，会伴有少量的淋巴细胞。浆细胞的胞质为嗜碱性，核偏位，染色质排成轮辐状，核周可见透明晕散在的因浆细胞退化而形成的拉塞尔（Russell）小体，偶见个别浆母细胞，没有异常分裂象。肉芽肿内可见淀粉样物质沉着。病变晚期可见纤维组织增生，透明变性或黏液变性。

浆细胞性炎性浸润要注意与浆细胞瘤进行区别。浆细胞瘤组织学检查可见瘤细胞呈圆形或卵圆形，大小、形态单一，核染色质边集、呈轮辐状，胞质为嗜碱性，常见核旁空白晕斑。可见到双核浆细胞、胞体较大的浆母细胞和巨大浆细胞。分化差的浆细胞瘤核异型显著，核仁明显，核分裂象多。

浆细胞炎性浸润也建议使用糖皮质激素进行治疗，局部用药配合全身用药，治疗周期一般较长，所以也建议配合使用环孢菌素、他克莫司等。

四、瞬膜暴露

正常情况下，瞬膜随着眨眼动作上升和回缩，在回缩时，应基本进入眼内眦，或稍有线状边缘可见，藏獒、拉布拉多犬、罗威纳犬等眼睑松弛下垂的犬种，瞬膜可能外露较多。瞬膜暴露是指并未表现为典型的瞬膜腺体脱出，腺体基本无局部肿胀，而表现为瞬膜眼睑侧的结膜较正常者暴露过多，甚至整个 T 形软骨

瞬膜炎案例

区域完全暴露，从而导致眼球或角膜被瞬膜遮盖。

（1）原发性单纯瞬膜暴露的原因尚不清楚，也并不常见，主要发生于大型犬种，猫罕见。瞬膜暴露会导致角膜刺激及继发瞬膜、结膜感染，因此需要通过外科手术进行治疗，手术治疗的原则是沿 T 形软骨方向缩短瞬膜的长度，进行瞬膜复位。

（2）常见的瞬膜暴露多为继发性。最常见的问题是由于角膜的疾病，如角膜异物、角膜炎、角膜糜烂或溃疡等，由于角膜表面的异物感或疼痛感，瞬膜保护性地遮盖在角膜表面。在做恫吓反射实验的时候，瞬膜可以完全回缩进入眼内眦。这种病例不需要针对瞬膜进行治疗，只需要治疗角膜的疾病就可以了。

（3）眼眶内的占位性病变，如肿瘤压迫、囊肿、脓肿等，导致瞬膜受压而突出并暴露，瞬膜本身无异常。此时治疗原发病即可。

（4）其他比较常见的是霍纳综合征（瞬膜暴露、眼球内陷、瞳孔缩小）、先天性小眼球症、眼球痨（眼球萎缩）、Howes 综合征（特发性双侧瞬膜突出）等疾病的临床特征之一。另外，麻醉或镇静药物的使用也会表现为瞬膜的松弛与暴露，其他比较罕见的还有中毒、自主神经失调、狂犬病等，也会看到暴露的瞬膜，但这时，瞬膜暴露并不是核心问题。

（5）在猫上，严重的全身性疾病引起的脱水、眼眶脂肪减少、肌肉量减少，都会引起猫的双侧瞬膜暴露。

任务反思 >>>>>>>>>>>>>>>>>>>>>>>>>>>>>>>

1. 瞬膜脱出和瞬膜暴露的区别是什么？
2. 第三眼睑腺体切除和包埋手术的缺点有哪些？
3. 第三眼睑腺体包埋手术的操作要点有哪些？

任务三　泪器疾病诊疗技术

任务目标 >>>>>>>>>>>>>>>>>>>>>>>>>>>>>>

1. 在了解泪器的解剖位置和生理功能的基础上，掌握泪器疾病的特点和治疗原则。
2. 掌握鼻泪管的疏通方法。

任务准备 >>>>>>>>>>>>>>>>>>>>>>>>>>>>>>

一、泪液和泪膜

泪液对眼球表面尤其是角膜有非常重要的保护作用。泪液内的葡萄糖等成分有营养角膜的作用，同时泪液可以帮助排除眼表面代谢物，清除细菌和代谢过程中脱落的细胞。泪液形成于泪腺，角膜表面的泪膜是保持角膜润滑和眼表面代谢稳定的关键要素。泪膜由黏液层（黏蛋白层）、水样层、脂质层构成（图 2-3-1）。

1. 黏液层　黏液层又称为黏蛋白层，由免疫球蛋白、尿素、盐类、葡萄糖、酶、白细胞及细胞碎片构成，黏蛋白层在角膜上形成了一个光滑的曲面，有润滑角膜和结膜、减少泪液水样层和角膜上皮间的剪切力、抑制细菌附着以及防止干燥的作用。

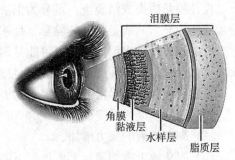

图 2-3-1　泪膜的构成示意

2. 水样层　水样层是眼眶内的泪腺和眼内眦的第三眼睑腺分泌的。水样层是由水、电解质、葡萄糖、尿素、表面活性聚合物、糖蛋白、泪蛋白构成。泪蛋白包括 IgA、IgM、IgG 等免疫球蛋白，溶菌酶，乳铁蛋白，脂质运载蛋白，表皮生长因子，转化生长因子，白细胞介素。水样层不仅营养角膜，还可润滑角膜、结膜、瞬膜，并能除去二氧化碳、乳酸等代谢产物，冲掉眼表面的坏死组织。

3. 脂质层　脂质层由睑板腺分泌的脂质构成，可以稳定泪液，防止泪液水样层蒸发。

二、泪液异常的临床测试

临床上有很多可以检查泪液量及泪液产生和排泄的方法，可以根据需要选择。

（1）施里默泪液试纸测试（STT）。可用来检测泪液量，必须检查双眼。

（2）荧光染色测试。可用来检测有无干眼症导致的眼角膜溃疡及排除角膜溃疡刺激引起的溢泪。

（3）泪囊鼻腔造影法。用来检测从泪小管到鼻泪管出口整个管道存在的异常。

（4）孟加拉玫瑰红测试。可检测因泪液质量或数量异常造成的眼角膜上皮细胞异常刺激引起的溢泪或泪液量减少导致的角膜上皮损伤。

（5）荧光剂排出测试或 Jones 测试。辅助诊断泪液排出管道的异常。关于荧光剂排出测试阳性的结果，临床存在争议，因为有时即使鼻泪管通畅，仍可能出现假阴性结果。

（6）泪膜破裂时间。可用来检测泪液的质量或泪膜的形成异常。

（7）鼻泪管导管置入或冲洗。可用来检测泪液排出管道尤其是下鼻泪管的异常。

（8）使用裂隙灯观察泪膜的反光。

若患病动物是因鼻泪管阻塞所造成的溢泪，多数结膜并不会出现特别的异常。泪液分泌过多造成的溢泪，通常说明眼部有刺激，猫会因此增加洗脸的时间和频率，导致结膜充血，所以可以看到患病动物有红眼的临床症状，且其施里默泪液试纸测试结果会高于正常范围。

三、泪器与泪液功能异常

泪器包括泪腺及泪液的引流结构（图 2-3-2）。泪器功能异常主要表现形式为泪器的炎症。泪液功能的异常可分为无法产生正常的泪膜和无法有效地排出泪液两类。

无法产生正常的泪膜，可能是因为黏液、脂质或泪液三者中的一种或两种内容物缺乏。通常会造

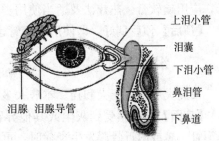

图 2-3-2　泪器示意

成二次性眼角膜炎或结膜炎。可分为泪液质量的异常（可能是最外层脂质层或最内层黏液层量或功能的异常）或是数量的异常（指水样层不足）。

无法有效地排出泪液，原因可能是因为泪液分泌过度或是泪液排出系统阻塞。此临床症状与排出系统阻塞的程度或泪液分泌过度有关。

泪膜数量或质量异常会造成泪膜功能的异常而引起下列问题：

(1) 眼角膜糜烂或溃疡。

(2) 剩存泪液的张力增加。

(3) 眼角膜上皮细胞与上皮细胞下的基质缺氧。

(4) 结膜或眼角膜上皮细胞脱水。

(5) 眼球表面与眼睑上的微生物和黏液增加。

(6) 缺乏润滑剂，当眼睑或第三眼睑在眼球表面移动时会产生刺激。

(7) 造成结膜与眼角膜二次性发炎而导致基质血管新生与之后的黑色素化。

任务实施 >>>

一、泪腺炎

小动物原发性泪腺炎很少见，多继发于眼周围疾病或全身性免疫性疾病。

【症状】疾病初期，上眼睑外侧疼痛、肿胀，最容易观察到的是泪液分泌过多，面部潮湿，当然此时应当与泪道闭塞的溢泪区分开。注意用放大设备观察泪腺结合膜处轻度的充血和水肿。大多数情况下，化脓性炎症是泪腺炎的主要特征。由于肿胀和疼痛等引起的周围组织继发性肿胀及动物的自我损伤，下眼睑往往呈现肿胀的状态，表面变肥厚。有些病例局部形成水肿，触诊可知泪腺肿大（在正常状态下没有感觉）。该部很快形成脓肿，随后脓肿破溃而治愈或形成瘘管。

慢性泪腺炎时，泪腺呈坚实样肿胀，缺乏疼痛感。在泪腺肿胀的影响下，眼球运动困难，而且稍转向内下方。

【诊断】在化脓性泪腺炎时，上眼睑形成脓肿。此后不仅上眼睑伴发炎症，而且下眼睑也发生。当化脓性眼睑炎时，则无此种继发症，其病程完全局限于上眼睑的外侧方。

【治疗】治疗可采用局部疗法配合全身疗法，轻症病例仅局部用药即可。早期可在上眼睑外缘处涂少量消肿止痛的膏剂，如红霉素软膏、碘酊及其他含抗生素成分的药膏。若应用几天后不见炎症消失，可配合温敷法。当形成脓肿时，可考虑平行眼睑肌切开。慢性炎症者，应用碘软膏、热疗法及适当使用类固醇等抗炎药物。

【预后】预后良好，即使形成瘘管也比较容易医治。

二、泪囊炎

泪囊炎可发生于犬和猫。本病大多数为慢性经过。

【病因】当结膜受到灰尘或其他异物刺激，或泪管有闭塞时，可发生泪囊炎。当结膜、鼻泪管、鼻或附近骨膜发生炎症时，可能发生泪囊炎。此外在鼻泪管狭窄、栓塞及鼻腔无孔时，也能发生泪囊炎。

在泪囊黏液里，经常发现由结膜转来的细菌（葡萄球菌），多由泪液冲洗所致，也可能在该处繁殖。炎症初期，鼻泪道发生阻塞，泪液不能由泪点流出，泪液迅速分解，对黏膜呈现刺激作用。进而伴随微生物繁殖，多呈现化脓的性质。黏液性泪囊炎稍有肿胀，正常分泌物很少，并且脓汁经常与黏液混合存在。

泪囊炎在各种眼病的病理过程中，都具有很大的意义。因为任何手术的施行，都与眼球有关，为了避免经此而感染，必须事先检查泪囊状态。

【症状】在急性期，可以看到眼内眦流泪，结膜充血及肿胀。在泪囊处稍下方，常出现大小不等的肿胀，有轻度的弹性及波动性。触诊该部时，从泪点排出十分透明的黏液，类似蛋清或黏液样脓汁以至纯脓性（卡他性泪点阻塞、蜂窝织炎性泪点阻塞、化脓性泪点阻塞）。但在另一种情形下，压诊泪囊时，感觉空虚，虽然有知觉，但从泪点不见分泌物排出。这表示鼻泪管并未阻塞，泪囊内容物经由鼻泪管而流入鼻腔。假如鼻泪管和泪点均有阻塞时，则分泌物贮积于泪囊，使泪囊体积增加。因此可形成泪囊水肿或者经常发生上皮水肿。在后者，脓汁最后向外流出，从而形成瘘管。

【诊断】泪囊炎易与皮下脓肿、动脉样脓肿、柔软纤维样肿胀及其他部位的肿胀混淆。通过触诊进行鉴别诊断，即肿胀的程度及有无泪液流出。

【治疗】初期采用保守疗法。压迫鼻泪管，使分泌物排出。在卡他性泪囊炎，可用消毒溶液洗涤。必要时，可同时应用探针检查，扩大泪管及泪点，再进行冲洗。

在保守疗法没有效果时，采用泪囊切开法。在此手术之后，泪的分泌就完全停止，但要过一些时间流泪才减少。这是因为泪囊炎时，经常刺激泪腺的反应消失。为了使泪液完全停止，可同时除去泪腺。当泪囊蓄脓时，可做眼鼻方向纵向切开。

摘除泪囊时，由眼角中央至睑内侧韧带切开，然后横断韧带。应用镊子固定泪囊，钝性剥离周边组织，再用剪刀剪开泪道。为了便于分离泪囊壁，可先切开，最后缝合创缘及睑内侧韧带。

三、鼻泪管炎

鼻泪管炎主要表现为卡他性炎，病程多为急性或慢性。

【病因】鼻泪管炎很少单独发生，多由鼻腔黏膜或泪囊发炎转移而来。鼻炎虽然没有转移性，但亦能发生鼻泪管卡他。此时鼻腔黏膜肿胀，导致泪管阻塞，泪液停滞变质而刺激黏膜，炎症发生。

【症状】部分动物在发生鼻泪管卡他时，泪液经鼻腔流出，在不伴发上颌腺肿胀，且鼻腔黏膜正常时，在泪管下部可看见黄褐色黏液样分泌物。当压迫泪管时，有大量黄褐色黏液样分泌物经鼻腔流出，鼻泪管卡他常常同时伴发结膜及鼻腔卡他。

【诊断】由于解剖学的特性，进行诊断相对困难。

【治疗】经常应用消毒剂及收敛剂洗涤鼻泪管。当同时并发鼻腔、泪囊及结膜卡他时，更需要进行合理的治疗。

【预后】合理治疗时，预后良好。若为先天性泪管阻塞，则只能手术植入鼻泪管支架。

四、泪道阻塞

因泪道结构异常引起的泪道堵塞，致使泪液不能经鼻腔排出而从睑缘溢出者，临床称之为溢泪现象。泪道阻塞常见于犬，一侧或两侧发病，以溢泪和眼内眦有脓性分泌物附着为特征。

【病因】 泪道阻塞的原因分为先天性和后天性两类。

（1）先天性泪道阻塞。原因见于泪点缺如、黏膜皱褶覆盖泪点、眼睑异常、泪道狭窄或移位、泪小管或鼻泪管闭锁等。金毛寻回猎犬、美国可卡犬、贝林顿梗犬、迷你玩具贵宾犬与萨摩耶犬为先天性泪点闭锁或不发育的高发犬种。

（2）后天性泪道阻塞。后天性泪道阻塞为继发性病变。如贵宾犬、西施犬等头部垂毛的刺激，脱落的睫毛、沙尘等异物落入鼻泪管；外伤引起管腔黏膜肿胀或脱落、瘢痕形成，结膜炎、角膜炎等眼病继发的泪道炎症；上呼吸道感染、组织增生、瘢痕形成，引起泪道狭窄或阻塞。年轻的猫则最常见的是因为疱疹病毒感染造成泪点瘢痕化而闭锁。

【症状】 临床上以溢泪和鼻两侧被毛浸渍并褐色着染为特征。

（1）先天性泪点不发育或闭锁为犬最常见的先天性鼻泪管系统疾病，一般为幼犬断乳后几周或数月出现溢泪，可单眼或双眼发生，有泪染痕迹，无任何疼痛症状。受影响的泪点可能单一或两个，泪点缺如时，在眼内眦找不到上泪点或下泪点。可能单眼或双眼发生；大多泪点阻塞的患病动物是因泪点上覆盖有一层结膜组织。有的动物一开始并无症状，随着年龄增长，眼泪的分泌量增加，逐渐出现溢泪的症状。除上泪点及其泪小管阻塞，整个泪道的任意部位的阻塞都会表现出溢泪，眼内眦有脓性分泌物附着。其下方皮肤因受泪液长期浸渍，可发生脱毛和湿疹。

（2）泪道炎症所致的泪道阻塞，除眼内眦有溢泪，也表现炎性分泌物、疼痛、肿胀等。严重者伴有化脓性结膜炎、眼睑脓肿等。

（3）瘢痕性鼻泪管阻塞。在猫尤其是小猫，常因疱疹病毒感染引起上呼吸道感染与眼角膜结膜炎，造成泪点或鼻泪管瘢痕而阻塞的后遗症。若猫反复发生呼吸道疾病，必须排除衣原体感染、疱疹病毒感染、猫艾滋病、猫白血病或隐球菌感染。其他种类的动物也可能因其他原因而造成结膜粘连，产生相同的症状。

【诊断】 根据临床症状和病史，仔细寻找患眼内眦睑缘处泪点，尤其是下泪点，可做出初步诊断。若无异常，可进一步检查，如荧光素染色试验、鼻泪管冲洗或鼻泪管造影等。

【治疗】 应根据病因采用不同的治疗方法。在炎症早期，多用药物治疗。对于继发于其他眼病者，必须先治疗原发病。

1. 泪道冲洗 泪点的正常位置可以利用探针或导管置入（如泪管导管、聚四氟乙烯静脉导管和细尼龙线等）测试出阻塞部位并进行鼻泪管冲洗术，此方法可同时治疗炎症引起的泪点或泪小管阻塞或狭窄，也可以排除鼻泪管内可能存在的异物或炎性产物。

针头常选用医用鼻泪管冲洗针，根据犬的体型大小可选用不同型号。在针座后部套上适当长度的胶管备用。冲洗液为 0.1% 雷佛尔奴尔溶液或 0.9% 氯化钠溶液。

动物深度镇静或全身麻醉；俯卧保定，在冲洗过程中可随时调整犬的姿势。在眼内眦附近下眼睑内侧缘找到如针孔状的泪点，此泪点即为鼻泪管入口。用手向下方牵拉下眼睑，将冲洗针从鼻泪管入口缓慢插入。保持垂直入针，当尖端进入后，旋转针体的方向平行于下眼睑继续入针（图 2-3-3）。当针头继续插入 1~1.5cm（1/3~1/2）时，感觉阻力突然增大，表示鼻泪管针已经插入到合适位置。初次冲洗时阻力很大，冲洗液注入困难，若用力注入，可导致内眦结膜明显膨胀突出，出现类似粉红色水疱样。此时，只要抽回冲洗液，水疱样突出即可消失。反复冲洗 10~15min，阻力便逐渐减小，有液体从冲洗侧鼻孔缓慢流出。大约再经过 10min 反复冲洗，由初期的湿润样逐渐增多转变为液体从鼻孔呈点滴状以至呈线状流出。鼻泪管冲洗畅通后，拔出针头（图 2-3-4）。

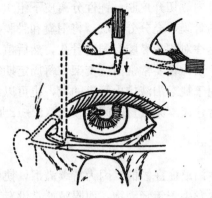

图 2-3-3　泪小点扩张

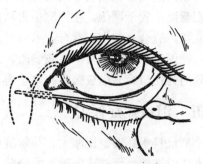

图 2-3-4　泪道探通

泪道冲洗的注意事项如下：

①泪囊处结膜因反复刺激而变得逐渐潮红、肿胀，可使用抗生素和抗炎滴眼液。

②两侧性鼻泪管阻塞，其冲洗方法与单侧阻塞相同。

③鼻泪管冲洗后，第二天观察，若眼内眦下方被毛干燥，流泪明显减少则是鼻泪管已疏通的标志。

④小型犬的鼻泪管很细，在鼻腔很难找到其开口，所以只能从泪囊附近的泪点（鼻泪管入口）进行冲洗。

⑤冲洗治疗时要耐心、缓慢，切不可用力过猛，否则冲洗液逆流可导致泪囊处结膜过度膨胀发生损伤。冲洗时，要适当转动针头寻找冲洗鼻泪管的最佳方位，以利于注入冲洗液。

2. 泪点/鼻泪管重建术　对先天性下泪点缺失或泪点被结膜褶封闭，可施行泪点重建术（泪点复通术）。具体操作：压迫上、下泪小管汇合处远端，于上泪点插入针头，用力注入生理盐水，迫使内眼眦下睑缘内侧接近眼内眦处出现局限性隆起，即为下泪点位置，再用眼科镊提起隆起组织，在最高点切除一小块圆形或卵圆形结膜，即下泪点复通。术后在结膜囊内滴入氯霉素和醋酸氢化可的松滴眼液，连用 7~10d，可防止人造泪点形成瘢痕造成阻塞。

先天性鼻泪管闭锁必须手术造口。具体操作：动物倒卧保定，全身麻醉或浸润麻醉。在距内眼眦的下眼睑游离缘找到下泪点，插入 25 号不锈钢丝，直接朝向内侧推进 0.6~0.8cm，然后向下、向前朝鼻泪管方向推进，直到鼻前庭。用手可触摸到黏膜下的钢丝前端，将黏膜切开 2~3cm，用弯止血钳夹住钢丝前端向外牵拉，直至组织内留下 6cm 长的钢丝为止。剪断钢丝，使切口外留 3cm 长，再用肠线将外露的钢丝缝在黏膜组织上，打结固定。当肠线被吸收后，钢丝脱落，从而形成永久性管口。手术时可根据动物大小选择型号合适的器材。

3. 结膜口腔/鼻腔吻合术　鼻泪管冲洗无法恢复畅通或无法找到泪点的，意味着泪道已形成器质性阻塞，可以使用结膜口腔吻合术或结膜鼻腔吻合术。此两种手术都建议在患病动物无上呼吸道疾病或慢性结膜炎时，由动物眼科专科医生进行，因为当患病动物患有这些疾病时会增加手术后新管道形成瘢痕的概率，使得管道可能再度阻塞而导致手术失败。

（1）结膜口腔吻合术。从下方的结膜穹隆向口腔做一个隧道，将导管放入，一端缝合于口腔黏膜，另一端缝合于内眼角皮肤上以避免摩擦刺激眼角膜，导管建议至少放置2个月。

（2）结膜鼻腔吻合术。首先要造骨孔，经内眦鼻内侧切开皮肤，钝性分离皮下组织，暴露并剪断内眦韧带。然后分离切开鼻脊侧面泪脊处的骨膜，充分分离后，将泪囊和骨膜一起推出泪囊窝，置于颞侧。在泪窝中央从内侧的结膜囊往对侧的鼻腔穿洞造骨孔，然后植入管状的支架，缝合直到伤口愈合。术后要局部给予抗生素，且要常常清洗支架，每周定期复诊检查，确保支架没有对眼睛造成刺激。此方法最适用于缺乏泪液排出管道的犬，也可以用于猫。猫因为伤口容易形成瘢痕而发生再度阻塞，通常建议支架放置时间比较长（8~12周）。

五、泪痕症症候群

小型玩具贵宾犬、比熊犬、马尔济斯犬等常发生泪痕症症候群。因为持续溢泪，使内眼角毛发变成红棕色而造成外观上的缺陷。此类疾病常发生于年轻动物，而眼睛通常没有其他不适的临床症状；部分动物在内眼角处会发生局部皮肤炎。此症状在毛色较浅的动物中较明显。泪液中具有类乳铁蛋白色素，当动物泪液排出系统发生功能性阻塞或障碍而发生溢泪时，常使毛发被染色。

【病因】造成溢泪的原因很多，如眼睑内翻、泪湖较小、内眦韧带过紧、倒睫毛、结膜褶皱、过敏性皮肤炎、结膜炎、泪道阻塞、眼睑闭合异常。部分病例可能同时涉及多种原因。

【治疗】若能找出溢泪的原因，则较易控制其症状；若无法确定原因，则需与动物主人沟通，此疾病只会造成美观上的缺陷，不会威胁动物视力或有不适感。

若患病动物存在眼睑内翻或倒睫毛，可在内眼角以简单缝合或手术缝合器使眼睑暂时性外翻，通过观察其症状是否有改善来进行诊断。若进行眼睑外翻后1~2周，溢泪的情况有所改善，则建议进行永久性外翻矫正手术。

对于有明显炎症反应的，建议予以抗感染抗炎治疗，口服四环素类抗感染药物，可见短期的改善。但临床多数会在停药后2~3周再次出现泪液染色的现象。抗生素改善染色现象的机制并不是很清楚，推测抗生素可能会干扰细菌在毛发上分解出染色性物质。慢性炎症者，很多临床医生尝试使用局部的类固醇或非类固醇药物配合抗生素眼药水，对某些病例效果明显。

对于严重症状、无法以上述方法控制症状的患病动物，可尝试采用第三眼睑腺体部分摘除手术，此方法只建议用于施里默泪液试纸测试每分钟大于15mm的动物。第三眼睑腺体一旦移除后便会永久性影响泪腺功能，并不适用于全部溢泪动物，且进行手术前也必须告知动物主人未来发生干眼症的可能性。

从宠物品种繁育的角度来讲，有泪痕症症候群的犬、猫应不再配种。

六、泪膜缺乏

泪膜包括黏液层、脂质层和水样层3层。

1. 黏液层缺乏 猫发生此病比较少见。在犬，当结膜发生慢性炎症、化生、发育不良或纤维化时，会造成结膜杯状细胞数量下降，进而造成黏液层分泌减少或缺乏。受到影响的患病动物通常伴有轻微的干眼症症状，而施里默泪液测试值正常或比正常值略低。因为黏液层有助于泪液在眼角膜表面的稳定，所以黏液层缺乏便导致部分区域的眼角膜变得较干。患病动物泪膜破裂时间会缩短，从而可根据结膜组织内杯状细胞是否减少来确诊。因在临床上难以精确进行评估，通常难以诊断该病。建议以环孢素眼药治疗该病，可改善眼角膜表面黏液的质量，同时还可给予黏液素模拟剂或黏液素取代剂。

2. 脂质层缺乏 脂质层缺乏主要是由睑板腺发炎或眼睑边缘发炎造成。常见因葡萄球菌、全身性皮脂漏、酵母菌造成的眼睑炎、异位性皮肤炎或螨虫等造成的炎症。脂质层异常会造成泪膜层中水样层提早挥发、流失而造成眼角膜干涩。

临床症状有时伴随眼睑炎（眼睑边缘肿胀、变圆）、睑板腺开口肿胀、眼睑边缘干硬、睑板腺囊肿、结膜与皮肤交界处充血，以及从结膜面看睑板腺表面呈黄白色。轻轻按压睑板腺可挤出混浊液体，呈黄白色似乳胶或奶酪的物质。动物可能会患有慢性眼角膜炎（但症状会比水样层缺乏型干眼症轻）、结膜充血、黏液性或黏液化脓性眼分泌物、眼角膜上皮水肿或糜烂。

这些眼睛表面的异常可能与泪液无法平滑覆盖于眼角膜表面有关，也可能因眼睑边缘肿胀或慢性炎症对眼角膜细胞造成刺激或伤害所致。此时，应根据严重程度或感染物的药敏试验给予全身性或局部抗生素治疗；当睑板腺破裂，内容物扩散至附近组织时，会引起眼睑肉芽肿反应，此时可全身性或局部给予类固醇药物。

3. 水样层缺乏 犬最常见因泪腺分泌功能障碍而导致的泪膜水样层缺乏以及由此造成的干涩与干眼症，可能是泪腺的炎症、变性、机能障碍甚至是肿瘤等所致。

【病因】

1. 免疫因素 泪液腺体细胞不受机体免疫系统的影响，由血液泪液屏障隔离而有自己独特的免疫机制，当此屏障受到破坏时，机体的免疫系统便会开始攻击自己的泪腺组织，造成泪液分泌减少。

2. 药物因素 目前已知磺胺类药物对泪腺组织具有毒性，有50％的犬在使用此类药物30d内会导致泪液减少。其中体重低于12kg的犬发生率较高。麻醉与局部或全身给予阿托品也会暂时降低泪液的产生。

3. 手术因素 第三眼睑腺脱出而进行腺体切除的动物，手术后会导致泪液不足，尤其是老年动物和短吻品种犬；耳道切除的患病动物可能在手术过程中颜面神经受损而导致泪液分泌异常。

4. 先天性因素 迷你犬种（如巴哥犬、约克夏犬、吉娃娃犬等）可能发生先天性泪腺组织发育不良。猫若存在先天性眼睑缺乏或严重的睑球粘连时，可能会有泪腺缺乏。

5. 感染性因素 犬瘟热病毒会攻击泪腺与第三眼睑腺体而造成暂时性或永久性泪腺功能低下。其他疾病（如慢病毒感染、利什曼原虫感染或细菌性结膜炎等）也可造成泪腺腺体或管道纤维化而引发泪液量降低。

6. 神经性因素 泪腺组织缺乏副交感神经刺激及其他神经异常（如影响到三叉神经或自律神经失调）。通常神经性因素只影响单侧眼睛，受影响侧的鼻孔也会很干涩。

7. 年龄因素 10岁以上老龄犬泪腺腺体萎缩。

8. 辐射 辐射造成第三眼睑腺体、泪腺的伤害。

9. 眼眶或眼眶周创伤 直接伤及腺体或神经。

10. 品种易感性 常发生于美国可卡犬、英国斗牛犬、波士顿梗、拉萨犬、查理士王小猎犬、迷你雪纳瑞犬、英国波音达犬、北京犬、巴哥犬、贵宾犬、萨摩耶犬、西高地白梗、西施犬、约克夏梗。

11. 其他原因 维生素A缺乏、虚弱或脱水的动物泪液分泌量也会减少。

【症状】

1. 黏液性或黏液脓样分泌物 此为干眼症患病动物中最一致的临床症状，可发现患病动物有大量粘在眼球表面的黏稠分泌物。可能因为结膜杯状细胞过度分泌黏液或泪膜中润湿和清洁能力下降所致。结膜常见增厚、充血或水肿。

2. 同侧鼻孔干涩 通常同侧鼻孔会较干涩，尤其是在神经性干眼症的患病动物中尤其明显。

3. 眼睑痉挛 可能出现不同程度的眼睑痉挛，也可能发现因眼角膜干涩产生刺激造成第三眼睑突出。

4. 眼角膜血管新生或黑色素化 慢性干眼症患病动物中常见眼角膜血管新生与黑色素化，而此病变会影响视力，严重时会导致失明。

5. 眼角膜溃疡 在严重或急性患病动物因眼角膜上皮细胞缺失（尤其是中央部位）而造成溃疡。可看到黏液性眼分泌物粘在溃疡处，严重时可能会发生眼角膜软化甚至眼角膜穿孔。

6. 干涩或眼角膜混浊 因为缺乏泪膜而导致眼角膜看起来干涩、不明亮，此为干眼症患病动物的典型表现，约有25％干眼症患病动物会出现此异常。

【诊断】根据既往病史（用药记录、复发性结膜炎、第三眼睑腺体切除）、临床症状和施里默泪液测试可诊断患病动物有无干眼症。施里默泪液测试每分钟低于10mm的患病动物应怀疑患有干眼症，尤其是短吻犬种或理论上应该发生溢泪的患病动物（如已发生结膜炎或眼角膜糜烂时），必要时可进行孟加拉玫瑰红测试。临床兽医师应进行完整的血液学与其他检查，排除患病动物是否为其他系统性或免疫性疾病（如糖尿病、多发性关节炎或肌炎、甲状腺功能低下、红斑性狼疮等）引起的干眼症。

【治疗】建议在给予任何药物前，为确定药物能确实给予到位，需每次给药前清除眼睛分泌物。在药物的选择方面，通常有以下几种药物可视情况合并使用。

1. 泪液刺激剂 最常用的药物为环孢素A（CsA）。

目前在犬已有美国食品药品监督管理局（FDA）批准的0.2％药膏。动物眼科医生会根据临床症状选择其他更高浓度的眼药进行治疗。有些患病动物对1％或2％药膏的反应比0.2％药膏的效果更好。

环孢素的作用机制还不是十分明确，但已知它具有免疫调节及刺激泪液分泌的特性。目前已知CsA会抑制辅助性T淋巴细胞而与环孢素受体接合，可直接刺激泪腺，之后还会抑制泌乳素（可减少泪液分泌）。除了刺激泪液增加之外，CsA还可降低眼角膜黑色素化和改善结膜杯状细胞分泌黏液素。建议每月都进行泪液测试。他克莫司是一种免疫调节剂，也具有刺激泪液的效果。

针对神经性问题，可口服毛果芸香碱来刺激泪液的产生。建议初始口服剂量为每10kg的患病动物每天滴加两次2％毛果芸香碱，每次1滴。观察2～3d，若症状没有改善可再增1滴，以此类推。剂量太高时可能会产生全身性毒性（可见食欲不振、腹泻、流涎、呕吐、心动过缓等），因泪腺与其他脏器对此药物的敏感度不同，因而此药物的安全剂量范围较窄，当眼睛症状没有改善而尝试增加剂量时，需小心评估其发生其他并发症的可能。

2. 泪膜取代剂　当患病动物泪液产生未到达正常值时，需要泪膜取代剂来维护眼角膜健康。目前市面上有许多人工泪液与保湿剂，建议每个患病动物一开始可以尝试多种类型的人工泪液后再选择最适合的。

有些人工泪液含有聚乙烯醇（PVA），这是一种合成的亲水性树脂，为常见的添加物，其黏稠性较低，需要较高的投药频率。其他如甲基纤维素或玻尿酸较黏稠，可在眼角膜停留较长的时间，具有类似黏液层的效果。

泪膜药膏里常常含有绵羊油、矿物油、蜡油等具有类似泪液中脂质层的功能，可在眼球表面停留很长时间，避免泪液挥发。适用于暴露性眼角膜炎或缺乏脂质层的患病动物。

3. 抗炎　局部使用环孢素或他克莫司除能够刺激泪液分泌外，也可以控制眼角膜的炎性反应及血管新增、黑色素化。若无法获得上述药物时，短时期（1～4 周）局部给予 0.1% 地塞米松或 1% 泼尼松龙，也可减缓眼角膜血管新增、黑色素化与炎症。局部给予类固醇类药物时，必须先进行荧光素染色确定眼角膜完整且无感染状况时才可以用药。

当泪液分泌量持续下降、动物主人无法完成药物疗法来控制症状，或当患病动物临床症状无法通过药物控制时，可考虑做腮腺管移植手术。此手术较为困难，需要专业动物眼科医生的精准操作才有可能成功，且即使手术成功，大多数患病动物的眼睛仍需要持续的药物治疗。

七、泪器肿瘤

犬泪腺组织方面的肿瘤较少见。泪器肿瘤会造成局部压迫，可选择手术切除泪腺组织。结膜肿瘤可能经由鼻泪管而转移到鼻腔，同样鼻腔肿瘤也可能经由鼻泪管转移到结膜。当肿瘤接近泪点或泪小管时可选择冷冻疗法，造成永久性阻塞的概率相对较小。靠近鼻孔，并且根部较细的肿瘤，可用勒断器去除，随后烧烙止血。肿瘤位置较深时，可于鼻背部适当位置做圆锯术，摘除肿瘤。有时可做鼻道皮肤 S 形切口，取出肿瘤而不必做圆锯术。为防止术中动物窒息和血液吸入气管，术前可做气管切开术。及时切除泪腺肿瘤，大多数病例的预后都比较好。

■ 任务反思 >>>

1. 泪膜的形成机制及功能是什么？
2. 鼻泪管阻塞的原因和解决方法有哪些？

任务四　结膜疾病诊疗技术

★ 任务目标 >>>

掌握结膜疾病的病因和临床特点，学会从局部及整体诊断和治疗结膜疾病。

★ **任务准备** >>>

眼结膜的临床检查

（一）眼结膜的检查方法

检查眼结膜可以直接翻开眼睑观察，也可以借助光源，细微的变化可以使用裂隙灯弥散光去观察。

结膜的观察重点在于结膜的颜色、分泌物、结节、疱疹、异位生长于结膜的睫毛以及有无异常肿胀。

犬、猫的眼结膜一般为淡红色，但可能因兴奋而变红色。

（二）眼结膜的基本病理变化

1. 眼睑及分泌物 眼睑肿胀并伴有畏光、流泪，是眼炎或眼结膜炎的特征。轻度的结膜炎症，伴有大量浆液性眼分泌物，可见于流行性感冒；黄色、黏稠性眼眵，是化脓性结膜炎的标志。

2. 眼结膜颜色的变化

（1）结膜苍白。结膜苍白表示红细胞的丢失或生成减少，是各种贫血的表现。急速发生苍白的，见于大失血、肝脾破裂等；逐渐苍白的，见于慢性消耗性疾病，如肠道寄生虫病、营养性贫血。

（2）结膜潮红。是血液循环障碍的表现，也见于眼结膜的炎症和外伤。根据潮红的性质，可分为弥漫性潮红和树枝状充血。弥漫性潮红是指整个眼结膜呈均匀潮红，见于各种急性热性传染病、胃肠炎、胃肠性腹痛等；树枝状充血是由于小血管高度扩张、显著充盈而导致的，常见于脑炎及伴有高度血液回流障碍的心脏病。

（3）结膜黄染。结膜呈不同程度的黄色，是由于胆色素代谢障碍，致使血液中胆红素浓度增高，进而渗入组织所致，以巩膜及瞬膜处较易发现。引起黄疸的原因为肝实质的病变，胆管被结石、异物或寄生虫所阻塞，红细胞大量被破坏等。

（4）结膜发绀。即结膜呈蓝紫色，主要是由于血液中还原血红蛋白的绝对值增多所致。见于肺呼吸面积减少和大循环淤血的疾病，如各型肺炎、心力衰竭、中毒（如亚硝酸盐中毒或药物中毒）等。

（5）结膜有出血点或出血斑。结膜呈点状或斑块出血，是因血管壁通透性增大所致。

📖 **任务实施** >>>

一、结膜理化损伤

1. 物理伤 因物理性原因引起的热伤（如烧伤、烫伤）时，眼结膜充血，流出浆液性或脓性分泌物，甚至眼裂不能关闭，似兔眼。

初期可使用大量生理盐水反复冲洗，有严重疼痛的可以使用眼科表面麻醉剂，如奥布卡因滴眼液，然后使用具有角膜营养作用的人工泪液，以凝胶效果最佳。若同时有眼睑烧伤，在结膜囊内涂抹抗生素眼膏以防止感染。

2. 化学性热伤　酸、碱性物质有腐蚀性，酸性物质、pH 大于 10 的碱性物质接触角膜后，可立即引起角膜神经发生剧烈反应，从而刺激靠近角巩膜缘的结膜血管反应，促使角膜表面发生白细胞浸润，迅速使角膜上皮脱落，酸、碱性物质进而接触角膜基质，导致基质蛋白质凝固、变性，角膜基质的板层纤维断裂，甚至会破坏整层角膜引发角膜穿孔，酸、碱性物质泄漏进入前房，会立即引起虹膜反应和晶状体囊受损，出现白内障等眼球不可逆性损伤。

酸碱烧伤后的治疗原则是彻底清洗、防止自我损伤、保护角膜组织及控制并发症。因为酸碱物质的腐蚀性是对角膜上皮屏障破坏的第一要素；其次是后角膜基质中多形核白细胞的浸润，其可起到清除和灭活有毒物质的作用，但反之炎性细胞产物往往会特异性地造成组织的破坏，如多形核白细胞释放的胶原酶促使胶原纤维溶解，是角膜溃疡进一步恶化、发生角膜软化的元凶，故大量白细胞浸润是导致无菌性溃疡及穿孔的主要原因之一。因此，尽管炎性反应是机体自身保护的重要环节，但由于炎性反应的持续加剧了创伤，影响角膜的修复，所以，早期及时使用角膜营养剂、眼科维生素制剂、抗生素滴眼液及抗炎药物，控制炎症和防止继发感染是治疗的关键。

二、结膜炎

结膜炎是最常见的一种眼病，多数情况是眼结膜受外界刺激或感染而引起的炎症，有时也可能继发于某些全身性疾病，主要表现是充血肿胀和分泌物。

【病因】各种刺激都有可能因为接触结膜而引起发炎。

（1）机械的结膜外伤。

（2）各种异物（如灰尘、谷物芒刺、干草碎末、植物种子、花粉、烟灰、被毛、昆虫等）落入结膜囊内或粘在结膜面上导致发炎。

（3）各种化学物质，如石灰粉、熏烟以及各种化学药品（包括已分解或过期的眼科药）或农药误入眼内导致结膜炎。

（4）物理性损伤，如温热烫伤、烧伤等热伤。

（5）传染性因素。多种微生物会经常潜伏在结膜囊内，正常情况下，由于结膜面无损伤，泪液溶菌酶的作用以及泪液的冲洗作用，微生物不可能在结膜囊内增殖。但当结膜的完整性遭到破坏时，易引起感染而发病。

（6）继发性结膜炎。常继发于邻近组织的疾病（如上颌窦炎、泪囊炎、角膜炎等），重剧的消化器官疾病及多种传染病（如犬瘟热）常并发结膜炎。

【症状】结膜炎的共同症状是畏光、流泪、结膜充血、结膜浮肿、眼睑痉挛、渗出物及白细胞浸润。当眼球眼结膜挫伤时，损伤巩膜上的小血管，常常形成眼结膜下出血。初期为鲜红色，逐渐变成黄色，最后消失。当意外情况造成结膜创伤，或在眼部手术中造成结膜创伤时，可见眼部有明显出血，创伤部位可见创口哆开，创口内有明显出血，结膜囊内有鲜血或有凝血块。严重的球结膜下也有出血，整个眼部鲜血涌出，出血不止，甚至眼睑肿胀。严重的切创及撕裂创会造成组织缺损。在某些眼病及机体全身性疾病时，结膜的炎性变化为局限性或蔓延性的，如全身性疾病是传染性的，则结膜炎会广泛蔓延。在多数情况下症状性结膜炎可以两眼同时发生。

结膜炎症状：
弥漫性结膜
充血

花粉、药品、食物等过敏原引起的急性、季节性或持久性的过敏性结膜反应，在宠物上也是常见的。

【病变特点】

1. 卡他性结膜炎　是临床上最常见的病型，表现为结膜潮红、肿胀、充血，流浆液、黏液或黏液脓性分泌物。一般可分为急性和慢性两种。本病常继发于发全身疾病，特别在传染病的经过中经常两眼同时发生。重症者，眼睑肿胀、畏光、充血明显，炎症可波及球结膜。

慢性型常由急性型转来，症状往往不明显，畏光很轻或见不到。充血轻微，结膜呈暗红色、黄红色或黄色。经久病例，结膜变厚呈丝绒状，有少量分泌物。

2. 化脓性结膜炎　一般为感染化脓菌所引起。幼龄犬、猫在没有睁眼之前会发生化脓性眼炎。生理状态下结膜囊内有非致病菌存在，在结膜囊的正常状态被破坏时，可发生化脓性结膜炎。化脓性结膜炎的经过中，可能为急性型或慢性型。一般症状都较重，常由眼内流出多量脓性分泌物，时间越久越浓，因而上、下眼睑常粘在一起。眼睑上皮柔软，大部分被毛脱落，急性经过时，被毛脱落特别显著。白细胞聚集于结膜组织，最后形成糜烂及溃疡。化脓性结膜炎常波及角膜而形成溃疡，且常具有传染性。诊断时应当与继发性角膜炎、传染性及非传染性角膜结膜炎相区别。

3. 蜂窝织炎性结膜炎（实质性结膜炎）　蜂窝织炎性结膜炎，无论在结膜或结膜下蜂窝组织都呈典型经过。本病的发生经常由化脓性结膜炎所引起，一般发生在化脓性结膜炎之前或者同时发生。许多传染病经过中具有本病的症状，炎症亦能转移至眼的邻近部位而发生眼眶蜂窝织炎。

这种类型的结膜炎没有显著的病理变化，但结膜及皮下组织肿胀达到很大面积时，病情会波及两侧眼睑。眼睑及结膜肥厚、肿胀、疼痛。初期结膜潮红，以后由于淤血呈暗红色。露出的结膜表面紧张，干燥而有光泽，压迫该部位则易出血，有擦伤及撕裂伤。以后结膜被覆大量黏液性化脓性分泌物，结膜表层可能有坏死，有时干燥，形成暗黄色、坚实的痂皮，除去痂皮时，实质会大量出血。

轻度病例 24h 内即可治愈。但在重剧时可能发生各种继发感染，最终结膜大部分坏死，而形成广大的瘢痕。

本病容易与眼球后蜂窝织炎、眼眶结缔组织淤血及泪腺炎混淆。蜂窝织炎性结膜炎会沿着眼部广泛蔓延，而眼睑蜂窝织炎为局限性。眼睑血肿时仅呈现轻微的炎症表现，并且逐渐消失，一会儿又呈现，结膜呈暗红色。脓肿时，肿胀经常波及一侧眼睑，而且结膜没有外翻表现。化脓性泪腺炎，常常伴发上眼睑肿胀，最后形成溃疡。

4. 滤泡性结膜炎　滤泡性结膜炎为慢性、非传染性的淋巴性滤泡炎，主要表现在第三眼睑内面。滤泡性结膜炎在犬、猫常见，多因病毒感染引起，也可能是由于各种刺激引起，如灰尘、烟等。猫滤泡性结膜炎也见于衣原体感染。犬在发生犬瘟热后常发生结膜淋巴性滤泡炎，可能是自身免疫功能异常所致。

淋巴滤泡特别显著的聚积在第三眼睑的内面，犬常见有轻度的肿胀，结膜发生炎症，显著充血，白细胞渗出。滤泡的数目及大小可随年龄不同而发生变化，并且蔓延至巩膜上的结膜皱襞，很少沿着第三眼睑蔓延，眼睑呈现的结节到最后类似局部的肉芽组织。组织学检查时，结膜淋巴滤泡完全是正常的。

初期症状非常轻微，仅表现为泪液分泌增加，泪痕加重。之后出现球结膜充血、水肿，并有浆液黏液性分泌物，几天后其分泌物变为黏液脓性。严重者会摩擦角膜引发角膜炎（角膜水肿及新生血管）。猫滤泡性结膜炎发病急，但 2～3 周后则可康复，不过，也有转为慢性或严重结膜炎的病例，有的甚至发生睑球粘连。

5. 纤维素性结膜炎　纤维素性结膜炎的特征是形成或多或少的纤维素性薄膜，被覆于整个或一部分结膜，该处可呈现坏死的病程。发生格鲁布性结膜炎时，纤维素性薄膜比较薄，结膜上皮有坏死的情形。当坏死变化蔓延至深部时，则侵害结膜的实质，并形成很厚的膜，成为白喉性炎症的症状。

6. 衣原体性结膜炎　发病后在结膜炎性肿胀部呈现小的颗粒状。病情能蔓延至角膜引起角膜炎。一般经过 3～10d 而治愈。

【临床检查】眼部常规检查要从眼睛周围被毛状态开始，注意因为结膜炎的异物感导致宠物自我损伤而继发眼睛周围组织的损伤，具体的严重程度取决于损伤的范围及大小、深度和炎症经过的性质。小的创伤如无其他继发感染或其他组织的损伤，不给予任何治疗也可能愈合，但较大及深在性创伤，可继发实质性化脓性眼结膜炎。一般的检查需要由远及近依次观察，近距离翻开眼睑后可以普通光源或具有放大作用的光源（如裂隙灯）进行观察，放大光源的好处是可以检查到微细的刺激物及结膜上细小的疱疹等。

【治疗】去除病因。当怀疑有异物存在时，必须仔细检查眼结膜囊及第三眼睑。应充分翻开结膜囊，给予镇静或局部麻醉后拉出第三眼睑。冲洗是非常有必要的，可使用专业的眼科冲洗针头用生理盐水冲洗。

急性结膜炎，应每天使用宠物专用的洗眼液清洗眼睛，可以适当进行热敷。同时使用抗感染和类固醇类的滴眼液进行治疗，感染严重者要根据情况增加点眼治疗的频次。

严重的炎症可能造成结膜严重水肿，甚至发生结膜粘连及继发性角膜损伤，要及时治疗。可使用氢化可的松、地塞米松磷酸钠注射液等进行眼睑皮下注射，上下眼睑皮下各注射 0.5～1mL。

怀疑为病毒感染时，要进行眼部采样进行化验。犬、猫眼部易感的病毒主要为疱疹病毒，治疗可使用抗病毒眼药水，配合使用犬、猫专用干扰素以增加疗效。病毒感染多导致滤泡性结膜炎，建议用外科方法去除第三眼睑的滤泡，并以生理盐水洗涤。术后按照常规进行治疗。

化脓性结膜炎或怀疑眼线虫感染者，必须仔细检查结膜囊内特别是第三眼睑后面有无异物或眼线虫，取出异物后进行冲洗和抗感染治疗，如果有眼线虫还要同时进行全身驱虫治疗。

三、结膜翳

【病因及症状】结膜翳是在角膜靠近球结膜部位间隙形成的三角皱襞。其主要发生在眼内眦，逐渐形成皱襞，表层向角膜生长，最后在结膜缘愈着。在翳生长的同时，大量血管增生；当生长停止时，翳则变为淡白色而发光。当翳蔓延至角膜深部引起变化时，不能认为它是角膜上结膜机能性生长的结果。

在翳发生之前，角膜的前弹力层被破坏，使表层上皮脱落。因此，结膜向角膜表层生长，致上皮下的瘢痕与翳延至结膜。在翳形成后，可能完全停止生长。但在某些情况下，由于翳的增生，使瞳孔闭锁。

本病有真性翳及假性翳之分。假性翳发生于角膜瘢痕溃疡缘，而且经常在结膜发生。

【治疗】发生真性翳时，可用镊子夹住角膜缘，轻轻提举并且用小刀或眼科剪切开或剪开角膜，然后剥离，再在角膜组织瘢痕处用刮匙除去或以硝酸银棒反复腐蚀，直至增生或瘢痕呈现缺损时为止。发生假性翳时，可沿着眼结膜皱襞至角膜处切除之。

四、结膜肿瘤

结膜肿瘤案例

结膜常常发生良性肿瘤及恶性肿瘤。良性的有囊肿和良性肿瘤，包括上皮瘤、乳头瘤、脂肪瘤、纤维瘤、血管瘤、腺瘤、结膜囊肿。恶性肿瘤有恶性黑色素瘤、上皮癌等。

（一）结膜囊肿

结膜皮样囊肿为一种先天性结膜疾病，又称皮肤脂瘤，具有皮样构造，如表皮、真皮、脂肪、皮脂腺及毛囊等。

【症状】皮样囊肿呈浅棕黄色或棕色到黑色，大小不等，可经角膜缘向角膜伸展，有时累及眼睑及眼眶。皮样囊肿增大不常见。小的囊肿对眼无妨碍，一般不易被发现。大的囊肿，尤其长出被毛时，则会刺激角膜，引起睑痉挛和溢泪。先天性角膜缘囊肿有时较大，以至生长于角膜上。

非外伤性结膜囊肿可发生在结膜任何部位，大小不等，病因难以区分。上皮长入性囊肿，常因慢性炎症促使上皮朝内生长，中央的上皮细胞变性而形成。

外伤性结膜囊肿多为上皮植入性囊肿，上皮长入黏膜下增殖，中央变性而呈空腔，腔中含有清澈透明的液体。附近多少有些炎症反应。

腺潴留性囊肿常为小型囊肿，在慢性炎症时腺管被附近浸润或瘢痕压迫而阻塞，腺体黏液性分泌物积聚，故囊肿内含黏液、浆液及上皮碎片。此种囊肿在上睑以富有弹性的包块出现，大者可引起机械性睑下垂，可以凸出于上睑结膜或上穹隆。

淋巴囊肿发生在球结膜，与淋巴管扩张及淋巴管瘤无法区别。扩张的淋巴管不能排空，故形成囊肿，其中充以透明液体，囊腔壁围有内皮细胞。小囊肿可部分融合，不会成为大囊肿。

【治疗】小的囊肿未引起眼的损害可不予治疗。大的囊肿需手术切除。仅结膜皮样肿，可连同结膜及结膜下组织一并切除。切除后，分离缺损的周围结膜，使其松动，再用3-0～7-0缝线将其闭合。如累及角膜，先做结膜切除，并经巩膜外间隙越过角膜缘，施行浅层角膜切除术。

（二）结膜上皮肿瘤

上皮瘤是由上皮所形成，各种动物均可发生，特别是犬最常发生。上皮瘤不仅在结膜生长，在角膜亦有发生，并且引起严重的视力障碍。上皮瘤可单独发生或数个同时发生于一眼或两眼的。

【症状】症状因部位不同而不同。睑缘上皮瘤位于睑缘或睑板部，结膜上皮瘤发生于结膜穹隆部或眼球睑结膜，角膜上皮瘤生长在巩膜及角膜境界部或在角膜上，但是很少发生，第三眼睑上皮瘤间或发生。犬的上皮瘤有的发生在眼结膜下，有绿豆大，表面光滑，呈黄白色。经常为混合性上皮瘤（在角膜及结膜上）。上皮瘤主要生长在眼外眦，眼内眦间或有发生。

其预后取决于上皮瘤生长的位置、程度及手术去除是否完全。角膜上皮瘤比其他型预后不良。当上皮瘤生长完全时，经常引起角膜炎及眼结膜炎，并可形成兔眼症。

【治疗】以手术疗法为主。动物确实保定，在全身麻醉或局部麻醉下施行手术。用镊子固定睑缘上皮瘤，并沿睑缘将其切除。切除时，先以眼睑开张器开张眼睑，再用镊子固定眼球。结膜上皮瘤应用外科刀或外科剪切除。角膜上皮瘤用外科刀切除时，应特别谨慎，必须注意角膜组织。在角膜表面常常遗留很少的上皮瘤组织，可应用硝酸银棒腐蚀后，用1％氯化钠液洗涤。该部位多数遗留各种不同程度的瘢痕。当第三眼睑发生上皮瘤时，可以用上法除去。

（三）乳头状瘤

乳头状瘤生长迅速，在几个月内即可长成明显的肿瘤。从病原角度可分成病毒性及肿瘤性两种，但二者在组织学上无法区分。典型的乳头状瘤呈粉红色，软而有蒂，表面呈桑葚状，有很多小突起。常发生于眼内眦近泪阜及半月皱襞处。也有的见于角膜缘，有向角膜上生长的倾向。乳头状瘤为良性，但可能恶化成为上皮癌。

（四）腺瘤

结膜的腺瘤少见。为较软、粉红色的肿块。有时有蒂，有形成囊肿的倾向，一般为良性。

（五）上皮癌

上皮癌好发于睑缘、泪阜及角膜缘，一般在两种上皮的移行部分是上皮癌的好发部位。发生在角膜缘的，开始有一片灰色斑片，犹如疱疹，不久即成杏仁状，突起，血管丰富，表面呈乳头状，但基底有粘连而固定。稳定一个时期后，生长即较迅速，并突出呈菌状，表面有溃疡。生长到角膜以后可并发虹膜炎及角膜溃疡。肿瘤可经淋巴系统转移到耳前及下颌淋巴结。

（六）血管瘤

血管瘤可发生在球结膜或睑结膜，有先天性因素。血管瘤有丛状、毛细血管性及海绵状三种。丛状血管瘤及毛细血管瘤是不隆起的毛细血管扩张。海绵状血管瘤呈青紫色，为圆形肿块，富有弹性。三种血管瘤均有共同特点，即在血管瘤上加压，血液可被排空，诊断容易。血管瘤有生长倾向。

（七）淋巴管瘤

结膜淋巴管瘤较少见，有先天性因素，常逐渐缓慢增大。淋巴管瘤为单个或分叶状扁平的小泡，呈现淋巴管的弯曲状态，犹似一串葡萄。壁呈半透明，用裂隙灯可见囊腔中透明的液体。邻近结膜有持续性或间歇性充血。小的淋巴管瘤只有几毫米宽，大的可侵及眼睑及眼眶，肿瘤可突出于眼裂。淋巴管瘤与淋巴管扩张从形态上难以区分，但前者自幼即有，逐渐长大，而后者为后天性，一般不会发展。

（八）色素性肿瘤

结膜的色素性肿瘤包括痣及恶性黑色素瘤。痣是一种有胚胎基因的肿瘤，与生俱有或在幼年以后显现出来。多数是含有色素的，约有30％不含色素。可发生在结膜的任何部位。大小不定。含有色素的痣极易诊断，但有些小的痣会被误认为异物，在辨认不清时可用裂隙灯检查。色素痣由小色素颗粒组成，与异物不同。不含色素的痣易漏诊。痣在动物成长期也有生长倾向，有些痣细胞虽未生长，但由于不可见的前黑色素变成可见的黑色素而显得色素增加。有时痣细胞自发性坏死，黑色素也会变成不可见的前黑色素，痣终而缩小或消失。

痣如增长迅速，则有转化为恶性黑色素瘤的可能。恶性者在半年内可长至花生米大，应进行病理检查以证实诊断。刺激或不完整的切除手术均可促使其恶化。表面有溃烂或易于出血均为恶性的征兆，应注意。

五、结膜囊干酪样物沉积

本病犬、猫少见，多见于爬行动物的龟、鳖类。龟、鳖类由于其长期生活在水中，其眼较小，具有眼睑、瞬膜和泪腺，且具有冬眠与夏眠的习性。冬眠期可长达5个月左右。由于经常接触水中的杂质、水底的泥沙、腐殖质及各种水中的病原体，眼睑、瞬膜及结膜易于发生炎症，杂质及炎性渗出物易于沉积于结膜囊中。在长期的冬眠中沉积物越积越多，甚至占满整个结膜囊以至眼窝。检查可见，眼窝鼓起，瞬膜盖住眼窝，眼球多被挤向眼内眦上方或侧方。翻开瞬膜可见结膜囊内充满白色干酪样沉积物。也有的在眼窝后方与中耳的鼓膜之间鼓起囊状肿块。

翻开瞬膜，用小眼科镊或小刮匙逐渐清除干酪样沉积物。清除中尽量不损伤眼结膜、瞬膜及眼球，然后用生理盐水清洗结膜囊。一般沉积物清理干净后眼球即可恢复到正常位置，用抗生素眼药水连续滴眼2~3d，每日3~4次。

如为眼窝后方鼓起干酪样囊肿，可以刀尖挑开肿胀处，再清除干净干酪样沉积物。以生理盐水冲洗干净，再同样以抗生素眼药水滴眼。

六、结膜变性

1. 结膜黄斑　又名睑裂斑，这是结膜本质的原发性疾病。病理学检查结膜有透明样变性及弹力组织增生，是一种良性病变。它是在稍微隆起的灰白色基础上出现一个三角形或几个不规则形状的淡黄色斑块（约2mm）。三角形基底朝向角膜缘，其上无血管组织，故结膜充血时黄斑格外明显。结膜黄斑常发生在睑裂部的角膜缘附近，一般不发展。近角膜缘处特别肥厚者可能发展为翼状胬肉。

2. 翼状胬肉　翼状胬肉是一种由结膜侵犯到角膜的结膜变性及增生，局部表层巩膜也有变性。原因不明。

病变在起始时不受人注意，往往在不知不觉中发生，有时早期似乎为肥厚的结膜黄斑。病初，病变部位多在鼻侧角膜缘，颞侧较为少见。早期在发病部位角膜缘前弹性层上有灰色混浊，结膜向该处角膜缘牵引，并略有皱褶。以后变性组织侵入角膜，呈三角形，其尖端为钝圆形，与角膜粘连较紧，向眦部逐渐变宽，状如昆虫翅膀，故有翼状之称。角膜缘部称为颈部，巩膜部称为体部。颈部及体部与表层角膜粘连疏松。发作期胬肉头端前方的角膜有一明显的混浊带并可有浸润，胬肉肥厚部血管丰富。静止期胬肉头端平坦，体部菲薄而血管少。但胬肉一旦形成不会自行消退。

翼状胬肉往往逐渐向角膜中央发展，病程可能较长。发作期胬肉生长速度快，静止性胬肉相对生长缓慢。若鼻侧及颞侧同时发病，各自向角膜中央生长，而后两胬肉在角膜中央会合。翼状胬肉在角膜缘附近不影响视力，待长至瞳孔附近，将角膜弯曲度变成扁平，可造成散光。若侵入瞳孔则视力发生明显障碍，巨大的胬肉或经手术后复发的，可因眼球外展受限而发生复视。

有时翼状胬肉上出现直径为几毫米的小囊肿，呈明显球状隆起。光学切面检查时上皮层可透光，上皮下为半透明液体。此种变性形成的囊肿是因许多杯状细胞陷入，以及在体部的柱状细胞以管状形式向下生长所致。

最好的治疗办法是外科手术切除。采用有效的局部麻醉药麻醉该部位组织。用镊子夹住角膜上的组织，在齐角膜处切除之。所做的翼状胬肉的三角形切口是顶端向着内眦，结膜边缘下挖除一些，边缘加以缝合。翼状胬肉过于肥大、充血者，可以做翼状胬肉切除联合游离结膜瓣移植手术。操作方法为：用有齿镊夹持翼状胬肉的头部，使用手术刀切开并分离角膜基质层，将角膜基质层和胬肉一起分离至角膜巩膜缘。然后沿胬肉体部两侧剪开球结膜。分离结膜至巩膜层的胬肉根部，将分离的胬肉从根部切除。体积小的胬肉球结膜缺失面积小，直接牵拉缺损结膜周边缝合即可；缺损面积太大者，可以取颞上方的球结膜（移植的结膜瓣不能带有球筋膜），将结膜瓣缝合至缺损处即可。注意，移植的结膜瓣需要距离角膜巩膜缘2～3mm，缝合于浅层巩膜（图 2-4-1）。取结膜瓣留下的创面会自行修复。

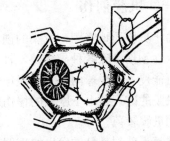

图 2-4-1　翼状胬肉切除联合游离结膜瓣移植手术

👥 任务反思 >>>

结膜炎的原因和临床治疗思路是什么？

任务五　巩膜疾病诊疗技术

⭐ 任务目标 >>>

理解巩膜炎的发生机制，掌握巩膜炎的特征及治疗原则。

⭐ 任务准备 >>>

巩膜的临床检查

充分打开眼裂后才能检查整个巩膜，必须注意巩膜的颜色及血管的分布。除局部病变外，眼球深部的炎症，特别是睫状体的炎症（巩膜血管与睫状体血管具有直接的联系）也伴发巩膜充血。

贫血、休克、病危时巩膜苍白。黄疸时巩膜黄染较为明显。

在角膜缘外的巩膜有睫状前血管呈环状围绕，正常时血管细而不易查见。当角膜或眼内有炎症时，巩膜表面血管呈充血状态，说明眼球深部组织发炎，常为角膜的炎症或脉络膜炎、睫状体炎等。在眼球有外伤时应注意巩膜上有无异物嵌顿或巩膜破裂、创伤。

眼球外部血管的炎性充血有不同种类。在巩膜表层的血管扩张时，血管怒张明显，呈鲜红色弯曲的小管状。球结膜在结膜穹隆处反转于睑结膜时，巩膜表层血管并无随之反转延伸。因为通过这里的血管是前睫状动脉的延长部，与脉络膜相联系，因此同时伴发角膜新生血管。

任务实施 >>>

一、巩膜创伤

由于巩膜质地坚固，巩膜的创伤多见局部出血，很少发生破裂。巩膜外伤分为表面创伤和侵入性创伤。除各种异物外，骨折特别是眼眶骨折易引起巩膜外伤。侵入性创伤危险性较大，可能侵入到眼球内部（全眼球炎），引起玻璃体流出，虹膜或晶状体脱出。

巩膜的破裂是由于剧烈的挫伤所致。巩膜破裂时常位于赤道部分和边缘区域，因为这些部位的巩膜较薄。

结膜下破裂是最常发生的病例。结膜是极富弹性的组织，不易破裂。眼内容物可能通过破裂口而脱出至结膜下（虹膜、睫状体、晶状体和玻璃体）。

【症状】强烈畏光，创伤周围的结膜充血，且往往被血液浸透，巩膜也是如此。在损伤巩膜的前部时，血液可能积于前眼房内。在穿透性创伤时，往往会导致眼内结构如脉络膜等的损伤，若眼内容物脱出，会表现为眼球软塌甚至体积减小。破裂部位的边缘一般不整齐。

【预后】巩膜表面的创伤，预后良好。结膜破裂而不伴发内部脱出和大量溢血时，预后仍可能是良好的。在移位脱出和发生感染时，预后不良。

【治疗】巩膜创伤导致出血的病例，需要止血，同时限制运动，可适当使用类固醇或非类固醇类药物。巩膜破裂时，要及时清理伤口，除缝合伤口外，可能需要缝合眼睑，然后使用抗生素结合类固醇类药物治疗，限制运动。若有虹膜、玻璃体脱出、晶状体脱位者，眼内感染的概率高，需要进行球结膜下注射及全身类固醇治疗，眼球严重塌陷变形者建议摘除眼球。

二、巩膜炎

巩膜炎案例

巩膜没有上皮结构，通常表层巩膜指的是富含血管的巩膜的表层。据此，巩膜的炎症分为表层巩膜炎和深在性巩膜炎（简称巩膜炎）。按照病因，可分为原发性和继发性。由于巩膜位置深，在结膜下方，结构坚韧并缺少血管，因而原发性炎症不常发生。原发性表层巩膜炎可进一步划分为单纯性炎症和结节性肉芽肿性。

【症状】

1. 表层巩膜炎 单纯表层巩膜炎发生原因不清，呈亚急性和慢性经过，但通常与全身性疾病无直接关系，临床表现为血管的充血和弥漫性增厚。有些巩膜炎为局限性，呈圆形突起。巩膜充血时，血管粗大无分支，与结膜血管充血及睫状充血明显不同（图2-5-1）。结节性肉芽肿性巩膜炎常呈异常混浊并有增生性肿胀，甚至从角巩膜缘"推挤"角膜，因此又称为结节性筋膜炎、纤维性组织细胞瘤、增生性角膜结膜炎、角巩膜缘肉芽肿、伪肿瘤等。巩膜上出现单个或多个增生或肿胀的结节，因为浸润角膜基质从而导致角膜变形和眼压升高。因为强烈的畏光、炎症和疼痛，角膜周围血管和角膜上部血管充血。结膜也呈不同程度的炎症。易感品种有柯利犬系、可卡犬、喜乐蒂牧羊犬等。

2. 深在性巩膜炎 角巩膜缘向外围扩散处表现充血和肉芽肿。犬、猫有明显的眼部特

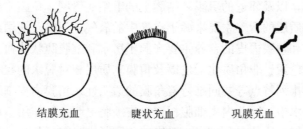

结膜充血　　　睫状充血　　　巩膜充血

图 2-5-1　结膜、巩膜和睫状充血示意

征，疼痛、畏光、流泪，可继发性角膜炎、结膜炎，甚至葡萄膜炎，有些严重病例炎症波及后方巩膜而导致视网膜炎、青光眼。

【病理特点】肉芽肿性的巩膜炎病理组织学分为坏死性和非坏死性，其中非坏死性肉芽肿病变显示为慢性肉芽肿性炎性病变，有血管炎，炎性细胞有淋巴细胞、浆细胞及组织细胞，同时淋巴细胞和浆细胞在血管周围聚集。坏死性非常罕见，缺乏临床资料。

【预后】患一般性巩膜炎时，预后良好，患肉芽肿性增生性炎症时预后不良。

【治疗】一般的巩膜炎抗炎治疗效果好，恢复快。但是结节性肉芽肿性巩膜炎需要较长时间恢复。多使用类固醇类药物点眼治疗，同时配合球结膜下注射地塞米松或曲安奈德，每次注射量 0.1～0.3mL。曲安奈德球结膜下注射可能会造成白色粉末残留或肉芽肿。

全身使用类固醇治疗严重的肉芽肿性巩膜炎，可以采用环孢素或硫唑嘌呤。环孢素有眼部滴剂或眼膏，也可以口服给药，口服建议剂量为每千克体重 5mg。硫唑嘌呤只能全身给药，以每千克体重 1.5～2mg 为初始剂量，依症状减轻程度逐渐减量。但是使用过程中要注意定期检查血常规、肝肾功能，以提前预知可能的肝毒性和骨髓抑制等副作用，个别犬、猫会有呕吐、腹泻等副作用，可以酌情减量或用药物进行对症治疗和控制。

任务反思 >>>

巩膜炎的特征有哪些？临床预后如何？

任务六　角膜疾病诊疗技术

任务目标 >>>

1. 掌握角膜疾病的病因和临床特点，在充分了解角膜解剖生理特点的基础上，掌握角膜疾病的治疗方法。

2. 掌握角膜显微外科手术的操作技巧。

任务准备 >>>

一、角膜生理

角膜是无血管的结构，因此其养分的获得、代谢废物的排除需要通过特殊的途径，包括房水、前泪膜、空气，以及邻近的巩膜和结膜上的毛细血管网。角膜主要从房水中获得葡萄糖。角膜上皮及前基质层的营养主要来源于空气中的氧气、泪膜及浅层结膜和睫状体血液循环，角膜深层基质层和角膜内皮的营养主要来源于房水和虹膜睫状体血液循环。角膜缺乏血管和淋巴管，角膜无色素、非角质化上皮以及角膜基质层相对脱水的状态，角膜基质层胶原纤维层的特有形状和排列特点等共同维持着角膜的透明性。角膜内皮细胞以耗能运输方式将基质中的水分泵入房水中，因此内皮细胞相比上皮细胞更起主导作用。此外，泪液的蒸发和渗透梯度促进角膜浅层基质的水分排出，对维持角膜脱水状态也起到了作用。

角膜的主要功能是折射光线，所以保持角膜的透明度是在角膜疾病修复过程中最重要的目的。而角膜的解剖特点和新陈代谢决定了其抵抗损伤的能力和修复的速度。当然，不同品种动物的角膜损伤和愈合能力也是不同的。马的角膜反应最严重且愈合得最慢，牛和羊的角膜反应弱但是愈合很快。

角膜的神经末梢在角膜表面分布密度最高，主要集中分布在角膜前基质层和角膜上皮层，所以浅层角膜溃疡较深层角膜溃疡疼痛更明显，且角膜中央区敏感度高于角膜边缘区。分布于角膜的感觉神经纤维发出分支并在上皮下形成神经丛，可释放多种神经递质（如儿茶酚胺、乙酰胆碱等）。绝大部分角膜疾病如角膜溃疡、角膜异物、角膜炎都会引起疼痛、眼睑痉挛。角膜敏感性大约是结膜的 100 倍。

角膜上皮层是防止微生物和有毒物质进入眼内的主要屏障，易受损。受损后易暴露角膜基质层。由于基质层有亲水特性，暴露的角膜基质能"结合"水溶性荧光染料而被着色，临床常用水溶性的荧光素钠染色液进行角膜染色，从而诊断角膜溃疡。当严重的角膜溃疡导致角膜基质完全缺失时会暴露角膜后弹力层，后弹力层为亲脂性组织，不会被荧光素染色。后弹力层的弹性是有限的，随着眼内压力的增大，可出现后弹力层膨出，最终破裂而引发角膜穿孔。因为多数动物的内皮细胞不具有再生能力，只能通过细胞的扩大及移行来填补缺损区域。故角膜穿孔后很难自行完全痊愈。角膜内皮自身可由于外伤、遗传因素、眼内手术、眼内炎症等原因造成永久性损伤。当眼内的损伤超过了周围细胞的代偿能力，会引起角膜内皮失代偿，导致角膜内皮持续水肿和失去透明度。

角膜病的分类是比较困难的，其原因很多，临床表现既具有相似性，又有差别，但是角膜疾病的病理变化和损伤修复过程的基本机制是相同的。

二、角膜病理

角膜的解剖结构相对简单，因此任何刺激引起角膜的病理反应都特别迅速。由于角膜是透明的，所以即使很小的病变如异物沉积、水肿、瘢痕在角膜上都会很明显。临床上常见的角膜病理变化主要表现为角膜水肿、色素沉着、角膜新生血管、角膜瘢痕化、角膜异常物质沉着。

1. 角膜水肿　正常角膜为相对脱水的状态，角膜的上皮层和内皮层是防止水分进入角膜的重要结构，通过调节电解质来阻止房水进入角膜基质层。角膜上皮可以阻止泪液中的水分进入基质。当出现角膜溃疡时，角膜上皮可以从泪液中吸收水分造成水肿。角膜内皮对于水肿的调控作用大于角膜上皮的调控作用，因此角膜内皮损伤后造成的角膜水肿更为严重。内皮或上皮细胞缺损后，水分进入基质中，引起角膜水肿。角膜基质也会因为角膜溃疡损伤上皮后出现角膜水肿，直到上皮生长良好后才会逐渐恢复。角膜水肿时角膜表现为蓝白色外观，边界不清。

角膜内皮细胞损伤引起的角膜水肿常很严重，面积较大。因为角膜内皮几乎没有再生的能力，所以动物进入老龄阶段后会有生理性内皮细胞缺失，但不会导致角膜水肿。当角膜内皮细胞迅速减少就会表现出角膜水肿的症状，如角膜内皮失养症、青光眼、晶状体脱位、葡萄膜炎等。角膜内皮细胞的变性变化也可由眼内的疾病造成，例如：前葡萄膜炎或青光眼、药物中毒或遗传性内皮失养症。遗传性内皮失养症主要发生在波士顿梗、吉娃娃犬、腊肠犬、史宾格犬、迷你贵宾犬等犬种。角膜水肿需根据不同的病因来进行治疗。随着角膜溃疡或角膜炎的缓解，角膜可逐渐恢复清澈，但是角膜瘢痕可能会导致一些永久性的混浊。在内皮失养症的患病动物可局部使用氯化钠眼膏，虽然可以暂时缓解水肿，但是因为内皮细胞无法修复及被替代，所以预后不良。只要内皮细胞功能没有过度损伤，无论何种原因引起的角膜水肿，尽早找到潜在的病因，都有恢复角膜透明性的可能。

2. 色素沉着 角膜色素沉积是由慢性角膜炎症或刺激引起的，又称为色素沉着性角膜炎。色素沉着性角膜炎常见于短头品种犬，如京巴犬、斗牛犬。短头犬种常因兔眼症或倒睫使得角膜和面褶部位的毛发相接触，促使角膜色素沉着。其他刺激包括眼部结构性刺激（眼睑内翻、双排睫、倒睫、鼻面褶等）、角膜过度暴露（暴露性角膜炎、面神经麻痹）、泪液缺少、慢性免疫介导性疾病等。由于病因不同治疗方法也有差异。在除去刺激原因后，症状会被控制或改善。色素一般位于角膜上皮，但也可能沉积在基质层中。角膜上皮的黑色素由上皮基底细胞产生，基质层色素常由角巩膜缘和黑色素细胞产生。浅表的色素沉着可能伴随少量血管浸润。色素沉着不能自愈，在一些动物可能发展迅速需要用药物控制。治疗的方法主要是尽早去除刺激因素，如进行眼睑内翻矫正术、人工泪液点眼、面褶切除术等。

在临床上发现角膜色素沉着时需要进行详细检查，至少要包括泪液测试、评估眼睑反射、荧光素染色、检查异常睫毛、检查异常眼睑、角膜细胞学检查。

3. 角膜新生血管 角膜新生血管是一种常见的病理变化，很多疾病可以造成角膜新生血管，如创伤、感染、眼睑异常、免疫性疾病和原发性邻近角膜的疾病（如前葡萄膜炎、巩膜炎、青光眼等）。正常的角膜是无血管的，但当角膜基质中有新生血管时，说明角膜出现损伤。在角膜基质愈合过程中新生血管起到了重要作用。角膜的新生血管可以出现在角膜浅层、深层或全层。判别浅层血管还是深层血管有助于了解疾病发生原因。角膜浅层的血管主要发生在角膜上皮层和基质前部，多呈树枝状，血管起源于结膜血管，越过角巩膜缘，逐渐分支进入角膜上皮或浅层基质。角膜深层的血管呈刷状，短而直，分支少，颜色深。这些血管从角巩膜下发出，常突出于角巩膜缘的巩膜处，这类血管出现是由于眼内疾病引起的。血管的深浅能够反映病变的严重程度，血管越深说明病变部位越深。在角膜修复过程中，新生血管有助于角膜基质的修复。尽管新生血管会将炎性细胞和黑色素带入病变部位，但相比其对基质的修复作用，保留新生血管是很重要的。因此在角膜基质修复过程中，不应使用抑制新生血管的糖皮质激素类眼药。当角膜有血管浸润同时伴有炎症时，可能会伴发角膜溃疡。此时应使用荧光素检查角膜完整性。

4. 角膜瘢痕化 角膜创伤修复过程中，巨噬细胞和成纤维细胞浸润，同时新生的胶原纤维排列不规则，干扰了光线的透照，于是在角膜上形成了灰白色的瘢痕。多数瘢痕会随时间推移而减轻，但不一定会消除。幼年动物的角膜瘢痕化不明显，老年动物的瘢痕化可能较严重。犬在瘢痕化区域常伴有黑色素沉着以及脂质变性。角膜损伤越深，之后的瘢痕就越明显。

5. 角膜异常物质沉着　角膜脂质沉积和矿物质沉积在临床上都表现为发光发白的区域，沉积中经常有胆固醇或钙质的混合。沉积可发生在角膜全层，但多数脂质沉积只发生在上皮下，因此荧光染色不着色。角膜脂质沉积是角膜脂肪代谢异常的表现，可能是由角膜营养不良或脂肪变性所致，或伴发于高脂血症。角膜脂质沉积若为原发性，则多表现为双眼同时发生，无痛感。病灶大小可能会慢慢改变，但通常不影响视力，也不需要治疗。一些犬种发生过此病，某些还有家族遗传倾向。继发性角膜脂质沉积，有些是原发性角巩膜疾病造成脂质从血管中漏出所致，也可伴发于角膜炎、巩膜炎、肿瘤等。脂质沉积的外观大小变化不定。有时这些沉积的脂质会侵蚀角膜上皮细胞从而引起角膜溃疡和眼部疼痛。炎性反应导致角膜脂质变性则多为单眼，同时伴有新生血管、水肿、色素沉着等。角膜脂质沉积多数需要很长时间才能恢复，如果病变面积过大影响视力或造成动物不适，则应考虑角膜板层切除术。

三、角膜修复

角膜的四层结构生物学特点不同，其新陈代谢速度和损伤修复能力也不同。

1. 上皮损伤的修复　上皮的缺损通过上皮的移行和增殖来修复。受损后几分钟，角巩膜缘上皮细胞就开始向病变区域移行并覆盖病变部分，移行的同时会将角巩膜缘的色素带到透明区域，因此之后可能会出现色素沉积。之后，通过细胞增殖使其恢复原有的厚度。全部角膜的上皮化在 4～7d 内完成，但达到正常厚度和完全成熟则需要一段时间。

2. 基质损伤的修复　基质的愈合速度比上皮愈合速度要慢得多。上皮会移行到基质缺损处，浅表损伤由周围上皮细胞填充即可修复。深层损伤需要基质胶原的填充。新生成的胶原纤维不如创伤前那样排列有序，因此可能出现角膜不透明或者瘢痕组织形成。若损伤严重或愈合时间长，角膜会发生血管化。血管生长按照每天 1mm 的速度向角膜病变区域生长。在角膜损伤愈合过程中，上皮细胞、炎性细胞或角膜微生物会释放胶原酶，它是在角膜愈合中一种很重要的酶类。糖皮质激素能够使胶原酶活性提高 14 倍以上，因此禁用于角膜溃疡。

犬的角膜损伤后很快就会血管化，即角膜的血管化愈合。这样可能会加快角膜的愈合进程，但同时也可能会增加了角膜瘢痕化。猫的血管化倾向相对较低，所以尽管瘢痕小，但愈合的时间相对较长。

角膜基质的新生血管化愈合会导致如下临床表现：

（1）炎性浸润。来自泪液、房水和角巩膜缘的血管中释放的中性粒细胞、巨噬细胞等在趋化作用下会浸润病变部位。角膜受损 48h 后，巨噬细胞移行到病变区域开始清除细胞碎片。

（2）角膜的透明度下降。病变区域的角膜细胞很快死亡，周围的角膜细胞转化为成纤维细胞后向病变部位移行。这种胶原纤维不规律，因此降低了角膜的透明度。

（3）角膜白斑。慢性炎症会导致角膜瘢痕化，角膜痊愈的过程中瘢痕的密度逐渐降低但不会完全消失。品种、年龄、病情等因素都会影响瘢痕的消除时间。

3. 内皮的损伤修复　内皮细胞的增殖能力有限，但它们能够移行。随着年龄的增加，内皮细胞变大但数量减少。角膜后弹力层受损后可以由内皮细胞分泌再生。内皮屏障遭到破坏后，毗邻的内皮细胞会向伤口区迁徙，通过细胞增大和移行重建完整的内皮单层结构。如果内皮细胞损伤较严重，可能会引起异常的基底膜样物质沉积。

四、角膜病的药物治疗

1. 抗感染治疗　感染性角膜病的感染源，通常主要是细菌、病毒、真菌、衣原体等，寄生虫性角膜炎相对少见。

引起角膜感染的细菌包括革兰阳性和革兰阴性菌，代表性细菌为葡萄球菌、链球菌、铜绿假单胞菌和大肠杆菌。所以抗菌药物的选择主要为氟喹诺酮类和氨基糖苷类抗生素。只是对于角膜溃疡病例，几乎无一例外会出现继发性细菌感染，因此长期使用抗生素时，最好在角膜表面取样，根据细胞学和细菌检查结果科学选择抗菌药物，以避免角膜产生耐药性，根据药敏试验结果有时也需要选用头孢类或磺胺类抗细菌药物。轻度感染的病例每天 2～4 次的使用频率即可，如果感染严重推荐提高用药频次，有时根据需要会选择 1h 左右用药一次。引起犬、猫角膜炎症的病毒主要是疱疹病毒，另外也有犬瘟热和腺病毒感染的病例，抗病毒药物可选择利巴韦林、阿昔洛韦或更昔洛韦。真菌性角膜病变和寄生虫性损害的治疗可全身使用抗真菌药物和抗寄生虫药物。

2. 抗炎、镇痛治疗　角膜损伤后会导致角膜血管化和角膜水肿，抗炎、镇痛类药物可以对抗角膜水肿及血管化现象，并迅速缓解疼痛。阿托品的使用存在争议，其优点是缓解疼痛、散瞳，减轻睫状痉挛及避免神经反射性葡萄膜炎，缺点是会减少泪液生成，引起眼压上升。局部使用糖皮质激素可以抑制纤维的生成而改善角膜水肿，减少角膜表面色素沉着和新生血管。但糖皮质激素同时会抑制角膜上皮的再生、成纤维细胞的活性以及炎性细胞的浸润，从而可能会加重角膜的感染、延迟角膜的愈合，甚至促进角膜的破坏过程，因此局部使用糖皮质激素需要根据医生对病情的把握才能做出决定。如果考虑使用糖皮质激素，必须以有效控制细菌感染为前提，否则最好确定角膜上皮化已完成，即荧光素钠染色为阴性。

3. 胶原酶抑制剂　细菌繁殖和炎性细胞产生的酶类成分会加速或造成角膜胶原酶的溶解，临床可以选择胶原酶抑制剂进行干预。常用的药物有犬、猫自体血清，乙酰半胱氨酸、EDTA 滴眼液等。另外，四环素类抗生素既具有抗菌作用，又具有一定的抗胶原酶作用。

4. 角膜营养剂　角膜病变后会产生强烈的异物感，同时角膜表面的泪膜无法形成，从而导致角膜的营养来源受到影响。所以，在角膜病的治疗上，常常用到角膜营养剂。简单的治疗选择为各种人工泪液制剂，其中含有玻璃酸钠的药物在促进角膜上皮的附着和再生作用中效果显著。近几年，宠物医师尝试使用人用的各种角膜修复因子类药物进行犬、猫的临床实践，预后良好。

任务实施 >>

一、先天性角膜异常

1. 皮样囊肿　皮样囊肿是指正常组织先天性生长在异常的位置。多为异常的皮肤组织、毛发、肉芽组织和脂肪。皮样囊肿可以发生在角膜、结膜、角巩膜缘等位置。多数皮样囊肿存在毛囊，从毛囊中长出的毛发会对角膜和结膜产生刺激，导致角膜混浊、结膜充血以及大量分泌物。也有很多皮样囊肿并无毛发，但同样因为侵袭角膜而造成眼部不适。皮样囊肿波及的位置或会有色素沉着，使局部呈黑色或褐色的皮肤样组织，幼龄时期即可发现，因此皮样囊肿被认为具有品种遗传性，如圣伯纳犬、腊肠犬、大麦町犬等。皮样囊肿的治疗只能通过手术切除，如果皮样囊肿位于角膜表面则切除后需要对角膜实行结膜瓣遮盖术。

2. 小角膜　先天性小角膜指的是角膜的面积或在整个纤维膜中所占比例相对于正常的眼球偏小。可以通过测量角膜直径与正常一侧的角膜进行对比。这种先天性异常多见于迷你雪纳瑞犬、英国古代牧羊犬、圣伯纳犬、澳大利亚牧羊犬、可卡犬及粗毛柯利犬等。该病可能有遗传性，有可能导致其他眼病。该病无治疗必要，但具有遗传性，患病动物不建议留作种用。有些动物幼年阶段（尤其 3 月龄以内）发生角膜穿孔，穿孔面积大、治疗不及时或治疗不当等，会最终形成小角膜，所以要进行病史调查。

3. 角膜内皮失养症　该病是一种非炎性的角膜疾病。主要因为角膜内皮细胞丢失而导致角膜水肿。角膜水肿加重可能会发展为大疱性角膜炎，最后出现角膜溃疡。该病在拳师犬、腊肠犬、贵宾犬、吉娃娃犬、德国牧羊犬等品种具有遗传性，老年犬还可见非遗传性角膜病变。内皮营养不良可见于中老年犬。局部使用 5％氯化钠眼膏，每日不少于 4 次，可以改善角膜水肿并抑制大疱形成。角膜内皮失养症常发展缓慢，且不可治愈。如果出现溃疡则需要使用抗生素。

4. 先天性浅表地图样角膜失养症　先天性浅表地图样角膜失养症在很多资料认为是 6 周龄之前的发育障碍导致的，在很多犬种都可能会发生，但这种情况多呈暂时性，在眼睑裂区域出现地图样花斑的白色混浊，无疼痛感。幼龄犬约 10 周龄可自行消失，无需治疗。

5. 浅表点状角膜炎　浅表点状角膜炎是指角膜上皮出现的多点状、浅表的圆形缺陷，可能会被荧光素着色。病变部位弥散于角膜表面。该病在腊肠犬、喜乐蒂牧羊犬等品种有家族史，原因可能与泪液中缺少黏液层有关。症状经常反复，有些类似顽固性角膜溃疡。治疗可使用 0.2％环孢素点眼。

二、角膜炎

角膜炎是指因为微生物感染以及寄生虫、外伤、腐蚀、异物、神经刺激等原因导致的炎症反应，以角膜表面新生血管和白细胞浸润为特征。

【病因】角膜炎的致病因素很多，有外源性或内源性、原发性或继发性，详细分类如下：

（1）感染性。细菌（葡萄球菌、链球菌等）、病毒（疱疹病毒、犬传染性肝炎病毒、犬瘟热病毒等）、寄生虫（眼线虫、混睛虫等）、衣原体、真菌等感染所致。

（2）异物刺激。进入眼内的草籽、玻璃碎片等，也包括眼睑内翻、异常的睫毛、变形的 T 形软骨等刺激所致。

（3）神经性。主要是因为三叉神经的异常造成的。

（4）外伤性。碰撞、钝性、锐性、物理性、化学性等伤害。

（5）继发于其他组织的损伤。如泪腺炎症、结膜炎、巩膜炎、面部感染、鼻腔病变、牙齿疾病等。

【症状】因为致病原因不同，临床上角膜炎也有急性与慢性、浅表性与深层性之分。角膜发病后会表现出一些共同特征，如畏光、流泪、眼睑痉挛、疼痛、角膜表面新生血管等，多数病例会发生角膜混浊或角膜水肿。

角膜的新生血管是来自结膜、巩膜的血管。来自结膜的血管常常只涉及角膜的浅层，形态类似树枝状，有明显的血管主干及所延伸的分支。严重的新生血管出现在角膜的深层，血管折光性强，较粗大，分支少，裂隙灯观察血管有很强的立体感（图 2-6-1 和图 2-6-2）。

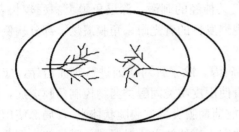

图 2-6-1　浅层的角膜新生血管

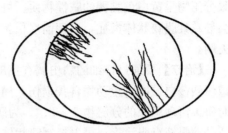

图 2-6-2　深层的角膜新生血管

角膜混浊主要缘于炎性细胞浸润、角膜上皮水肿及角膜表面细胞和分泌物的沉积等。轻度角膜混浊并不影响角膜的透光性，动物尚有较弱的视力，严重的混浊会导致视力丧失，重度感染会导致急性溶解性角膜病变或角膜大疱。

根据角膜病变类型和特征，角膜炎表现为以下几种类型：

（1）浅表性伴随新生血管，如角膜血管翳、色素性角膜炎、肉芽增生性角膜炎、慢性感染性角膜炎、肿瘤。

（2）浅表性无新生血管，如点状角膜炎、角膜变性、瘢痕性角膜炎。

（3）间质性角膜炎。

（4）溃疡性角膜炎。

（5）角膜结膜炎。

角膜炎案例

（一）浅表性角膜炎

浅表性角膜炎一般多发生在角膜上皮层，炎症可能只存在于局部，也可能波及整个角膜。蔓延性的病例，通常从角膜局部开始，如果有动物抓挠等自我损伤，加之炎症引发的角膜水肿，会在几小时之内迅速发展为整个角膜的水肿，之后逐渐形成新生血管，血管的形成速度比角膜水肿的发展速度慢。需要注意的是，角膜表层损伤时，缺损可能不明显，应仔细检查患眼，借助裂隙灯观察浅表性的损伤可见粗糙的角膜表面。使用荧光素染色可以检查角膜是否出现细微的损伤并判定是否造成角膜溃疡。

【治疗】去除病因。怀疑有异物时必须进行全面检查，对于可能损伤眼睛的化学腐蚀性药剂如浴液和体表杀虫剂等，使用眼科专用冲洗针头或留置针的外层套管对眼表及结膜囊进行彻底冲洗。治疗药物选择抗生素滴眼液和角膜营养剂即可。

【预后】浅层性损伤及时合理治疗用药可以达到比较理想的恢复效果，一般愈合良好，愈合后不留瘢痕，即使在感染情况下治疗也有较高的治愈率。

（二）深层角膜炎

深层角膜炎又称为间质性角膜炎，即角膜实质层（角膜基质）炎症。

【症状】患眼表现畏光、流泪、眼睑痉挛、结膜充血等一般症状。临床检查可见角膜上粗大无分支的新生血管，裂隙灯观察可确定血管的位置为角膜基质。猫的深层角膜炎经常可见角膜表面白细胞浸润，同时有化脓的现象，脓性物质类似黏稠的眼分泌物。严重细菌感染的角膜表面呈黄褐色或黄绿色。有很多病例角膜透明度差，水肿发白的现象从角膜巩膜缘开始向中央区发展，在水肿的角膜上有密集的新生血管，血管无分支，短而整齐的血管呈毛刷样，角膜表面光泽度和光滑度尚可。随着炎症加剧，血管增生加重，角膜基质内出现血细胞，使角膜缘区域呈现红色血样浸润，角膜有轻微隆起的表现。继续发展，角膜表面化脓，眼分泌物呈黄白色黏稠的脓性物质。可能因为对三叉神经的刺激，深层角膜炎病程较长者，会导致虹膜睫状体炎症，出现前房积脓，甚至出现继发性的青光眼、角膜溃疡，部分病例会失明。

【治疗】要通过详细的病史调查找出角膜炎的病因。除了针对病因进行对症治疗，应佩戴伊丽莎白颈圈防止动物自我损伤，局部配合全身使用皮质类固醇类药物控制角膜炎症，同时每天清理患眼的分泌物 2~3 次。为防止继发性前葡萄膜炎（虹膜睫状体炎），局部使用阿托品滴眼液点眼治疗，可以控制睫状体的痉挛，并有止痛的效果。对深层角膜炎的病例要每天检查，确保用药效果，防止并发症的产生。

【预后】达到角膜基质层的深层炎症得到控制后，角膜基质的新生血管可能无法完全退化或吸收，尤其是猫，可在角膜上留下灰白色无血流的血管组织；发生继发性眼内感染的病例，由于前房积脓，可能造成虹膜与角膜的前粘连。严重的病例，角膜表面会长期存在大量血管及角膜上皮营养不良。

三、角膜翳

角膜翳即角膜血管翳，是指血管和肉芽组织浸润到角膜，并蔓延到基质层表层的角膜炎。

【症状】长期慢性角膜表层炎症反应引起的角膜翳一般早期表现为大量的新生血管，因为白细胞浸润逐渐出现薄层肉芽组织，表现为浅在的白色雾状混浊，随着肉芽组织的增多和面积增大，会导致角膜透明度降低或完全失去透光性。角膜血管翳又分为角膜薄翳、角膜斑翳和角膜白斑。角膜薄翳是最轻的血管及肉芽浸润；角膜斑翳呈局部较厚的斑点状或斑块状，呈现浅白色或粉白色的重度混浊，角膜缘处新生血管增多，并有较多的角膜间质淋巴细胞和浆细胞浸润，在角膜表皮采样检查时可以区别于猫的嗜酸性角膜炎，新生血管的重度浸润经常会由于动物的抓挠而发生角膜表面出血；角膜白斑是来自深层的损伤导致的肉芽增生，肉芽组织在机化过程中，产生大量纤维组织，使得角膜完全失去透光性。

免疫介导性的角膜血管翳多发于德国牧羊犬及其杂交犬、灰猎犬和其他品种，具有遗传倾向，其角膜具有特异性抗原，在刺激性环境下（如紫外线照射、灰尘等）易发病，犬生活地域海拔越高发病率越高。最早可出现在 9 月龄，最晚发生在 10 岁，多数动物发生在 3~6 岁。一般发病年龄越小，病情越严重。血管翳通常始于腹外侧角膜区域，随后向角膜中央移行。由于血管、淋巴、浆细胞及黑色素从颞侧角巩膜缘开始发展到基质表层，可导致肉芽组织浸润的同时出现色素沉着。血管翳本身通常无刺激性，不影响动物生活。

角膜血管翳的并发症包括浅表角膜变性、角膜溃疡或损伤、感染。

【治疗】自身免疫性角膜翳不能治愈，只能控制症状。每天用糖皮质激素点眼 2~4 次，根据疾病严重程度决定点眼次数，症状严重者也可同时全身性使用糖皮质激素。一旦症状得到控制即可适当减少用药次数。长期用药者可用 2% 环孢素眼药代替糖皮质激素。但需要注意的是，发病部位及深浅不同的病例，药物控制的效果有一定差异，如果药物治疗无效，或无法改善角膜的透明度，为了恢复视力，需要停止使用糖皮质激素至少一周，方可可虑角膜表层切除术。

四、角膜溃疡

角膜溃疡案例

任何角膜上皮的缺失导致的角膜基质暴露都可以称为角膜溃疡。溃疡性角膜炎相当于角膜溃疡，因为在角膜发生溃疡的同时常常会继发炎症。

【症状】角膜溃疡病例荧光染色呈阳性。浅表性的角膜溃疡临床可见结膜充血、球结膜水肿、眼睑痉挛、溢泪、畏光、角膜表面不光滑。由于失去上皮细胞，位于上皮及浅表基质的神经末梢暴露，从而引起疼痛。深层溃疡临床症状包括眼睑痉挛、溢泪、畏光、结膜巩膜充血，甚至出现黏脓性分泌物、角膜血管化。

【病因】通常角膜上皮的完整性通过眼睑正常的闭合与上皮细胞的不断更新来实现。正常情况下这些机制足以维持角膜的正常状态，不至于引起角膜溃疡。当眼部出现异常时常常会打破这些平衡，引起角膜溃疡。

角膜溃疡常见病因如下：①创伤、机械性损伤；②角膜或结膜囊内的异物；③泪液或泪膜的异常；④眼睑结构及睫毛的异常等；⑤微生物感染，如猫疱疹病毒感染等。

【诊断】角膜溃疡时需要通过一系列临床检查来帮助诊断。主要包括：①施里默泪液测试；②角膜和眼睑反射；③荧光素染色；④裂隙灯检查；⑤检查眼附属器官结构。

【治疗】轻微的角膜溃疡，可以自愈，但复杂的角膜溃疡如果不采取积极的治疗措施，最终可能发展到影响整个眼球。简单的角膜溃疡一般只伤及角膜上皮和少量基质层，愈合时间一般不超过7d。复杂的角膜溃疡由于涉及角膜基质层，其愈合时间远超过7d。

角膜溃疡的治疗原则是找到并去除潜在病因，可局部使用抗生素、润滑剂、角膜生长剂，必要时配合止痛抗炎药。

绝大多数角膜溃疡需要使用抗生素治疗。眼部用药频率可以根据动物病情而定。对于病情严重、发展迅速、常规治疗无效时应考虑细菌培养和药敏试验，选择最有效的药物进行治疗。在角膜穿孔、角膜手术时，有必要全身使用抗生素。

当发生角膜溃疡时，角膜表面由于神经刺激会引起一系列反应，导致前葡萄膜炎，因此需要散瞳。可以选择短效的托吡卡胺。有青光眼的动物禁用散瞳药。

发生角膜溃疡时禁止局部使用糖皮质激素和局部抗炎药，以免加重感染，并延缓角膜的愈合。建议全身给予非类固醇类药物。

所有角膜溃疡的病例必须严格佩戴好伊丽莎白颈圈保护，防止因动物自我抓挠而加重病情。

有很多角膜溃疡会出现治疗周期长、治疗无效或症状及病变加重的状况，临床上将这些病例称为不愈合的角膜溃疡。这些不愈合的角膜溃疡分为三类：

1. 刺激性角膜溃疡　缘于外源性刺激，或眼睛结构性或生理性异常如双排睫、异位睫、倒睫、眼睑内翻、泪液异常等。由于持续存在机械性刺激，或因为泪液缺乏（干性角膜结膜炎），使得角膜溃疡在治疗过程中时好时坏，容易反复。所以需要找到病因，积极治疗原发病。若不及时控制，有些病例的病变可伤及后弹力层，则后弹力层膨出导致角膜穿孔、房水流出，虹膜嵌顿造成前粘连。这种现象在短头吻犬种中非常常见，临床上把这种现象称为迅速恶化的角膜溃疡。

刺激性角膜溃疡的内科治疗并不复杂，可局部给予广谱抗生素眼药及促进角膜生长的药物，注意防止自体损伤。简单溃疡一般7d愈合，未愈合的溃疡应考虑是复杂的角膜溃疡病例，并分析属于哪种情况。溃疡面积过大的还需要给予散瞳药，减轻疼痛，防止粘连，同时监测眼压，防止青光眼的发生。

角膜溃疡面积大的病例，为了帮助修复角膜，可以实施第三眼睑遮盖术或眼睑遮盖术，也可以选择合适的软性角膜保护镜，保护被刺激的角膜区域，加速角膜溃疡的愈合。第三眼睑遮盖术能够很好地保护角膜溃疡区域免受上下眼睑的摩擦，但此种方法不利于点眼药物进入该区域。暂时的眼睑遮盖术操作非常简单，将上下眼睑做水平褥式缝合。上下睑缘应对齐，经睑板腺所在位置进针，避免在眼睑结膜上出入针，以免缝线刺激角膜。打结时注意打在上眼睑，避免眼部分泌物堆积遮盖。缝合后眼睑松紧应适当，或在内、外眼眦处留一定空隙，不进行缝合，以能够将眼药滴进眼内为宜。但第三眼睑的遮盖和眼睑遮盖不利于观察角膜溃疡的发展情况，无法及时发现溃疡加深或角膜穿孔等现象。软性角膜镜的使用会使宠物感觉相对舒适，但需要选择合适的规格以避免脱落，甚至因为角膜镜的卷曲造成对角膜的刺激。

如果溃疡深度超过角膜厚度的1/2或者自身修复力较差时，则应当考虑手术治疗。手术治疗方法有结膜瓣遮盖术、角膜板层移植等。

结膜瓣遮盖术具有很多优点：可以给受损的角膜提供机械性保护；保持组织血液供应，有利于角膜修复；为基质修复提供所需的胶原纤维；将全身用的药提供给角膜。结膜瓣遮盖术需要借助放大设备来进行手术操作，需要有经验的眼科医生才能熟练操作。临床上常见以下几种形式：全结膜瓣、带蒂结膜瓣、桥状结膜瓣、前进结膜瓣。全结膜瓣技术相对简单且容易掌握，带蒂结膜瓣最适合角膜中央区域的溃疡。

2. 惰性角膜溃疡 惰性角膜溃疡又称为无痛性角膜溃疡，是角膜不能通过正常创伤修复完成愈合过程的一种慢性角膜上皮缺损。这种溃疡历经数周或数月无法治愈，存在持续的眼部疼痛，因此也称难治性角膜溃疡或复发性角膜溃疡。临床可见缺损的区域周边的角膜上皮褶皱，角膜上皮与角膜基质之间分离甚至翻卷，因此又将这种溃疡称为唇状角膜溃疡。因很多病例的病因不明确，仅表现为角膜上皮的缺损，基本机制是因为角膜上皮基底膜营养障碍，也称为自发性慢性角膜上皮缺损症（SCCEDs）。发病的角膜基质表层上皮缺乏，形成一层无细胞结构的玻璃膜。有时由于角膜感染后临床进行反复的刺激性清创，造成角膜上皮脱落和间质溃疡。由于角膜上皮和基质之间存在间隙，进行荧光素钠染色时，表现荧光着色面积大于肉眼可见的溃疡面。这种角膜溃疡主要以慢性、浅表性、非感染性以及轻度疼痛为特点。各品种犬、猫均可见，若不积极治疗，可能会持续数月至一年。多数无感染现象，也无新生血管。

惰性角膜溃疡的治疗需要在眼球表面进行局麻后先进行角膜清创，即使用无菌干棉签轻轻触碰缺损周围的上皮部分，将其掀起并清除，一定要将不稳定上皮彻底去除干净，再行角膜点状切开术、网格状切开术、放射状切开术或使用金刚砂车针打磨。但是一定要注意存在继发感染的病例不宜实施这些手术，因为这些操作可能导致感染扩散到整个角膜。术后使用药物治疗，包括自家血清、角膜上皮生长因子、抗生素眼药等。经过治疗的病例通常在1～2个月内逐渐痊愈，个别病例可能需要多次手术。猫的惰性角膜溃疡如果长时间溃疡不愈合，需要排查是否疱疹病毒感染，长期持续的惰性溃疡可能会继发角膜表面化脓及角膜腐骨的发生。所以，猫的惰性角膜溃疡也不建议进行清创术和角膜切开术。

3. 感染性角膜溃疡　因为感染引起的角膜溃疡，角膜基质深层损伤，溃疡面积大，角膜有明显的炎性细胞浸润。溃疡区域的角膜组织呈凝胶状，增厚、柔软、呈白色至黄色。通常伴有继发性葡萄膜炎和缩瞳。疼痛感很明显。这种情况是由于细菌、上皮细胞、凋亡的角膜细胞以及巨噬细胞释放出蛋白酶、水解酶以及胶原酶，这些酶类具有溶解胶原的作用，因此会破坏角膜基质，导致溶解性角膜溃疡。引起溶解性角膜溃疡的原因很多，关于细菌的类型，很多资料表明，铜绿假单胞菌的某些菌株能产生大量的蛋白酶，能降解角膜基质或分泌能引起基质细胞死亡的外毒素。同样，需要关注的是，发生溶解性角膜溃疡的时候，要通过病史调查，排除酸、碱腐蚀及真菌感染的情况，这些同样会引起角膜溶解。角膜溶解作用十分迅速，很可能在 24h 之内造成角膜穿孔。糖皮质激素的使用会加速这种溶解过程。

深层的角膜溃疡在检查过程中应避免压力过大，残留的角膜基质和后弹力层无法抵抗过度的压力从而导致角膜穿孔。角膜基质丢失后暴露出来的后弹力层是透明的，使用荧光素钠染色是不着色的，由于眼内压力的作用，后弹力层会向前膨出呈水滴状，晶莹无色。后弹力层韧性差，在膨出后极易发生破裂引发角膜穿孔。角膜一旦穿孔，前房状态被破坏，房水涌出，同时会导致虹膜脱出，可能造成眼内的感染。

综上，有可能发生角膜溃疡恶化及并发症，严重感染或同时有溶解性角膜溃疡的病例，需要立即采取积极治疗。针对这种相对复杂的感染，需要采集眼分泌物，并在角膜刮取一些溃疡面的组织，进行细胞学检查、细菌分离鉴定及药敏试验。

由于溃疡常伴随细菌感染，需要采用抗生素治疗。建议使用氨基糖苷类（妥布霉素）或喹诺酮类（氧氟沙星、环丙沙星）。不推荐使用氯霉素。溶解性角膜溃疡可以使用自体血清点眼以减少角膜溶解，0.5~1h 一次。或使用 10% 乙酰半胱氨酸或 2%EDTA 滴眼液点眼，1h 一次，可以缓解胶原水解，但因具有刺激性，在宠物临床不常用。溶解性溃疡时禁止使用一切糖皮质激素类药物。不推荐使用非甾体类抗炎药点眼，因其会延缓角膜溃疡愈合。可以使用含有玻璃酸钠的角膜修复因子促进角膜溃疡的修复。内科治疗无法快速缓解或角膜基质过多丢失容易导致角膜后弹力层暴露甚至角膜穿孔的，要通过外科手术进行治疗。手术的原则是移除溃疡区域的感染组织，清除溶解的部分角膜，然后施行结膜瓣遮盖术、角膜板层移植手术，或使用羊膜瓣或其他生物材料进行遮盖。术后同样要进行内科治疗。

五、角膜穿孔

角膜穿孔为角膜内皮层完全穿透的现象。

角膜穿孔案例

【病因】角膜穿孔为角膜急症，原因有：①异物经角膜进入眼内导致贯穿伤；②严重角膜溃疡继发角膜穿孔；③锐性损伤，如猫爪抓伤等；④圆锥形角膜、大疱性角膜炎时，角膜突然破裂；⑤医源性因素，如缝合线渗漏性、角膜手术过程中的角膜穿孔等。

【症状】角膜穿孔后，角膜的紧张性突然下降，可见清亮无黏性的房水流出，前房塌陷导致角膜的弧度丧失，角膜透明度正常的病例可见角膜与虹膜迅速靠近甚至虹膜贴附于角膜。由于角膜穿孔的位置不同，临床表现及处理方式也不同。靠近角膜中央区的角膜穿孔，如果穿孔为角膜裂开，仅有房水流出，如无异物进入或无感染因素，及时进行角膜缝合，角膜后期几乎可以完全修复。穿孔小的病例，小孔会被水样物质立即封闭，随即出现角膜新生血管及血液白细胞浸润，形成肉芽组织封堵穿孔，后期以二期愈合。但如果角膜穿孔的部位位于角膜旁中央或角膜周边区域（图 2-6-3），由于房水的力量，虹膜会经穿孔处脱出，脱出的虹膜为红色，充血后会形成葡萄样小疱。虹膜一旦脱出并嵌顿于角膜穿孔处，可以迅速将

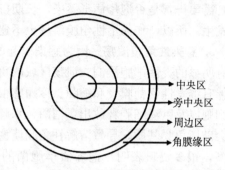

图 2-6-3　角膜分区示意

穿孔封闭，阻止房水流出，其周围会有新生血管及肉芽生成。但瞳孔也因此发生形态变化，多数呈水滴状。由于角膜穿孔或虹膜嵌顿，起初会有眼压下降，如果后期因为房角狭窄及眼内出血引发房角阻塞，会出现眼压升高引发青光眼。

【诊断】了解发病史及病因。在光源的辅助下判断角膜表面的状况；角膜穿孔为贯穿伤时，应考虑结膜囊深部及眼内是否存在异物；同时，使用裂隙灯仔细检查房水的渗漏、角膜内皮的损伤、前房闪辉或出血、虹膜脱出、瞳孔的形态、是否存在晶状体脱位等，可以通过与健康侧眼睛的对比，判断眼前房是否比健侧前房浅、眼内压是否下降等。对于刺入眼内过长的异物，要进行超声检查判断晶状体、玻璃体及整个眼球的状况。

【治疗】角膜穿孔后眼内继发感染的概率高，需要给予抗生素治疗。

根据角膜穿孔的损伤程度，采取不同的治疗方法。角膜内发现异物后应当尽快去除：角膜表面麻醉后，使用眼科器械将表层或浅层异物取出，同时使用抗生素眼药水。若已经继发感染，形成角膜溃疡，应按照角膜溃疡治疗。

当发生角膜穿孔并伴有内容物流出时应尽快进行手术治疗。对于虹膜脱出于角膜创口的现象，如果发现及时，可以立即使用散瞳药帮助虹膜复位。若嵌顿后未及时用药，经医生检查虹膜并没有血肿、坏死等现象，应对脱出的虹膜充分清洗，使用抗生素滴眼液淋洗，然后将动物全麻后进行虹膜复位术。虹膜嵌顿时间久，周围肉芽增生，虹膜颜色呈黑紫色的病例，不建议手术还纳复位，因为手术可能造成虹膜出血，应该切除角膜表面的坏死部分，再实施结膜瓣遮盖术。严重的角膜穿孔或肉芽增生较多，造成犬、猫视力损害的，可以施行结膜瓣遮盖术、角膜板层移植或自体角膜移植进行治疗。术后进行抗感染和抗炎治疗。

六、干性角膜结膜炎（KCS）

干眼症案例

干性角膜结膜炎（KCS）简称干眼症，是角膜缺乏泪膜层结构或泪液过度蒸发造成的角膜结膜一系列继发性炎症反应。由于角膜结膜缺乏泪膜层的保护和滋润，使得代谢产物（如乳酸）和脱落组织产生组织毒性作用，加之眼球会被眼睑开合的摩擦和第三眼睑的机械性磨损，引起角膜和结膜的病理变化。

【病因】引发干性角膜结膜炎的病因很多，主要包括：①免疫介导性疾病；②药物相关性因素，如滴眼液中的防腐剂、抗生素、阿托品、麻醉药等；③全身性感染；④先天性泪腺组织缺失或发育不良；⑤慢性眼睑结膜炎；⑥神经控制性因素，如眼睑闭合障碍、神经性角膜炎、三叉神经和面部神经病变等；⑦医源性因素，如切除第三眼

睑；⑧眼部结构或功能异常，如先天性眼睑缺损；⑨品种因素，如英国斗牛犬、八哥犬、可卡犬、北京犬、西施犬、雪纳瑞犬等易感；⑩其他疾病因素，如中耳疾病、糖尿病、内分泌疾病、年龄相关性问题等。

【发病机理】角膜表面和结膜囊的泪膜由黏液层、水样层和脂质层三层构成，每层是相对独立的，才能够保证泪膜的持续存在和功能发挥。干性角膜结膜炎的患眼，其残存的泪膜是泪液、黏液和脂质混合物。尤其是泪腺功能低下时，泪液的含量少，导致泪膜黏稠，过于黏稠的物质无法完全覆盖角膜表面，而水的缺乏更是无法起到润滑作用。正常的代谢状态下，无血管结构的角膜需要吸收来自于泪液中或泪膜中的氧气、钠离子等营养成分，泪膜结构的异常导致角膜营养代谢障碍。泪液的冲刷作用可以帮助排除进入眼内的尘埃和细菌。混合物中除了泪液缺乏，黏液层和脂质层的缺乏同样不能够维持泪膜的保护状态，睑板腺的脂质层直接影响泪膜的稳定性，脂质层缺乏会导致泪液过度蒸发；眼结膜的杯状细胞分泌的黏液层的缺乏将无法使泪膜覆盖于角膜和结膜囊。

临床常见的自身免疫性干性角膜结膜炎，常因为免疫异常引发泪腺的损害；慢性炎症会破坏泪腺及瞬膜腺的分泌和排泄功能。特殊品种如短头吻品种犬，其角膜敏感性低，每分钟眨眼次数少，眼球暴露时间长，所以其泪液的蒸发量较大，很容易导致泪膜的水样层缺乏，所以这类动物的干性角膜结膜炎发病率较高。

神经性干眼症如来自面神经核副交感神经的神经纤维病变，可是的位置是岩颞骨。由于这些纤维同时分布到鼻腔腺体，其作用是控制鼻腔的浆液性分泌，因此这些患病动物除泪腺功能低下外，其患侧的鼻部干燥也很常见。

【临床症状】正常情况下，大约3/4的泪液贮存在贮泪池（泪湖），正常泪膜覆盖的角膜可以在下眼睑角膜缘处形成新月面，干性角膜结膜炎病例的角膜无法观察到新月形的泪湖。

急性干性角膜结膜炎常出现严重的结膜充血，眼部浆液性或黏脓性分泌物，眼睑缘及眼周被毛有干燥的分泌物结痂。角膜表面干燥，眼睑痉挛。慢性干性角膜结膜炎可见结膜充血、肥大性变化，角膜上有大量来自于结膜的新生血管，角膜表面有大量黏脓性的分泌物黏附，还有云层样黑色或黑褐色的色素沉着。有些犬因为泪液缺乏，同时表现为同侧鼻子干燥，但很少有犬发生类似人的免疫性干燥综合征的全身性表现。KCS并发角膜溃疡的病例很常见，这些病例的病情发展迅速，可以很快形成后弹力层膨出甚至发生角膜穿孔。干性角膜结膜炎也可能是先天性的，单侧或双侧发病。例如查理王小猎犬的先天性角膜结膜炎，同时并发异常的卷毛现象。

【诊断】干性角膜结膜炎的诊断要结合宠物的基本信息、病史和临床症状，同时通过科学的眼科检查进行综合判断。

（1）泪液测试，要同时检查双眼，检查之前不可以做散瞳、角膜采样和麻醉等。正常的泪液量高于15mm，泪液量低于10mm即怀疑为干性角膜结膜炎。需要注意的是因为刺激引起的角膜炎会有病理性泪液分泌增加，应综合考虑，防止误诊。

（2）泪膜破裂时间。低于10s即怀疑为干性角膜结膜炎。

（3）结膜炎。结膜大面积充血，结膜分泌物黏稠。

（4）角膜炎。角膜新生血管，角膜无光泽，犬多见角膜色素沉积。

【治疗】干性角膜结膜炎的治疗包括药物治疗和手术治疗。本病的周期非常长，有很多病例需要终生用药。药物治疗的原则是使用药物润滑眼表，对抗眼表的感染和炎症反应。

（1）使用具有人工泪液功能的滴眼液、凝胶或眼膏。

（2）使用抗生素眼药。

（3）使用环孢素和他克莫司可刺激泪液生成和抑制免疫，根据临床经验，如果治疗6周无效应该停止用药。

（4）使用甾体类或非甾体类抗炎眼药。

（5）手术治疗。可进行腮腺管移位术，把唾液引入结膜囊。腮腺管移位术用于药物治疗无效的动物，但此手术的弊端在于可能导致眼睑内钙沉积。

七、神经性角膜炎

神经性角膜炎是因为眼部神经支配出现异常而引起的角膜病变的总称，包括由三叉神经支配的角膜感受神经功能异常造成的角膜炎或面神经麻痹后出现的眼睑反射功能消失引起的角膜炎等。

【发病机制】三叉神经的眼分支病变会造成角膜反射及眼睑反射减弱。角膜反射的减弱或丧失使角膜上皮容易干燥，再加上三叉神经对角膜上皮营养代谢作用的丧失而导致神经营养性角膜炎。当眼睑反射消失后，眼睑对角膜的保护作用也随之消失，角膜暴露时间长，泪液蒸发过度，导致前泪膜对于角膜的保护不足。同时三叉神经的营养供给丧失还会导致眼眶后肌肉萎缩退化，从而引起眼球内陷，使其无法保持与第三眼睑的接触关系，因此第三眼睑分泌的泪液便不能在角膜表面均匀分布。

【症状和诊断】神经性角膜炎的临床表现和干性角膜结膜炎类似，主要表现是角膜无光泽、有新生血管等炎症反应。在临床诊断的时候要进行神经学检查，主要是用于判定角膜敏感性的角膜反射，评估面神经功能和三叉神经功能，比较准确的是使用角膜知觉计。还应检查泪液量，使用裂隙灯检查结膜炎和角膜炎的症状。

【治疗】神经性角膜炎的治疗相对比较困难。症状轻微的神经性角膜炎，可以采用全身性给予皮质类固醇药物，配合局部人工泪液辅助治疗，类固醇的使用可能对神经的损伤修复有一定帮助，并可以减轻眼部的炎症反应。临床建议的另一种方法为暂时性眼睑睑缘缝合术，目的是防止角膜过度暴露而引起泪液蒸发导致角膜干燥。若并发角膜溃疡则需要配合使用抗生素眼药治疗。此病的预后取决于引起神经性角膜炎的病因和严重程度。所有临床治疗效果不佳的病例，需要考虑眼球摘除术。

八、色素性角膜炎

色素性角膜炎案例

色素性角膜炎多由于长期角膜刺激引起角膜色素沉积，又称为色素性角膜病，可能在浅层，也可涉及深层。主要发生于犬，猫少见。

【病因】色素性角膜炎的常见病因包括：

（1）机械性刺激。如异位睫或双排睫、眼睑内翻、鼻皱褶。

（2）慢性炎症。如干眼症、角膜翳等。

（3）易感品种。如京巴犬、巴哥犬等短头吻犬种。

【症状】多数黑色素的沉积均集中于角膜受刺激的部位，炎性反应引起的色素沉积始于角膜巩膜缘的黑色素细胞浸润，黑色素的沉积发生在角膜的上皮层。眼观黑色素呈黑色云雾状，厚薄不一。较厚的黑色素沉积影响角膜的透光性，故大面积的色素沉积会造成视力下降。

【治疗】对于浅表色素沉着的治疗，首先要找到刺激因素并去除，配合局部环孢素或皮质类固醇类药物，环孢素能够减少色素密度，糖皮质激素类眼药可以减少色素沉着，一般在一个月内会有所改善。严重的色素沉着，通过治疗仅可以改善症状，防止进一步恶化，但无法治愈。在去除刺激因素后角膜仍不透明则应考虑浅层角膜板层切除术。

九、角膜变性

角膜变性是以角膜上出现白色结晶样混浊为主要特征的病变。有些病例因为全身性脂质代谢异常引发角膜变性，所以称为角膜脂质变性。犬、猫均可发生。

【病因】角膜变性多为继发性。引起角膜变性的疾病有：①角膜本身的疾病，尤其是伴有慢性炎症的疾病过程，如干性角膜结膜炎；②葡萄膜疾病，如葡萄膜炎；③引起高血钙的疾病，如肾衰竭、肿瘤、甲状旁腺功能亢进等；④全身性脂质代谢异常的疾病，如高脂血症、甲状腺功能低下、糖尿病、胰腺炎等；⑤其他系统性疾病，如肾上腺功能亢进、高磷血症、维生素 D 过剩等。

【症状】在角膜炎等角膜的病变过程中，新生血管、成纤维细胞、角质细胞等增生，局部细胞死亡后进一步钙化结晶及非结晶脂质释放胆固醇，导致角膜结晶混浊并发生变性。角膜溃疡的局部钙化和细胞脂质结晶会引发异物感，动物表现出畏光、流泪的症状。角膜变性使得角膜溃疡难以愈合。

肉芽肿性前葡萄膜炎会引起灰色、圆形的炎性细胞聚集，并集中在角膜内皮细胞表面，成为角膜沉积物，患有前葡萄膜炎的猫相比犬更易产生角膜沉积物，多沉积在眼球下方。有时角巩膜缘的色素移行可能会造成角膜内皮出现稀疏的色素沉着。

典型的角膜脂质变性存在全身性脂质代谢异常，一般单眼先出现沉着的脂质，之后相继双眼发生。后期有些病例发生炎症反应，出现新生血管，造成角膜上皮变性。

【诊断】角膜变性的病例同样要进行常规眼科检查，评估同时并存的其他疾病，详细了解病史。进行角膜采样做细胞学检查。全身性检查在角膜变性的病例非常有必要。血液生物化学检查判断是否存在全身性脂质代谢异常和钙磷代谢异常，主要项目包括胆固醇、甘油三酯、血糖、血钙、血磷等，内分泌性疾病临床指标包括甲状腺功能相关指标、肾上腺功能亢进（ACTH 刺激试验）等，排除其他疾病（如胰腺炎）等。

【治疗】治疗原发病。

如果血液检查结果提示血脂增高，临床建议使用低脂食物饲喂，配合谷胱甘肽等促进角膜的修复。角膜溃疡病例若因角膜变性难以愈合且严重影响视力的，需要进行角膜清创，也可以配合 EDTA 滴眼液点眼。内科治疗效果不佳者，建议外科手术切除变性的角膜板层，然后实施结膜瓣遮盖术或角膜板层移植术。不建议使用皮质类固醇类药物，以免加重病情。

十、犬传染性肝炎

犬传染性肝炎主要是因为犬感染了腺病毒Ⅰ型，导致肝和肾损害的同时发生角膜病变，主要临床表现为整个角膜水肿，因此又称为"蓝眼症"。

病毒感染引发的角膜水肿主要是源于葡萄膜炎，导致角膜内皮功能异常，因此最终还可能继发青光眼。由于病毒可导致角膜内皮凋亡或功能丧失，抗原-抗体复合物黏附在角膜内皮，使角膜内皮的屏障作用被破坏进而发生角膜弥漫性水肿。暂时性的角膜内皮损伤在治疗2周后角膜水肿会有所改善，但也有很多病例即使治疗也很难恢复。

治疗主要是控制葡萄膜炎，防止角膜内皮细胞损伤，预防继发性青光眼。定期监测眼压判断葡萄膜炎和青光眼的情况。全身使用抗病毒治疗，同时局部使用皮质类固醇类药物和非甾体类固醇眼药控制炎症。适当使用散瞳药控制葡萄膜炎引起的睫状体痉挛，使用高渗性眼药（如5％氯化钠溶液）控制角膜水肿，也可以防止某些病例因为过度水肿引发的角膜大疱。

十一、猫疱疹病毒性角膜炎

猫疱疹病毒性角膜炎为猫感染猫疱疹病毒Ⅰ型（FHV-1）引起的角膜病变，临床以角膜上皮糜烂为主要特征。

【发病机制】猫疱疹病毒直接作用于角膜上皮，导致上皮呈树枝样缺损。病毒与角膜基质也有较强的亲和性，可在角膜基质内发生免疫反应，造成角膜基质损伤。

猫疱疹病毒性
角膜炎案例

【症状】患猫会同时出现眼、鼻（上呼吸道）症状，表现为畏光、流泪、打喷嚏、流鼻涕，可听到上呼吸道狭窄音。有些猫眼部症状不是很明显，通过双眼对比，可以发现患眼比健康眼睛稍小，提示疼痛引起其无法正常睁开眼睛。猫的眼分泌物增多，分泌物呈褐色，黏性大，黏着于眼周的被毛上，难以清理。急性病例在不继发角膜溃疡的情况下，一般不影响角膜的透光性，眼观角膜的光泽度和透光性基本正常，或可能有非常轻微的雾状水肿。慢性病例，可观察到角膜表面的树枝状糜烂，及其周围角膜上皮变性和水肿而导致的角膜干燥无光，角膜透明度差。很多慢性病例经过治疗后症状缓解，但角膜上皮出现营养不良，眼观角膜仍呈雾状白色或灰白色。

【诊断】首先建议使用荧光素钠染色，判定是否存在角膜溃疡。其次是使用孟加拉玫瑰红试纸条染色，变性坏死的角膜上皮呈现玫瑰红色的树枝状或地图状线条，提示角膜上皮糜烂。对FHV-1病毒的诊断可以通过PCR检查。

【治疗】本病的治疗需要兼顾眼睛和上呼吸道症状。最有效的是全身使用泛昔洛韦（片剂），猫的使用量可以达到每千克体重90mg。点眼抗病毒治疗可以选择更昔洛韦，也可以使用猫α-干扰素溶解后点眼。碘苷等抗病毒滴眼液的刺激性较大，会引起猫的不适感，不利于点眼操作，故不建议使用。

继发细菌感染是非常常见的。抗菌治疗选择喹诺酮类滴眼液或氨基糖苷类滴眼液均可。如果抗菌滴眼液长期使用引起耐药性，一定要采眼分泌物进行药敏试验，根据试验结果选择合适抗生素，以缩短药物治疗周期，避免药物中的防腐剂对猫的刺激。

病变发展引起角膜溃疡的病例，建议按照角膜溃疡的治疗原则，抗感染同时使用角膜营养剂和角膜润滑剂（如玻璃酸钠滴眼液等）进行治疗。角膜溃疡过于严重的建议外科干预。

【预后】患猫一旦感染猫疱疹病毒，该病毒将终生潜伏于猫的三叉神经内。因此免疫力下降或发生应激反应时，就会再次出现眼和呼吸道症状。有时皮质类固醇类药物的长期使用也可能引起医源性复发。临床可以采取的措施很有限，主要推荐的是L-赖氨酸制剂，猫的推荐使用量为250～500mg/d。

十二、猫坏死性角膜炎（角膜腐骨）

坏死性角膜炎是以角膜基质坏死性病变为特征的角膜损伤。病变的角膜基质呈现黄褐色至黑褐色甚至黑色，因此又称为角膜黑变病；因坏死黑变的角膜形似坚硬的干痂，故也称角膜腐骨。

坏死性角膜炎
案例

【病因】角膜腐骨是猫的一种特发性角膜疾病，波斯猫等长毛猫、加菲猫等短吻猫为高发品种。猫疱疹病毒Ⅰ型感染也会继发猫的角膜变性坏死。其他各种慢性角膜炎、慢性机械性刺激、外伤、角膜创伤愈合时间过长、角膜溃疡等，由于角膜基质的暴露或角膜的长期刺激，都可能继发角膜坏死。

【症状】角膜病变的位置一般出现在角膜中央区域附近，典型的病灶最初为局部角膜轻度水肿或雾状角膜上皮变化，逐渐发展为肉眼可见的浅橘色变化，透光性良好，随着进一步发展，颜色慢慢加深，变为黄褐色的同时，病变面积可能会扩大，最后形成一个由坏死角膜基质所构成的黑色或棕色斑块，斑块大小不定，硬度不一。也有些病例的黑褐色变化自始至终都为局限性且与周边健康角膜界限分明，呈树枝样向角膜基质深处发展。患眼可表现出轻微疼痛，泪液溢出。有时可出现眼睑痉挛，伴有浆液性或黏液性分泌物。角膜腐骨现象可以是单侧或双侧的，且深色斑块状物最终会发生脱落。腐骨的脱落会暴露残存的角膜基质，但也有可能出现后弹力层暴露甚至突发角膜穿孔。坏死区域可能为平滑状或轻度突出，周边发生不同程度的角膜水肿。很多病例在角膜坏死的初期，角膜上几乎没有新生血管，病变持续时间长；炎症反应剧烈的，会出现沿角膜巩膜缘向变性坏死部位生长的新生血管，血管分支较少。

有些愈合缓慢的浅表性角膜溃疡，在治疗期间可能会发现患猫角膜表面出现典型的黑色病变。大多数严重病例会出现缩瞳、虹膜充血、葡萄膜炎等现象。细菌感染较为常见。病程较长的病例，可并发眼睑内翻，导致眼睑毛刺激角膜，从而加重病情。

如果一侧眼发生角膜腐骨，则另一侧眼也有可能发生，尤其是易感品种。

【诊断】确诊需要排除潜在的刺激病因，如眼睑闭合不全、猫疱疹病毒性角膜炎、疱疹性结膜炎、眼睑内翻、角膜暴露等，可进行泪液测试、角膜荧光素钠染色、孟加拉玫瑰红染色。需要注意的是，荧光素钠染色不能使变性坏死的区域着色。

【治疗】浅表、轻微的角膜颜色变化，同时又没有明显的眼部疼痛和炎症，优先考虑药物治疗。

局部药物治疗措施包括抗菌、抗病毒、人工泪眼等。在治疗过程中，干燥坚硬的黑色痂皮样坏死斑块有时会自行脱落，需要定期复查。坏死组织脱落后色素仍旧存在，且始终存在溃疡和组织继续坏死的风险，因此需要继续治疗。

很多病例使用药物无法有效控制，最终会导致角膜基质层完全坏死，在这种情况下需要外科干预。外科手术治疗角膜坏死的原则是将变性坏死的角膜板层彻底切除，清除的角膜板层厚度不超过角膜基质的1/3时，则不需要结膜瓣覆盖等手术，按照常规治疗角膜溃疡即可。若切除深度大，甚至达到后弹力层者，一定要进行结膜瓣移植或角膜板层移植或自体角膜移植，或者使用生物性角膜植片进行覆盖。术后使用抗生素眼药和角膜营养剂点眼。术后存在复发的风险，尤其是易感品种或疱疹病毒感染的动物。

十三、猫嗜酸性角膜结膜炎

嗜酸性角膜结膜炎是一种浅表性、进行性角膜炎症，以嗜酸性粒细胞浸润为主要特征，因为同时会出现肉芽组织增生，又称为增生性嗜酸性角膜炎。本病只发生于猫。

【病因】本病的发生原因不明，很多研究倾向于猫的自身免疫性因素。炎性角膜疾病的患猫通常也有感染猫疱疹病毒的病史，但病因依旧不明确。

【症状】临床表现为眼睑痉挛、渐进性结膜肿胀、局部浸润、新生血管。由于嗜酸性炎性细胞浸润和肉芽的增生，角膜表面会出现白色软干酪样物质沉着，白色的肉芽往往突出于角膜表面。角膜任何部位以及邻近的结膜都可能出现病变。长期的渐进性病变会逐渐波及单眼或双眼的角膜、结膜和第三眼睑。浅表的血管病变类似于德国牧羊犬血管翳，临床甄别时要以检出大量嗜酸性粒细胞为准。不积极治疗则角膜肉芽增生和炎性浸润进一步发展，厚度及面积不断增大，最终影响到整个角膜。

显微镜下可见嗜酸性粒细胞和其他炎性细胞，只要发现有嗜酸性粒细胞就可确诊该疾病。

【治疗】非溃疡性病例可局部使用皮质类固醇类药物、环孢素和抗病毒眼药水，但出现角膜溃疡的病例不能使用类固醇眼药，要等溃疡全部愈合后才可使用。治疗效果不理想的病例，可配合甲地孕酮，最初治疗量为 5mg/d，复发病例为 10mg/d。一般在一周内会显著改善，一周后建议降为 2.5mg/d。需要密切监视药物的副作用，如继发性糖尿病。

十四、大疱性角膜炎

大疱性角膜炎
案例

大疱性角膜炎一直以来被认为是猫和马的特发性角膜病变，该病的特征是角膜出现突发性大疱（角膜大疱）。角膜大疱可能是一个，也可能是很多个，患眼伴随严重的角膜水肿。

【病因和机制】角膜大疱的发生原因不甚明确，但多数理论支持大疱是因为过度的角膜水肿造成的。所有能够造成角膜水肿的病例，都会因为角膜基质过度水肿，大量水分进入使得角膜内的纤维蛋白酶活性增高，角膜基质呈现胶冻状态甚至几乎可以"流动"的黏液态，角膜上皮因此向前突出或下坠，下坠的角膜组织会黏着于下眼睑上。

【症状】大疱性角膜炎的患眼有可能之前并未发生病变，也可能是继发于角膜炎或角膜溃疡。病变局部呈现水疱样变化：单个大水疱，甚至波及整个角膜；如桑葚样聚集在一起的多个小疱，或者对周围角膜组织无影响。这种现象多发生于年幼动物或青年动物，或许会影响另一侧眼睛，可能会出现继发感染和葡萄膜炎，情况严重时甚至造成角膜穿孔。

【治疗】角膜大疱的治疗原则是保护大疱性病变，防止胶冻状角膜基质的暴露，积极治疗角膜水肿。可以使用第三眼睑遮盖术或/和眼睑缝合，这些措施可起到绷带作用，同时局部配合使用抗生素点眼。遮盖保护的时间至少一周。有时过度液化状态的角膜大疱在行第三眼睑遮盖术或眼睑缝合后，解除遮盖或缝合时，会发现角膜的弧度发生变化，如中央处略呈扁平。近几年来，有医生使用烧灼法治疗角膜大疱，基本原则是使用双极电凝靠近角膜大疱，局部形成微微收缩的状态，依次做多个位置，之后仍旧使用第三眼睑遮盖术及角膜营养剂和抗生素治疗。

十五、角膜病的外科治疗技术

（一）角膜板层切除术

【适应证】角膜坏死、皮样囊肿、角膜肉芽肿、角膜上皮变性及其他涉及角膜板层切除的手术。

【手术器械】开睑器、眼科显微无损伤镊、角膜刀、角膜隧道刀（月形刀）、6-0带针缝线、止血钳、眼科冲洗针头、10mL注射器。

【手术准备】

（1）动物眼表清洁和眼内冲洗。

（2）动物全麻，眼睛局麻。

【手术步骤】用眼科角膜手术刀沿着角膜病变外围进行切开，深度以移除病变角膜组织（坏死组织、皮样囊肿、肉芽等）为准。病变轮廓切开后，用角膜无损伤镊夹住病变角膜边缘，同时用角膜隧道刀对角膜板层与下层角膜基质进行分离（图2-6-4）。隧道刀的使用技巧是：左右摆动刀的头部，手指动而手腕不能动，水平或沿角膜的弧度向前推动，操作过程中不可有离开角膜基质向前方画线的动作。皮样囊肿手术切除可能仅涉及结膜切除或同时切除结膜和角膜板层。结膜的切除可眼观操作，角膜板层的手术需要借助眼科显微镜。皮样囊肿的操作建议从角膜侧开始切，若从结膜侧操作，其术野一开始就会受到出血的影响。

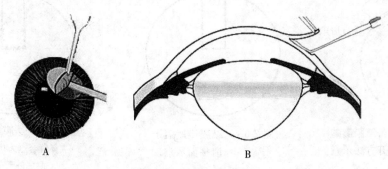

A   B

图 2-6-4　角膜板层切除
A. 切除角膜板层时要平行角膜以避免切入更深的角膜实质
B. 角膜板层切除要顺角膜的弧度

（二）带蒂结膜瓣手术

【适应证】角膜溃疡、角膜坏死、角膜表层切除术后。

【手术器械】开睑器、眼科显微无损伤镊、眼科显微持针器、眼科手术刀、小梁剪、6-0尼龙线圆针、10-0可吸收缝线铲针、眼用规、止血钳、眼科冲洗针头、注射器。

【手术步骤】

1. 动物准备

（1）全身麻醉。

（2）眼内冲洗，抽取0.05%聚维酮碘溶液，用眼科专用冲洗针头深入结膜穹隆冲洗眼内，彻底将眼内的分泌物冲洗干净。接着清洁眼周皮肤，先用无刺激的清洁剂（可用幼儿浴液代替）清洗眼周皮肤，然后用清水擦拭干净，再用1%聚维酮碘溶液消毒，多余水分用无菌纱布擦拭干净以免影响手术覆膜的贴覆。

（3）眼部局麻。用眼科专用麻醉药点眼。

（4）用抗生素凝胶点眼。

（5）动物侧卧或仰卧位，调整头部使术眼尽量水平于手术台。术眼粘上眼科手术专用覆膜，然后盖上眼科手术洞巾。在眼睛的部位剪开覆膜，用开睑器固定眼睑。

2. 手术步骤　用 6-0 缝线在球结膜上做两条牵引线，将牵引线用止血钳固定，调整牵引线的位置使眼球置于利于手术操作的方位。在角膜缘处用无损伤镊夹持结膜，先做结膜瓣的内侧切开，用小梁剪沿角膜巩膜缘剪开，剪开的长度可以使用眼用规测量（为角巩膜缘到溃疡远端的边缘），沿角膜缘垂直的方向剪出与溃疡面相匹配的宽度，然后做结膜瓣的外侧切开，注意外侧切开线的终点要在角膜溃疡区域另一侧的连线上（图 2-6-5）。用小梁剪将切开的结膜与其下相邻组织做钝性分离，分离过程中不可包括过多的球筋膜，以免术后影响角膜透明度。分离后游离的球结膜后皮瓣无张力地覆盖在溃疡处（图 2-6-6）。缝合前需要对溃疡区域彻底清创。将结膜瓣的游离缘缝合在缺损的正常边缘。采用 9-0 或 10-0 可吸收缝线、铲针，简单结节缝合即可，每针间距约 1mm。主要缝合点为角膜巩膜缘的两个点、溃疡区域遮盖后的三条边缘（图 2-6-7）。结膜上的伤口可以不缝合或进行简单的连续缝合。

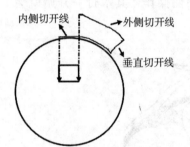
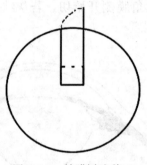
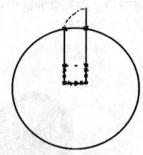

图 2-6-5　带蒂结膜瓣的　　　　图 2-6-6　结膜瓣遮盖于　　　　图 2-6-7　结膜瓣缝合示意
　　　　　　切开方法示意　　　　　　　　　　　溃疡面示意　　　　　　　（主要缝合点为角膜巩膜缘、
　　　　　　　　　　　　　　　　　　　　　　　　　　　　　　　　　　　　溃疡的三条边）

【术后护理】　一般在手术后 4～8 周沿角膜巩膜缘及溃疡边缘剪断结膜瓣（图 2-6-8）。剪断结膜瓣后局部出现炎性反应，可使用抗生素眼药，并佩戴伊丽莎白颈圈至少一周。若剪除结膜瓣后新生血管特别严重，则可考虑使用局部糖皮质激素来控制新生血管和瘢痕的产生。

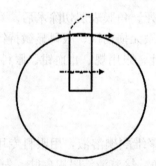

图 2-6-8　角膜瓣的剪除示意

（三）角膜板层移植手术

【适应证】角膜溃疡、角膜坏死、角膜穿孔、角膜表层切除术后。

【手术器械】开睑器、眼科显微无损伤镊、眼科显微持针器、眼科手术刀、眼用规、角膜隧道刀、小梁剪、6-0 尼龙线圆针、10-0 可吸收缝线铲针、止血钳、眼科冲洗针头、注射器。

【手术步骤】

1. 动物准备

（1）全身麻醉。

（2）眼内冲洗，抽取 0.05％聚维酮碘溶液，用眼科专用冲洗针头深入结膜穹隆冲洗眼内，彻底将眼内的分泌物冲洗干净。接着清洁眼周皮肤，先用无刺激的清洁剂（可用幼儿浴液代替）清洗眼周皮肤，然后用清水擦拭干净，再用 1％聚维酮碘溶液消毒，多余水分用无菌纱布擦拭干净以免影响手术覆膜的贴覆。

（3）眼部局麻。用眼科专用麻醉药点眼。

（4）用抗生素凝胶点眼。

（5）动物侧卧或仰卧位，调整头部使术眼尽量水平于手术台。术眼粘上眼科手术专用覆膜，然后盖上眼科手术洞巾。在眼睛的部位按照眼睛轮廓剪开覆膜，并用开睑器固定眼睑。

2. 手术操作　角膜板层移植的第一步是使用角膜刀切除有病变的角膜浅层组织，将创口彻底清理干净，一般为了移植尺寸合适的角膜，尽量将创口修整为具有直角特征的长方形或正方形。第二步是做与修整的创口相同大小和厚度的角膜片及相连的结膜瓣。先使用角膜刀顺先前的创口向角膜巩膜缘切开（图 2-6-9），切开的深度要和之前的创面深度相同，切开线可以平行，也可以略微呈放射状分开，使得角膜板层呈梯形，切忌形成过大的板层或逐渐变窄的板层。然后使用角膜隧道刀（月形刀）将角膜板层从周边开始与下层的角膜基质分离，分离过程中保持隧道刀刀片头部轻微摆动，沿角膜的弧度前行，不可逐渐加深或变浅，厚度要均匀一致。注意隧道刀的摆动幅度不能太大。分离后角膜板层呈与角膜巩膜缘连接的游离状态（图 2-6-10）。分离之后间歇性地使用生理盐水湿润游离的角膜片。接着用角膜剪将角膜巩膜缘的组织剪开，进入结膜组织的分离。使用剪刀沿着角膜片两侧呈放射状剪开结膜，用小梁剪分离结膜，分离的结膜不能带有过多的球筋膜（图 2-6-11）。将做好的角膜结膜瓣向创口牵拉，覆盖角膜创口及整个角膜隧道。简单结节缝合，对角膜上的整个覆盖区域的周边进行缝合，并在角膜巩膜缘的两侧进行缝合（图 2-6-12）。

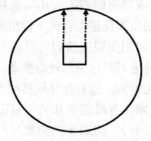

图 2-6-9　角膜板层切开示意

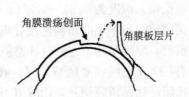

图 2-6-10　角膜板层游离状态示意

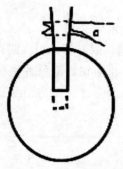

图 2-6-11　结膜分离示意

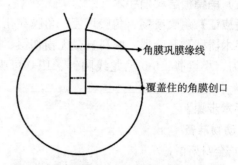

图 2-6-12　角膜结膜瓣覆盖整个创口及隧道
（可见角膜巩膜缘的线形痕迹牵拉进入角膜区域）

【术后护理】术后使用角膜营养剂及抗感染药物治疗。角膜上皮和实质组织将会从干净健康的角膜处向中央缺损移行。不存在排异反应，随着填充部位角膜变透明，视力将得到改善。

（四）自体角膜移植手术

自体角膜移植与板层移植的区别是角膜片为完全的离体游离状态。

【适应证】角膜溃疡、角膜坏死、角膜穿孔、角膜表层切除术后。

【手术器械】开睑器、眼科显微无损伤镊、眼科显微持针器、眼科手术刀、眼用规、角膜环钻、角膜隧道刀、小梁剪、6-0 尼龙线圆针、10-0 可吸收缝线铲针、止血钳、眼科冲洗针头、注射器。

【手术步骤】

1. 动物准备

（1）全身麻醉。

（2）眼内冲洗，抽取 0.05％聚维酮碘溶液，用眼科专用冲洗针头深入结膜穹隆冲洗眼内，彻底将眼内的分泌物冲洗干净。接着清洁眼周皮肤，先用无刺激的清洁剂（可用幼儿浴液代替）清洗眼周皮肤，然后用清水擦拭干净，再用 1％聚维酮碘溶液消毒，多余水分用无菌纱布擦拭干净以免影响手术覆膜的贴覆。

（3）眼部局麻。用眼科专用麻醉药点眼。

（4）用抗生素凝胶点眼。

（5）动物侧卧或仰卧位，调整头部使术眼尽量水平于手术台。术眼粘上眼科手术专用覆膜，然后盖上眼科手术洞巾。在眼睛的部位按照眼睛轮廓剪开覆膜，并用开睑器固定眼睑。

2. 手术操作　自体角膜移植的第一步是测量角膜溃疡或缺损的创面大小，选择合适规格的角膜环钻钻头。钻头的环形边缘要稍大于溃疡面。使用角膜环钻垂直向下做角膜的环形切开，预设钻入深度为 0.25～0.35mm（图 2-6-13）。然后使用角膜隧道刀（月形刀）将角膜溃疡面的组织与下层的角膜基质分离，分离过程中保持隧道刀刀片头部轻微摆动，沿角膜的弧度前行，厚度要均匀一致。注意隧道刀的摆动幅度不能太大。接着选择规格稍大的角膜环钻，直径大于角膜病变区域即可。在患眼健康的角膜区域（有时需要从另一只眼取角膜片）用角膜环钻做角膜切开，用隧道刀取下角膜片（图 2-6-14）。将取下的角膜片用生理盐水浸湿，覆盖在修整好的角膜创面上，使用 10-0 至 9-0 可吸收缝线简单间断缝合或简单连续缝合角膜片与周围角膜。

【术后护理】术后局部和全身使用抗生素以及眼部散瞳药。一旦荧光染色为阴性，可使用糖皮质激素点眼以减少角膜瘢痕。

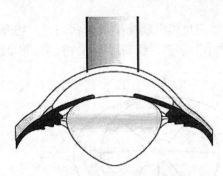

图 2-6-13　用角膜环钻垂直于角膜切开

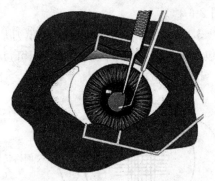

图 2-6-14　用隧道刀取下角膜片

（五）点状/放射状/网格状角膜切开

【适应证】惰性角膜溃疡。

【手术器械】开睑器、眼科显微无损伤镊、角膜刀、6-0 尼龙线圆针、止血钳、眼科冲洗针头、无菌棉棒以及 1mL、10mL 注射器。

【手术准备】

（1）动物眼表清洁和眼内冲洗。

（2）动物深度镇静或全麻，眼睛局麻。

（3）制作 ASP 针。将 1mL 注射器针头折弯呈大约 90°角，然后将针尖折弯为 90°角（图 2-6-15）。

【手术步骤】清理并冲洗眼睛，彻底清理眼内的分泌物。对角膜进行荧光素钠染色，荧光染色后可清晰地看到角膜上皮松散的区域。用无菌棉棒清除松散的角膜上皮。清理的动作要轻柔，直到上皮无法去除。

1. 角膜点状切开　用生理盐水再次冲洗眼球。使用制作好的 ASP 针在角膜上皮的脱落区域进行点状切开，针尖的入针或切开深度为 0.1~0.2mm。注意手的力度，不能过大。点和点之间均匀分布即可（图 2-6-16）。

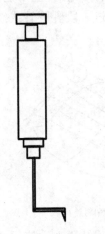

图 2-6-15　ASP 针的制作示意

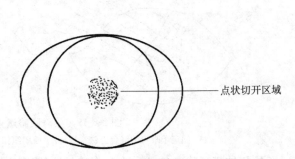

点状切开区域

图 2-6-16　角膜点状切开示意

2. 网格状切开 使用角膜刀在上皮脱落区域横向和纵向切开，切开应该穿过整个损伤区域，每条线延伸至正常上皮至少 1mm，线条间隔 1mm。线条均保持在浅表，肉眼可见（图 2-6-17）。

3. 角膜放射状切开 使用角膜刀从上皮脱落区域向角膜巩膜缘呈放射状切开，切开应该包括角膜上皮脱落区域，线条不可过多，建议呈"米"字形。线条均保持在浅表，肉眼可见（图 2-6-18）。

图 2-6-17　角膜网格状切开示意　　　　图 2-6-18　角膜放射状切开示意

【术后护理】术后使用抗生素滴眼液和角膜营养剂。也可以使用软性角膜保护镜进行保护。

（六）瞬膜遮盖术

【适应证】角膜溃疡、干性角膜结膜炎、神经性角膜炎、大疱性角膜炎。

【手术器械】开睑器、眼科显微无损伤镊、角膜刀、4/5/6-0 尼龙线圆针、止血钳、眼科冲洗针头、10mL 注射器。

【手术准备】

（1）动物眼表清洁和眼内冲洗。

（2）动物深度镇静或全麻，眼睛局麻。

【手术步骤】

1. 经眼睑的瞬膜遮盖术 第三眼睑跨过眼球通过两针或三针褥式缝合将第三眼睑软骨固定在上眼睑，不穿透球结膜。使用 4-0 或 5-0 缝线缝合。先从眼睑外皮肤处进针，通过眼睑结膜进入结膜穹隆，穿过 T 形软骨上方的结膜，也可通过软骨下方，但不能穿过第三眼睑眼球侧结膜，然后返回穿过上眼睑皮肤。缝线打结前最后穿过一段乳胶管或纽扣来减压，防止缝线切割皮肤（图 2-6-19）。

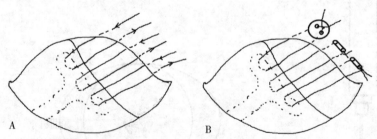

图 2-6-19　第三眼睑遮盖术
A. 固定于眼睑的缝合方法　B. 打结处用纽扣衬垫和用软塑料管衬垫

2. 背外侧结膜瞬膜遮盖术 第三眼睑的边缘固定在背外侧球结膜上，使用 2～3 个褥式缝合。使用 5-0 或 6-0 缝合线。两个褥式缝合，约 5mm 宽，穿过第三眼睑距边缘约 2mm。

缝线继续在背外侧结膜相应位置距角膜边缘 2～3mm 处，然后再穿回第三眼睑（图 2-6-20）。

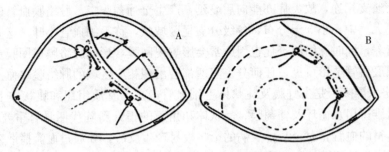

图 2-6-20 第三眼睑遮盖术
A. 瞬膜固定于球结膜的方法 B. 瞬膜固定于巩膜的方法

任务反思 >>>>>>>>>>>>>>>>>>>>>>>>>>>>>>>>>>>>

1. 角膜炎的常见原因有哪些？
2. 角膜溃疡的临床检查方法和治疗原则是什么？该病的预后如何？
3. 猫的角膜疾病有哪些特点？
4. 角膜切开技术有哪些？
5. 角膜板层移植手术有哪些要点？

任务七 葡萄膜疾病诊疗技术

任务目标 >>>>>>>>>>>>>>>>>>>>>>>>>>>>>>>>>>>>

掌握葡萄膜的生理和病理特点及葡萄膜疾病的临床表现，在认识、理解系统性疾病对葡萄膜影响的基础上，治疗葡萄膜疾病。

任务准备 >>>>>>>>>>>>>>>>>>>>>>>>>>>>>>>>>>>>

葡萄膜的生理及病理特点

葡萄膜包括虹膜、睫状体和脉络膜。因富含血管和色素，又称色素膜，其生理和病理特点如下：

（1）虹膜、睫状体、脉络膜为含有丰富色素的组织，能遮蔽外界弥散光，形成眼内的"暗室"环境，保证视物成像的清晰性。从某种程度上讲，色素化是眼内组织功能维持的一个重要因素，因此，先天缺乏色素的犬、猫也会表现出视网膜等功能的异常，后天的脱色素病变也会导致相关的视力损害。同时色素组织具有特异性，容易产生自身免疫反应而发病。

（2）虹膜、睫状体、脉络膜在解剖位置上从前向后顺序相连，亦为同一血源。两支睫状后长动脉到睫状体时形成虹膜动脉大环，再分支形成虹膜动脉小环，营养虹膜。因此虹膜与

129

睫状体常同时发炎，称为虹膜-睫状体炎。睫状后短动脉主要供应脉络膜营养，与虹膜、睫状体间互有交通支相连，故炎症亦能向后蔓延，产生全葡萄膜炎。脉络膜血管的特征为终末支由外向内呈大、中、小3层分布，各级分支呈区域状，称毛细血管小叶。这些血管可以为视网膜提供营养，同时脉络膜炎症也因此常会影响视网膜，形成脉络膜视网膜炎。脉络膜血管通过荧光眼底血管造影可见，任何分支阻塞都会出现相应区域的脉络膜缺血。

（3）血-房水屏障。是由虹膜及睫状体毛细血管内皮、基质组织和睫状体上皮共同构成的屏障。它对维持房水循环及葡萄膜、晶状体和角膜的正常新陈代谢具有重要的生理意义。葡萄膜具有丰富的血管，对全身性疾病的影响极易产生反应，如通过血流播散来的各种性质的转移性栓子，无论细菌性、病毒性还是抗原抗体复合物性，均易在葡萄膜的血管内停滞下来，引起病变；或同时导致睫状体上皮细胞的分泌功能下降，使得眼压随之降低，其分泌产生的房水性质也发生改变，含有炎性细胞、红细胞、纤维蛋白和血浆白蛋白等，这些变化会引起房水循环障碍和眼内的炎症反应。炎性产物可通过房水干扰晶状体和玻璃体的代谢，导致混浊；发生虹膜睫状体炎时，积聚在虹膜与晶状体面的渗出物，可形成粘连和机化；房水循环受阻时则会继发青光眼。睫状体遭到严重破坏时，因为房水分泌减少，甚至丧失房水分泌功能而导致眼球萎缩。

任务实施 >>>

一、先天性葡萄膜异常

犬、猫葡萄膜的先天性缺陷非常常见，其中，永久性瞳孔膜可能会影响视力，其余则几乎不影响或影响非常有限，在不引起并发症的情况下，一般不做临床处理。

1. 多瞳症 多瞳症是指有两个及两个以上瞳孔。这种先天性异常临床并不多见，这些瞳孔同样受虹膜括约肌和瞳孔开大肌的调节，也会有类似正常的瞳孔光反射。在瞳孔收缩的时候，这些"瞳孔"会变大。这种现象没有其他任何临床表现，临床检查时注意要与虹膜萎缩和虹膜发育不良相鉴别。

2. 瞳孔变形 先天发育异常导致的瞳孔变形常表现为小瞳孔，多数没有功能上的异常。这种现象在澳大利亚牧羊犬的小眼球症时容易发现，这种疾病是不完全的隐性遗传。注意与葡萄膜炎引起的瞳孔缩小相鉴别，重点检查是否有葡萄膜炎的其他临床特点。也要与其他获得性瞳孔变形相区分，临床上病理性的瞳孔变形常表现为瞳孔异形和瞳孔异位，多数由虹膜萎缩、外伤、肿瘤和炎性粘连导致。

3. 虹膜发育不良 虹膜发育不良的动物严重时表现为先天缺少虹膜，其他多伴发虹膜脱色素。无虹膜者由于缺少虹膜的保护，易出现白内障。背侧的角膜很容易出现角膜溃疡，发病机制尚不清楚。发育异常的虹膜，会伴有虹膜部分功能的丧失。幼犬在患有虹膜发育不良时，常会表现出瞳孔不在中央，且很难散瞳。这种问题在暹罗猫也很常见。这些动物多数还会表现出畏光的症状。由于虹膜的缺陷，使用检眼镜等光源检查时，可透过虹膜看到脉络膜毯部的反射。这些动物常有不同程度的脉络膜视网膜发育不良。

4. 异色虹膜 异色虹膜是指双眼的虹膜颜色不同，或单侧虹膜不同区域的颜色不同，或单侧虹膜为混合的颜色。异色虹膜可能会伴有色素沉积或脱色素。在某些白毛、耳聋和蓝眼睛品种的猫，以及喜乐蒂牧羊犬等带有 Merling 基因的犬多见。

（1）异色虹膜的犬包括：

①具有 Merling 基因的犬。Merling 基因是异色虹膜相关的重要因素，且可能引起部分犬耳聋，常见于柯利犬及相关的品种、花色型的大丹犬、大麦町犬等。

②犬患有虹膜白化病、睫状体隐性白化病的，常常有异色虹膜，如西伯利亚哈士奇犬和爱斯基摩犬。

（2）具有异色虹膜的猫包括：

①暹罗猫及相关的品种。

②蓝色虹膜的白猫，可伴发单侧或双侧耳聋。一只眼睛为非蓝色，另一只眼睛是蓝色的白猫，蓝色眼睛一侧多是耳聋的一侧。

5. 点状色素沉积　有些动物在出生时就出现虹膜的局部色素沉积，当发展成为虹膜痣时，就有可能发展成为黑色素瘤，要密切关注。

6. 永久性瞳孔膜　在胚胎发育期，虹膜瞳孔区被一层血管性膜性结构遮盖，很多动物在出生前都会将这层膜结构完全吸收。某些动物在睁眼时，这层膜结构并没有完全被吸收，仍然遗留下类似于纤维状、线条状、网状甚至蜘蛛网状的膜结构，称为永久性瞳孔膜。犬、猫均可发生，且与遗传有关。这种情况多数持续 4～5 周后膜被吸收而消失，但有些动物这层膜结构持续的时间稍长，会持续到性成熟前才消失，较大的膜则会终身存在而不被吸收。这种结构性的残留可能会导致其与晶状体发生粘连，并在粘连处的晶状体前囊发生色素的沉积。但这种情况对动物来讲一般不影响视力，轻微的粘连影响也不大，但是过大面积的粘连可能会遮挡光线，甚至随着年龄的增长会引起白内障。也有少数会发生与角膜的粘连，影响角膜内皮的代谢。

永久性瞳孔膜的具体表现形式如下：

（1）虹膜-虹膜。在靠近瞳孔缘的虹膜上呈现线条状或纤维状与虹膜同色的组织。幼犬常见，成年犬则少见，一般不会有眼部不适的临床表现。

永久性瞳孔膜案例

（2）虹膜-角膜。即来自虹膜的线状组织与角膜粘连。多数会导致角膜内皮受损，造成角膜局部水肿，其严重程度和接触角膜内皮的瞳孔膜数量有关，常见于幼犬和幼猫。

（3）虹膜-晶状体。即来自虹膜的组织与晶状体前囊粘连。有些粘连会脱离并在晶状体前囊上留下色素斑点；有些病例会引起晶状体前囊或皮质性白内障，这种类型的白内障多数比较稳定；少数病例，会有大面积的瞳孔膜粘连于晶状体前囊，呈蜘蛛样形态。

永久性瞳孔膜不需要特殊治疗，特别是轻微少残留但无临床症状及相关眼内结构病变者。如果引起角膜水肿则需要对症处理，可以使用类固醇类药物点眼或口服，一般不建议进行手术。引发白内障造成视力减退的病例，需进行白内障手术治疗。

二、葡萄膜炎

葡萄膜炎是犬、猫眼部重要的常见疾病之一，发病率高，症状轻重不一，严重病例可能导致失明。

【病因及类型】临床上葡萄膜炎有多种不同的分类方法：

根据受影响的组织结构进行分类，可分为前葡萄膜炎（虹膜睫状体炎）

葡萄膜炎案例

和后葡萄膜炎（脉络膜炎）；或将虹膜炎症和睫状体炎症分开描述，即虹膜炎为前葡萄膜炎，睫状体的炎症称为中间葡萄膜炎，脉络膜炎为后葡萄膜炎。

根据组织学特性分类，可分为化脓性和非化脓性，肉芽肿性和非肉芽肿性。

根据病因的来源进行分类，可分为内源性和外源性，原发性和继发性葡萄膜炎。

1. 晶状体源性葡萄膜炎　在动物的胚胎发育期，晶状体囊袋就已将晶状体蛋白与自身的免疫系统隔离。所以当晶状体囊袋破损或晶状体蛋白从囊袋中溢出的时候，晶状体蛋白进入房水就会诱发免疫介导性葡萄膜炎。这种现象可能是急性发作，也可能是慢性经过。具体发生机制如下：

（1）囊袋完整但晶体蛋白漏出。在临床上最常见的晶状体导致的葡萄膜炎是因为在白内障发展到成熟阶段后，晶状体蛋白从完整的囊袋漏出。因此，临床上见到的"红眼"的白内障病例应怀疑是否患有晶状体导致的葡萄膜炎。但要和葡萄膜炎继发白内障的病例相区别，这种病例是"红眼"发生在先，白内障发生在后。白内障病例要考虑可能会继发晶状体导致的葡萄膜炎。晶状体导致的葡萄膜炎很容易继发青光眼，需要眼压计和裂隙灯才能观察到。很多病例都会表现瞳孔散大，多数都会出现结膜充血。如果在进行白内障手术前患有晶状体导致的葡萄膜炎，术后的并发症非常严重，如青光眼、视网膜脱离。局部可使用糖皮质激素或非类固醇类药物治疗，但大多治疗时间较长。对于严重病例，则需要全身使用抗炎药物。对于血糖控制不理想的糖尿病患犬，使用糖皮质激素时还是要特别小心，因为如果使用不当，则会使血糖更难控制。如果不能在进行白内障手术前尽早发现晶状体导致的葡萄膜炎，非常容易导致白内障手术失败。

一旦临床诊断出动物患有晶状体导致的葡萄膜炎，就应该尽早进行治疗。

（2）晶状体穿透伤。当晶状体发生穿透伤时，容易继发青光眼。细菌很容易从穿透伤处进入眼内，导致眼前房出现含有中性粒细胞的脓性物质。如果能在早期对创伤进行治疗，可以保住眼睛。对于老龄动物而言，出现晶状体的穿透伤，最终都很难保住眼睛，但对于年轻动物而言，只要控制住感染，多数预后良好。

2. 牙齿疾病导致的葡萄膜炎　犬因患有严重的牙龈炎、牙周炎或牙根脓肿导致的上颌及颜面感染引发葡萄膜炎非常常见。在进行任何眼内的手术前，一定要先治疗牙齿疾病。

3. 金毛寻回猎犬的色素性葡萄膜炎　金毛寻回猎犬的色素性葡萄膜炎多数病例波及双眼，多为 6 岁以上老年犬，通常可见前房有色素分布，虹膜发黑并且增厚，在晶状体前囊可见放射状色素沉积，角膜内皮也可看到有色素沉积。某些病例可出现单个或多个葡萄膜囊肿，经常会继发出现房水闪辉、后粘连、白内障和青光眼。病因尚不明确。

【症状】无论何种葡萄膜炎，临床表现基本相似。

（1）溢泪。

（2）疼痛、畏光或眼睑痉挛。

（3）睫状充血。睫状充血是急性前葡萄膜炎的重要特征，炎症刺激使角巩膜缘周围的巩膜外层血管充血，血管粗大且分支较少，外观呈暗红色。若同时影响到结膜时，则表现为混合充血。慢性前葡萄膜炎有轻度充血或无睫状充血。

（4）房水闪辉。房水闪辉是眼前段活动性炎症的特有表现。由于虹膜血管壁的血-房水屏障被破坏，房水中的蛋白含量增加，用裂隙灯点状强光或短光带照射时，在正常房水的光学空间内，见到有灰色房水闪光带，即为房水闪辉。急性炎症时房水闪辉明显，严重病例会在短时间内出现纤维素性及脓性渗出物，因为重力的原因沉积在前房的下部，即前房积脓。纤维素性物质也会附着于瞳孔区域，形成膜性结构，称瞳孔膜闭。

（5）角膜后沉积物（KPs）。炎症反应过程中，由于炎症的侵蚀，角膜内皮变得粗糙，容易聚集沉积物，同时因为房水压力的上升，房水中的炎性细胞和渗出物等会沉积或黏附于角膜内皮。由于炎症程度及沉积物的成分不同，沉积物最终在角膜内皮上附着后的形态也不同，一般可分为尘状、细点状和羊脂状 3 种类型。角膜后沉积现象常见于猫传染性腹膜炎的病例。

（6）瞳孔的变化。急性炎症时由于瞳孔括约肌收缩，表现为瞳孔缩小，瞳孔光反射迟缓。慢性炎症时由于纤维素性渗出物沉积在瞳孔区域，进而导致渗出膜覆盖在瞳孔及晶状体前囊上，即瞳孔膜闭。瞳孔膜闭会阻挡进入眼内的光线，导致动物视力下降，并在一定程度上影响房水循环。若炎症反应造成虹膜瞳孔缘与晶状体前囊发生后粘连或与角膜内皮发生前粘连，则使瞳孔呈水滴状等不规则状外观。这种情况可使用阿托品散瞳，未粘连处可正常散开，而粘连处因为粘连面积过大及粘连发生时间过久可能无法散开。

（7）虹膜的变化。急性炎症时虹膜充血肿胀，颜色加深，虹膜纹理模糊不清，瞳孔缩小甚至出现极小瞳孔。慢性炎症时由于渗出、虹膜肿胀、瞳孔缩小和瞳孔膜闭，会导致后房压力逐渐增高，从而引起虹膜膨隆、虹膜肿胀增厚，虹膜膨隆和炎性细胞的浸润影响了房水从房角的排出，瞳孔的缩小会导致虹膜靠在晶状体上并最终发生虹膜与晶状体的粘连（虹膜后粘连）；若瞳孔边缘完全后粘连，则称为瞳孔闭锁（图 2-7-1）。瞳孔闭锁会导致更严重的虹膜膨隆，房角的角度减小，继而形成虹膜周边前粘连或房角粘连（图 2-7-2）。前粘连时，就会使房角闭合，房水引流受阻，很快就会导致青光眼的发生。炎症反复发作或慢性病例还会在虹膜形成机化膜及新生血管。有很多猫的葡萄膜炎病例发生严重的前房积脓或出血，大量的脓性物质和血液中的纤维蛋白覆盖在瞳孔区域，造成瞳孔阻滞。

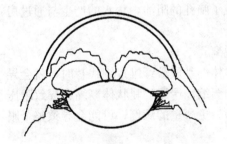　　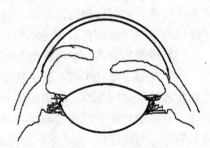

图 2-7-1　虹膜膨隆且粘连于晶状体，　　　虹膜的变化　　　图 2-7-2　虹膜前粘连示意
　　　　　　造成瞳孔闭锁　　　　　　　　　　　　　　　　　　　　（图中可见虹膜粘连于角膜内皮造成房角闭合）

（8）晶状体的变化。晶状体的营养几乎完全来自于房水，炎症反应产生的含有炎性分泌物的房水影响了晶状体的营养和代谢。急性炎症时晶状体囊常常有色素样物质沉积，慢性炎症时虹膜与晶状体多有粘连。这些因素会引起晶状体变性而导致白内障。

（9）玻璃体的变化。在虹膜睫状体发生急性炎症时，玻璃体前部可见少量细小尘埃状及絮状混浊。慢性炎症时常有玻璃体混浊。严重的脉络膜炎会继发玻璃体液化和玻璃体后脱离。

（10）脉络膜和视网膜的变化。严重的脉络膜炎会引起视网膜感染，导致视网膜脉络膜炎、脉络膜和视网膜脱离。

（11）眼压的变化。睫状体的炎症会影响其房水分泌功能，当此功能下降，会引起眼压下降，其分泌房水的功能彻底丧失则会导致眼球萎缩，即眼球痨。但如果炎性分泌物经房水排出时导致房角堵塞，动物会表现为眼压相对升高，或表现为正常眼压的青光眼。

【诊断】根据临床表现、典型的眼部特征即可诊断，犬、猫的葡萄膜炎要重视病史和临床症状。由于葡萄膜富含血管，所以与很多系统相关联，这些系统的疾病不仅会影响到葡萄膜，也会影响到眼部的其他组织。一旦确诊是葡萄膜炎后，就应该根据病史、临床表现等找到真正的病因，然后才能及时进行治疗。彻底的病史调查和全面的物理检查方可确保诊断正确。

全身性疾病引起的葡萄膜炎一般会导致双眼同时受到影响。当猫发生肉芽肿性葡萄膜炎时，常常预后不良，猫可能最终会死于原发病。免疫介导性葡萄膜炎，动物一般无全身性疾病的临床表现。在检查有无肿瘤、微生物或积脓时，可做眼前房的穿刺进行细胞学检查。也可通过血清学辅助诊断，以及免疫学检查以排除全身免疫系统疾病引起的葡萄膜炎。

急性前葡萄膜炎一定要和溃疡性角膜炎、急性青光眼、急性结膜炎和浅层巩膜炎等相区别，因为这些眼病的临床表现与前葡萄膜炎非常相似，都有红眼、疼痛和角膜混浊的症状。

【并发症】

（1）白内障。发生葡萄膜炎时，由于房水成分和性质的改变，影响了晶状体营养代谢，经常会导致白内障的发生。这种病例在临床上很常见，这时鉴别主要病因与继发病因对于治疗非常关键，因为在临床上，白内障继发葡萄膜炎也是比较普遍的问题。

（2）青光眼。患有葡萄膜炎的病例多数会表现为眼压下降，这是因为睫状体出现炎症时产生房水的能力下降，同时因为内源性的前列腺素增加了葡萄膜巩膜通道的房水排出能力。如果确诊为葡萄膜炎的同时出现了眼压正常或眼压升高的现象，可能多因炎性细胞及其碎片堵塞了房角、虹膜房角的前粘连或瞳孔缘的后粘连造成了瞳孔的阻滞，房水的产生与通过房角排出的动态平衡被打破，房水相对增多造成眼压上升。

（3）视网膜脱离。渗出和细胞浸润会导致视网膜脱离。

（4）萎缩。睫状体房水分泌功能丧失，虹膜和晶状体的基质被纤维组织代替时，就会导致虹膜和睫状体的萎缩。脉络膜的萎缩会导致视网膜的萎缩。严重的睫状体萎缩会导致眼压下降。有些动物还会因为葡萄膜炎导致虹膜的颜色加深。更严重的病例，可能会导致整个眼球挛缩，称为眼球痨。

【治疗】大多数急性病例是非肉芽肿性的，只要治疗正确，预后良好。肉芽肿性病例如果治疗效果不理想，病情会发展得很严重。当葡萄膜炎发展成为慢性经过时，定期复查对于控制此病尤为重要，有些慢性病例可能需要终身进行抗炎治疗。一旦发生葡萄膜炎，要尽最大努力找到真正的病因，热敷或将患病动物置于黑暗的房间内，尽量保持瞳孔散大，并对症治疗。

感染引起的葡萄膜炎要合理选择抗生素予以治疗，控制原发病。

炎症的控制是治疗葡萄膜炎最重要的一点，抗炎药物多选择糖皮质激素和非类固醇类药物。糖皮质激素用于进行性葡萄膜炎的治疗效果显著。局部使用1%泼尼松或0.1%地塞米松，严重者可以全身给予泼尼松或泼尼松龙。当动物存在某些全身性疾病或慢性病（如库兴氏综合征或糖尿病等）导致口服全身治疗受限时，可在动物镇静的情况下，使用局部结膜下注射治疗。对于不能使用糖皮质激素治疗的恶急性葡萄膜炎病例，以及慢性或反复性发作的葡萄膜炎的病例，还可使用抗前列腺素的药物、非类固醇类药物（如双氯芬酸钠、氟比洛芬）。对于顽固性的病例可选用免疫抑制剂配合糖皮质激素治疗，在全身使用泼尼松的同时联合使用环孢素、硫唑嘌呤等，这样可以避免单独使用其中任何一种药物所造成的不良反应。

【并发症的控制】

（1）散瞳。局部使用阿托品或托吡卡胺等滴眼，可散瞳、解除睫状体痉挛和缓解虹膜充血，每隔 $2\sim3\,h$ 使用一次，直到瞳孔散大。如散瞳效果不理想，可配合使用肾上腺素，但禁用于患有青光眼的病例。对于有继发青光眼倾向的病例，可以使用拟肾上腺素类药物，如 $1\%\sim2\%$ 肾上腺素和 $2.5\%\sim10\%$ 去甲肾上腺素。

（2）抗青光眼。炎症反应剧烈，前房渗出较多，或者有虹膜前粘连或后粘连的病例，需要监测眼压的变化，同时根据病例的实际情况选择合适的降眼压药物，因为多数葡萄膜炎继发的青光眼都为闭角型青光眼，所以应选择适用于闭角型青光眼的药物，同时还应注意有很多药物慎用于葡萄膜炎的情况。

（3）前房渗出。有很多病例会出现前房内的纤维素性渗出甚至出血，尤其是猫。前房内的少量纤维或血块无需额外处理，正常抗炎治疗即可，对于复杂或严重的病例，可以眼内注射 $25\mu g$ 纤溶酶（TPA）。

三、葡萄膜皮肤综合征

葡萄膜皮肤综合征（Vogt-小柳原田综合征、VKH）的特征是双侧葡萄膜炎并伴有全身皮肤、眼睑、鼻、嘴唇和毛发的脱色素等病症。该病最常发生于秋田犬、萨摩耶犬和哈士奇犬，也可发生在圣伯纳犬、雪特兰牧羊犬、爱尔兰雪达犬、金毛寻回猎犬、英国古代牧羊犬、澳大利亚牧羊犬和松狮犬，且通常多发于 3 岁左右的青年犬。

【症状】当病情发生在眼睛前段时，会出现眼睑痉挛、结膜和浅层巩膜充血、新生血管性角膜炎、前葡萄膜炎、周围虹膜脱色素和瞳孔光反射差。当病情发展到眼睛后段时，脉络膜视网膜炎会导致视网膜出血、视网膜脱离、视神经炎或玻璃体积血。皮肤、眼睑和嘴周围毛发出现脱色现象，偶尔也见于足垫，有时还会出现鼻和口腔黏膜溃疡。此病可并发前房积血、前房积脓、白内障、视网膜脱离和青光眼。

【诊断】主要根据病史、物理检查和组织病理学检查进行诊断。

（1）皮肤的活组织检查可显示苔藓样皮肤病变（大量淋巴细胞、浆细胞和组织细胞），同时黑色素和黑色素细胞减少。

（2）当组织病理显示存在广泛的肉芽肿性全葡萄膜炎、视网膜炎和局部视神经炎时，单核细胞会弥漫性浸润巩膜和葡萄膜组织，并且黑色素细胞减少。

【治疗】多数病例预后不良。

（1）最初主要是控制急性葡萄膜炎（见葡萄膜炎的治疗），采用局部和全身使用糖皮质激素，对于特急性病例可采用脉冲式治疗，也可使用免疫调节剂（硫唑嘌呤）治疗。同时局部使用散瞳剂（阿托品眼药）或睫状肌麻痹剂，如果继发青光眼要立刻停止用药，随着症状的减轻，可降低糖皮质激素和硫唑嘌呤的维持量。有些犬可以改用阿司匹林。

（2）并发症的治疗。

①急性青光眼。最初使用甘露醇和碳酸酐酶抑制剂。

②慢性青光眼。如有视力，可以采取药物治疗；白内障导致的葡萄膜炎如没有视力，先控制葡萄膜皮肤综合征，然后再治疗青光眼。

③视网膜脱离。在刚刚出现时，可以使用碳酸酐酶抑制剂，如为慢性的，则无需治疗。

四、猫的葡萄膜炎

【病因】猫葡萄膜炎常继发于猫传染性腹膜炎，以及猫白血病病毒、猫免疫缺陷病毒、组织胞浆菌、隐球菌、弓形体、芽生菌和球孢子菌感染。猫的特发性淋巴浆细胞葡萄膜炎在临床上很容易导致猫的青光眼。

【症状】急性病例可见畏光或有结膜充血，角膜透光性良好。虹膜膨隆，颜色变深，瞳孔缩小。肉眼可见前房混浊，裂隙灯检查前房能看到前房闪辉，内有纤维素性和细胞性渗出。前房炎性渗出会导致虹膜与角膜粘连或虹膜与晶状体前囊粘连。严重病例及急慢性病例最终会形成角膜后沉积物。

猫葡萄膜炎
案例

【诊断】实验室检查对诊断具有重要意义。血常规一般正常，如有异常则可能与其他疾病有关。患传染病的动物生化检查多有血清白蛋白减少、球蛋白增加，白球比小于1。

胸部X线片可辅助诊断传染性疾病引起的肺部炎性变化和肿瘤性变化。

猫葡萄膜炎
症状

【治疗】双眼发生葡萄膜炎时，根据实验室和临床诊断结果在治疗葡萄膜炎的同时，首先要控制原发病。如果是单眼发生葡萄膜炎，多数情况只针对葡萄膜炎进行治疗即可。治疗葡萄膜炎主要是局部或全身使用糖皮质激素和非类固醇类抗炎药物，糖皮质激素要根据病情的严重程度逐渐调节剂量。如果出现前房积血，应使用止血药物，同时用散瞳药防止瞳孔粘连。适当使用阿托品眼膏等散瞳药还可以解除睫状体痉挛，但要特别注意避免在发生青光眼时使用。

五、葡萄膜囊肿

葡萄膜囊肿是一种充满液体、呈卵圆形或圆形的良性囊肿，有血管或无血管，可能伴有钙化，源于虹膜或是睫状体的后色素上皮层，虹膜囊肿多见。

【病因】

（1）隐性遗传。葡萄膜囊肿可能会表现为隐性遗传，但多数动物在成年后才表现出症状，特别是大丹犬和金毛寻回猎犬。

（2）继发于炎症。葡萄膜囊肿也可能继发于眼内的炎症。

【症状】葡萄膜囊肿多为透明的圆球形，多有色素沉着，可能会固定在原来的位置，也可能漂浮在前房，囊肿有时是单个的，有时也会多个存在。这些漂浮在前房的囊肿有时会和虹膜接触，有时可能和角膜的内皮接触，偶尔也会在视轴阻碍瞳孔光反射。有时扁平的囊肿会贴在角膜内皮，像一片色素性异物。有时前房角过多的囊肿还会影响房水的排出，从而继发闭角青光眼。

【诊断】在临床上，葡萄膜囊肿的诊断要注意与色素性肿瘤和肉芽肿相区别，主要方法是用聚焦的强光照射，葡萄膜囊肿是透光的，而肿瘤是不透光的。但对于色素沉积较多的葡萄膜囊肿，则需要借助B超进行鉴别诊断。

【治疗】在临床上很少通过手术的方法将葡萄膜囊肿摘除，但当囊肿阻挡了瞳孔，影响视力，或已经出现继发的青光眼，或因为继发葡萄膜炎导致房角变窄，以及葡萄膜囊肿贴附于角膜内皮，导致角膜水肿时则可采用手术疗法。

六、葡萄膜的肿瘤

葡萄膜血液循环和色素丰富，在眼内是肿瘤的常发部位，尤其是虹膜和睫状体。犬最常见的原发肿瘤是黑色素瘤，其发病率是其他肿瘤的两倍。猫则相对较少发生。

1. 犬的葡萄膜肿瘤

（1）原发性肿瘤。

①黑色素瘤。转移率小于5％，有时也会出现无黑色素的恶性肿瘤。平均发病年龄在9岁。当虹膜的黑色素瘤侵入到前房，影响到瞳孔时很容易在早期被诊断出来。睫状体的黑色素瘤通常都是在晚期才能被诊断出来，这是因为当黑色素瘤侵入到玻璃体内，导致虹膜和虹膜角膜角前移，或是侵入到巩膜才能被发现。很多看似源于虹膜的肿瘤，实际都源于睫状体。眼部的黑色素瘤通常生长得都非常快，并且可能转移到邻近的巩膜和眼球。患黑色素瘤动物的存活时间与肿瘤的大小、有丝分裂程度、良恶性等无关。多数黑色素瘤是单侧发生的，全身性转移可导致双侧发生黑色素瘤，但只是个别现象。

②睫状体上皮的腺瘤/腺癌。一般为粉红色，多数从虹膜后的睫状体、周围的虹膜或是虹膜角膜角隆起而被发现。比黑色素瘤更容易发生转移。很多腺瘤也可能有色素沉积，而很多黑色素瘤不含色素，所以临床上做鉴别诊断有一定的难度。拉布拉多犬和金毛寻回猎犬被认为是易患黑色素瘤和上皮肿瘤的品种。

③血管肉瘤、平滑肌肉瘤、髓质上皮瘤在临床上少见。如果幼犬出现没有色素沉积的虹膜肿物时可能为髓质上皮瘤。

（2）继发性肿瘤。可见于淋巴肉瘤、腺癌、传染性性病肿瘤、乳腺癌、纤维肉瘤、过渡性细胞肉瘤等，但在临床上并不多见。

2. 猫的葡萄膜肿瘤

（1）原发性肿瘤。

①黑色素瘤。常见于老龄猫，平均发病年龄为11岁。猫黑色素瘤的典型表现是虹膜上有弥漫性色素沉积的区域，没有突起，很少有结节状外观。

虹膜黑皮病是良性肿瘤，但是如果发展并增厚，就可能成为黑色素瘤。据国外资料报道，患黑色素瘤的病例大约有63％是由其他疾病转移而导致死亡的。在摘除眼球的对照组中，转移率为62％。可并发青光眼。越早进行眼球摘除术，存活率越高。

②梭形细胞肉瘤。可见于患有严重眼外伤的犬、猫在数月或数年后发生。也可见于眼部感染或进行过眼部手术，以及有眼穿透伤病史的犬、猫。临床表现为慢性葡萄膜炎，可能伴随出现慢性青光眼牛眼征。在进行了眼球摘除术后，局部复发和转移非常普遍。因为肿瘤主要位于眼球的内壁，所以可通过视神经进行扩散。梭形细胞肉瘤可能转移到骨髓。对患有所有外伤或是眼球挛缩的动物要尽早摘除眼球，以避免梭形细胞肉瘤的形成。

③睫状体上皮腺癌。临床上很少见。

（2）继发性肿瘤。可见淋巴肉瘤、卵巢或乳腺癌、转移性血管肉瘤、鳞状细胞癌。

【症状】虹膜上可见充满血管的肿物，有时会从虹膜后突出进入瞳孔区，有时有色素沉积；

前房变浅、前房积血；虹膜颜色由于色素沉积增加呈进行性改变；本病可继发青光眼。

【诊断】可根据临床症状和实验室检查确诊。

明显的虹膜或睫状体肿物，可采用前房穿刺或细胞学检查、活组织检查，或进行 B 超和 CT 诊断其具体侵袭范围。

【治疗】葡萄膜原发性肿瘤和继发性肿瘤治疗方法不同。光凝治疗可以很好地控制小的或中等大小的良性原发性黑色素瘤，但猫不建议使用光凝治疗，因为会增加转移的概率。假如肿瘤较小，生长速度或原发病因未知，最好进行定期观察；当肿瘤生长迅速或患病动物失明且疼痛时应考虑摘除眼球；患有虹膜黑色素瘤的猫应该定期到动物医院进行复查；所有色素沉积性虹膜肿瘤都应由宠物眼科医生对病情进行评估和进行长期治疗。

任务反思 >>>

1. 葡萄膜炎的发病机制有哪些？临床治疗思路是什么？
2. 葡萄膜肿瘤的类型有哪些，预后如何？

任务八　晶状体疾病诊疗技术

任务目标 >>>

1. 掌握晶状体的生理特点、临床检查方法和宠物常见晶状体疾病的病因。
2. 掌握晶状体囊内摘除术和晶状体超声乳化技术。

任务准备 >>>

晶状体生理

晶状体含两种细胞，即上皮细胞和纤维细胞。赤道部上皮细胞经有丝分裂形成新的纤维细胞，脱去细胞核而形成晶状体纤维。成熟晶状体的周边赤道部细胞具有活跃的代谢能力，但除此之外，晶状体的其他所有结构的损伤均不能修复、不能代谢更新。晶状体从胚胎发育开始到死亡的过程中，上皮细胞不断增殖分化形成晶状体纤维并保持终生，随动物年龄增长，老化的晶状体纤维逐渐被挤向核中央，晶状体因此而发生核硬化。

晶状体为纤维蛋白结构，完全无血管和神经，通过房水和玻璃体获取营养、排出代谢产物。晶状体代谢率较低，但过程复杂。晶状体含高浓度蛋白质，透明、有弹性且可变聚焦。晶状体含 65% 的水，35% 的有机物质，有机质中主要是晶状体的结构蛋白。晶状体核含 60%～70% 的浓缩蛋白质，含有丰富的巯基化物（半胱氨酸及甲硫氨酸），巯基化物密集分布于视轴上，提高晶状体的透明度。晶状体蛋白含丰富的芳香族氨基酸（色氨酸、酪氨酸、苯丙氨酸）及含硫氨基酸（半胱氨酸及甲硫氨酸），具有吸收光的功能并且易氧化变构。蛋白质与核酸是光化学损伤的靶组织。晶状体与角膜一样含荧光发色团，随年龄增加荧光发色团也增加，透射光线的百分率则会随年龄增长而减少。老龄晶状体光散射增强及晶状体荧光增强的结果是，晶状体老化的分子水平改变：①新生动物的晶状体结构蛋白95％以上为水溶性的，不溶于水的不足2％，随年龄增长，不溶于水的蛋白比例增加，高分子量蛋白的增加也增加了光的散射。②随年龄增长，蛋白巯基及游离巯基化物减少，双硫化物及蛋白双硫化物增多。③晶状体抗氧化酶（SOD、CAT、GSH-PX）活性下降，抗氧化剂（还原型谷胱甘肽、维生素C）减少。④晶状体代谢酶、泵功能随着动物年龄增长，活力逐渐下降。

任务实施 >>

一、先天性晶状体异常

犬、猫晶状体的先天性异常主要包括无晶状体、小晶状体、晶状体缺损、球形晶状体及圆锥形晶状体。晶状体与其他眼球结构的生长发育关系密切，因此无晶状体和小晶状体及晶状体缺损的病例多数同时有小眼球及眼睛其他结构的缺损等异常。各种晶状体的先天性异常都和永久性瞳孔膜及永久性玻璃体动脉有关。

无晶状体是比较罕见的，主要机制是胚胎发育阶段由神经管生长伸出的视泡和表皮胚叶的接触失误造成的，无晶状体病例临床检查可见前房变深，并可能伴有其他发育畸形。

小晶状体的病例很多仍旧有正常的睫状体悬韧带，散瞳后悬韧带清晰可见；小晶状体畸形病例的眼睛多伴有其他眼球结构异常，并常常随着年龄的增长出现白内障和青光眼。

晶状体缺损多指在晶状体赤道部出现凹口或扁平，缺损处亦无睫状体悬韧带，散瞳后裂隙灯检查可观察到缺损处有来自眼底的反光。

圆锥形晶状体及更严重的球形晶状体常常表现为晶状体表面畸形，有的为由后向前凸出，也有的由于同时有永久性玻璃体动脉，从而表现为晶状体后极向玻璃体的圆锥形凸起。

晶状体脱位
案例

二、晶状体脱位

晶状体借悬韧带悬挂在睫状肌上从而维持其正常位置，晶状体的后极"坐"于玻璃体凹内。晶状体脱位根据脱位程度上可分为半脱位和全脱位。由于晶状体悬韧带的部分缺损或断裂，导致晶状体发生倾斜等位置改变，称晶状体异位或晶状体半脱位。因悬韧带完全断裂使得晶状体呈完全游离状态，称晶状体全脱位，完全脱位的晶状体进入前房称为晶状体前脱位，进入玻璃体腔称为晶状体后脱位（图2-8-1）。

【病因】晶状体脱位可能是原发的或继发的，或者有其他眼部异常同时合并有晶状体脱位，也有些晶状体脱位是遗传的。

（1）遗传性晶状体脱位。遗传性晶状体脱位可以是先天性的，或是迟发性自发的，犬、猫等宠物较少见。

遗传性晶状体脱位常是双侧对称性的，向上、颞侧脱

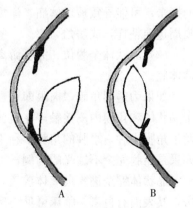

图2-8-1 晶状体脱位示意
A. 晶状体后脱位 B. 晶状体前脱位

位。迟发性自发晶状体脱位通常可见晶状体向下半脱位，晶状体通常略小且带有显著变性，呈不规则状晶状体体积小且有变性者，该眼的玻璃体可通过小带缺损处突入前房。这两种类型晶状体脱位均合并有白内障及视网膜脱离。迟发性自发晶状体半脱位较先天性者更易发生青光眼。

（2）全身异常伴有晶状体脱位。动物具有眼、骨、肌肉和心血管异常的遗传性疾病，同时伴有晶状体脱位时，晶状体脱位多为双侧性。最常见的情况是，晶状体脱位是向颞上，或轻微向后，以及垂直或水平脱位，以致在瞳孔缘和晶状体前极形成一空隙。前房内或玻璃体内脱位者较少见。

（3）原发性晶状体脱位。原发性晶状体脱位相对更常见于犬，少见于猫。原发性脱位与该动物的先天性发育相关，表现为晶状体悬韧带的结构和功能缺陷，如悬韧带的弹性差、脆性增加。晶状体脱位现象多发生在动物青年时期，常见于刚毛猎狐梗、杰克罗塞尔梗、斗牛犬、迷你雪纳瑞犬和贵宾犬等小型犬种。

（4）继发性晶状体脱位。继发于其他眼病的晶状体脱位在临床很常见。例如眼球受外伤后造成悬韧带断裂，发生晶状体脱位。外伤性晶状体脱位，主要为挫伤及手术所致。外伤的原因是多方面的，因而致晶状体脱位的类型也是多方面的。青光眼的慢性经过会使眼球逐渐变大，导致晶状体悬韧带断裂，引起晶状体半脱位或全脱位的情况。白内障成熟期或糖尿病性白内障时，晶状体膨胀，可能会导致晶状体悬韧带受损而断裂。葡萄膜炎时，房水性质的改变，房水中的炎性介质会使晶状体悬韧带变得脆弱而断裂。眼内或眼周的肿瘤等占位性病变引发晶状体移位并引起悬韧带断裂，进而发生晶状体继发性脱位。

【症状】

（1）晶状体半脱位。晶状体轻度脱位，在散瞳后才能发现。若晶状体一侧向前倾斜，将会使得虹膜根部向前推移，脱位侧的对侧近乎正常或有向玻璃体方向的位移。脱位在上方伴有整个晶状体向前移位时，由于虹膜前移，会发现前房均匀一致变浅。如果晶状体脱位的一侧向玻璃体方向倾斜，眼部裂隙灯检查可见前房变深，虹膜震颤（虹膜失去晶状体依靠所致），有时可在瞳孔部看到半脱位晶状体的赤道部，在眼底投照光背景下呈现明显的弧线，将瞳孔分成两部分：有晶状体部分呈灰白色反光，无晶状体部分则深黑如潭。由于对玻璃体的撞击，可能导致玻璃体疝，溢出的玻璃体物质嵌顿于脱位的晶状体与瞳孔缘，甚至发生虹膜周边前粘连，或房角堵塞。

（2）晶状体全脱位。完全游离的晶状体会脱入前房，或晶状体嵌于瞳孔，也可能脱入玻璃体腔。

如果为透明角膜，肉眼即可看到位于前房的晶状体；一般在晶状体前方脱位的病例，由于晶状体和角膜内皮接触，在机械性的撞击及压力的作用下，将会造成角膜内皮受损，因而发生角膜水肿，水肿的角膜不利于前房的观察，这种情况下可借助裂隙灯显微镜帮助诊断；如果是角膜完全不透光的病例，可以借助眼部超声进行诊断。

晶状体完全进入玻璃体腔者，由于震荡和撞击，将导致玻璃体液化，玻璃体可脱入前房，其表面有色素。临床可见前房加深，裂隙灯检查无晶状体，可借助超声进行确诊。

有时晶状体可完整脱入睫状体上腔，如外伤伴有角巩膜缘破裂或角膜溃疡，则脱位的晶状体可脱出眼球进入结膜下或眼球筋膜下。晶状体还可能通过视网膜裂孔脱入视网膜下的空间和巩膜下的空间。脱位晶状体无论在何处，都将引起局部刺激性反应，并引起继发性青光眼。

【治疗】对于晶状体脱位者，首先是控制葡萄膜炎，同时，可以根据情况选择手术治疗。要充分考虑晶状体脱位的原因、部位、是否有并发症、动物是否有视力等，决定是否手术，何时进行手术，选用哪一种手术方法，手术难度与预后等。

1. 适合手术治疗的情形　以下情况建议手术治疗：

（1）晶状体前方脱位。指的是晶状体悬韧带断裂而表现为晶状体向前方移动，脱位于前房和瞳孔，脱位的晶状体可能损伤角膜内皮引起角膜内皮水肿，甚至妨碍房水排泄导致眼压升高。因为必将导致白内障，即使应用保守疗法可使脱位晶状体复位到后房，但以后易再发，因此不论晶状体透亮与否、眼压正常与否，均应考虑手术摘除。

（2）晶状体后方脱位。后脱位的晶状体进入后方玻璃体腔并下沉至眼球腹侧，会有玻璃体脱入前房，脱位的晶状体发生囊膜破裂，会出现继发性青光眼、葡萄膜炎、玻璃体疝等并发症。虽然后方脱位从临床症状上看不如前方脱位那么危急，但是因为一系列并发症最终也会造成如视网膜脱落或出血等严重影响视力的结果。

（3）脱位的晶状体已完全混浊者。术后能改善视力，特别是幼年或者晶状体脱位眼睛为唯一有视力的宠物。

（4）先天性晶状体脱位。影响视功能及有其他并发症发生。

（5）在已发生视网膜脱离而需要适当提高视力或由于晶状体脱位而影响眼底检查或视网膜脱离复位手术。

（6）已发生晶状体溶解并导致青光眼时。

（7）保守治疗或周边虹膜切除手术失败的瞳孔阻滞性青光眼。

2. 手术治疗方案　晶状体脱位的手术治疗方案如下：

（1）前房脱位的晶状体。多采用晶状体囊内摘除：缩瞳，做角膜大切口，通常在角巩膜缘切开后即可见晶状体赤道部，直接娩出晶状体。若瞳孔极度散大，一旦打开创口，晶状体极有可能脱入玻璃体内，此时需要在晶状体后方插入晶状体固定针后再行摘除术或此时终止手术，不再做取出晶状体的尝试，术后控制葡萄膜炎即可。也可以按照白内障手术中的超声乳化技术，在前方内施行晶状体前囊的撕囊，然后将晶状体乳化并吸出，最后一并吸出整个晶状体囊。玻璃体嵌顿在瞳孔的病例比较麻烦，手术中不能缩瞳，而且一定会有玻璃体脱出。

（2）后房（玻璃体）脱位的晶状体。轻度半脱位者临床难以诊断，通过极度散瞳可见悬韧带断裂处半脱位的晶状体，若晶状体比较稳定，暂时可不施行手术。但是如果晶状体在虹膜后侧方有明显倾斜，玻璃体并无损伤，应采用措施降低眼压以防止玻璃体脱出，眼压下降后再施行手术。晶状体嵌顿于瞳孔的临床检查可见瞳孔中央为晶状体边缘，此种较强的半脱位会破坏玻璃体前界膜，手术中可行玻璃体切割术，从虹膜后面沿瞳孔缘切除玻璃体。脱位晶状体浮动在玻璃体内者，极度散瞳后，使宠物俯卧，尝试使晶状体移至前房内。若晶状体能移动到前房，进行缩瞳，再摘出晶状体。手术中要进行玻璃体切割术以清除前方内的玻璃体物质。

（3）高度半脱位。瞳孔缘可见脱位的晶状体，前房加深，晶状体明显摇动于玻璃体中。对于圆周一半以下脱位的病例，可以使用如囊袋张力环等环形装置固定晶状体，张力环可有效降低悬韧带的负荷。但是脱位超过半周以上的病例，建议采用晶状体囊内摘除。无论哪一种手术，术后都有发生葡萄膜炎和青光眼的风险，因此必须由专业的眼科医生进行术前评估并完成手术过程。

三、白内障

解剖生理学上，白内障是指凡晶状体表面或晶状体内任何部位混浊，或功能上造成视力模糊的现象。其生化意义为晶状体蛋白不可逆性凝固、变性，表现为色素性、结晶性积聚，以及纤维素性变性等导致的光学透明性改变。因此，临床上对白内障理解是简单地基于晶状体的任何可检查到的混浊，而白内障的病程进展速度，除与白内障种类有关外，个体差异影响很大，如白内障导致的视力下降有时很迅速，但也有很多病例病程很长，达数月乃至数年，在此期间，视力缓慢下降，也可能停留在某发展阶段（视力无明显减退）。

白内障案例

【病因及分类】人类对白内障的病因学研究从来没有停止过。但就白内障形成原因而言，常难以定论，如老龄动物退行性变化、先天性、遗传性、营养缺乏、内分泌失调、离子代谢紊乱等，但都缺乏充分根据。事实上，任何单一致病因素都难以解释白内障形成过程中复杂的病理及生化现象，因此白内障分类标准也很多。临床上，在先天性与后天性白内障总括下，根据其形态学（部位、范围及混浊形态）及病因学（包括晶状体混浊发生的原因及时间），并充分考虑已知疾病过程及毒性环境因素的关系进行分类，具有一定的实际意义。

1. 先天性白内障　幼龄宠物中约14％是由于先天性白内障所致失明，其中20％有遗传因素，另20％为先天性或内分泌失调所致。先天性白内障亦常伴有中枢神经系统异常，如智力低下、惊厥或脑麻痹等。大约6％先天性白内障合并眼部其他异常，如原发玻璃体增殖、无虹膜、脉络膜缺损等。临床上年轻动物白内障很多见。

（1）囊膜性白内障。永存瞳孔膜病例多见晶状体前囊膜混浊。裂隙灯下，表现为瞳孔正中对应部位囊膜呈局限性灰白混浊。如混浊范围很小，不会严重影响视力；若瞳孔膜与晶状体粘连，并有色素沉着，且面积较大者，随着年龄的增长有可能因为瞳孔的运动发生前囊的代谢障碍或损伤，从而发生晶状体混浊，虽多数可静止，但因位于瞳孔区常影响视力。

（2）极性白内障。极性白内障与囊膜性白内障常同时出现。根据其位置不同可分为前极性、后极性和双极性白内障。前极性最多见，混浊区呈盘状，位于前囊膜下透明区，裂隙灯下不能区分混浊表面的囊膜。猫的后极性白内障影响视力程度较前极性白内障更为严重。极性白内障一般为先天性，但也可以为外伤所致，特别是微小的穿透性损伤，晶状体囊膜愈合后形成瘢痕。

（3）胚胎核性白内障。胚胎核性白内障又称中心性白内障，一般在妊娠6个月时形成，仅原始晶状体纤维受累，且局限于胚胎核内，混浊常呈粉尘样外观。有时与绕核形或极性白内障合并出现，通常不影响视力，多见双侧性发病。

（4）缝性白内障。Y形缝合缝代表了原始晶状体纤维发育中止在不同部位的接合部，并形成了胚胎核的前后界线，缝性白内障在这个一点上形成。双侧发病，一般不影响视力。混浊呈白色或浅绿色，细辨可见由极细的白色斑点组成。位于更表浅的缝性白内障起源上属发育性，具有错综复杂的类型，如星形、珊瑚形、花簇形等。

2. 发育性白内障　发育性白内障是指先天性与成年型白内障的过渡型，一般在生后形成。混浊多为一些沉积物聚集，并非晶状体纤维本身。因此，形态上多与晶状体纤维走行无关，而呈圆形或类圆形轮廓，点状或花冠状混浊，散在分布于晶状体周边皮质区域，可随年龄增加而增加，但一般不影响视力。

3. 老年性白内障　老年性白内障是犬、猫常见的白内障类型。根据混浊发生的部位，可分为皮质性白内障、核性白内障和囊膜下白内障。

（1）皮质性白内障。根据其临床发展过程及表现形式，皮质性白内障可分为四期：初期、未成熟期、成熟期和过熟期。

①初期。最早期肉眼不容易观察到异常。基本的改变是在靠周边部前后囊膜下，出现辐轮状排列的透明水隙或水泡。这些水的积聚主要来自房水，可以使晶状体纤维呈放射状或板层分离。在前者，水分可沿晶状体纤维方向扩展，形成典型的楔状混浊，底边位于晶状体赤道部，尖端指向瞳孔中央。散瞳检查，在后照或直接弥散照射下，呈轮辐样外观。

②未成熟期。晶状体纤维水肿和纤维间水分的不断增加，使晶状体发生膨胀，厚度增加，又称肿胀期。此阶段动物视力开始逐渐减退。

③成熟期。晶状体全部基质变为混浊。裂隙灯检查仅能看到前面有限深度的皮质，呈无结构的白色混浊状态。此时，晶状体纤维经历了水肿、变性、膜破裂的病理过程，最终以纤维崩裂、失去正常形态为结局。

④过熟期。由于基质大部液化，某些基本成分的丧失，使晶状体内容物减少，囊膜亦失去原有张力而呈现松弛状态。可看到尚未溶解的核心沉到晶状体囊袋下方，随眼球转动而晃动。外伤或剧烈震荡可使核心穿破囊膜而脱入前房或玻璃体，如伴有囊内液化基质流失，患病动物会突然恢复视力。

（2）核性白内障。核性白内障不像皮质性白内障那样具有复杂的形态学变化和发展阶段。核性白内障往往和核硬化并存。最初混浊出现在胚胎核，而后逐渐扩展，直到老年核，这一过程可持续数月以至数年。大多数核混浊伴有棕色色素颗粒的积聚。色素分布局限于核区而不向皮质区扩展，因此视力可不受影响，眼底亦清晰可见，裂隙灯检查可在光学切面上以密度差别勾画出混浊的轮廓。

（3）囊膜下白内障。临床上比较少见单纯囊膜下晶状体混浊。大型犬多见后囊膜下混浊，呈棕色细颗粒状或浅杯形囊泡状。病程较长者可能发生钙化。

4. 代谢性白内障　许多代谢性疾病会同时伴发代谢性白内障，如糖尿病性白内障、低血钙性白内障、半乳糖性白内障、营养性白内障、新生宠物低糖血症、氨基酸尿症、高胱氨酸尿症等，其中临床关注较多的为糖尿病性白内障。

糖尿病在中老年犬、猫的发病率很高，犬、猫的血糖早期控制多数不理想，因此持续性高血糖很快导致白内障。糖尿病性白内障发生机制尚无定论。但对实验性糖尿病性白内障动物模型进行深入研究发现，晶状体内糖代谢紊乱，是白内障形成的重要生化和病理基础。晶状体通过 4 个代谢通路利用葡萄糖。其中 3 个通路（糖酵解、戊糖支路、三羧酸循环）取决于由葡萄糖向 6-磷酸葡萄糖转化，由己糖激酶催化。作为补充代谢通路，在醛糖还原酶催化下，葡萄糖转化成山梨醇。在正常情况下，由于己糖激酶活性较醛糖还原酶高，山梨醇几乎不发挥作用。而在患糖尿病的宠物，血糖水平增高，通过房水迅速扩散到晶状体内，使己糖激酶活性达到饱和，并激活醛糖还原酶，过多的葡萄糖则通过山梨醇通路转化成山梨醇和果糖。这类糖醇一旦在晶状体内产生，便不易通过囊膜渗出，从而造成山梨醇在晶状体内积聚，增加了晶状体的渗透压。过多水分进入晶状体以维持渗透性平衡，结果形成囊泡、水隙和板层分离等一系列病理改变。这一过程如进一步加重，则个别晶状体纤维破裂，钠离子释放进入晶状体，引起进一步吸水。同时，晶状体内成分外漏，使钾离子、谷胱甘肽、氨基酸和小分子蛋白部分丧失，依次产生皮质和核混浊。

糖尿病性白内障是以密集的囊下小空泡形成开始，之后可迅速发展成典型的灰白色斑片状混浊，位于前后囊膜下皮质浅层。其后，随病情发展，晶状体最终呈全面混浊状态。糖尿病性白内障进展过程中，具有特征性的病理变化是基质迅速发生高度水肿，晶状体膨胀增大。

5. 继发性白内障 由眼局部病变继发白内障，特别是炎性疾病。内眼手术后由于炎症并发白内障，临床上亦不少见，特别是青光眼手术、视网膜脱离手术术后较为常见。其他眼局部炎性病变主要包括虹膜睫状体炎、视网膜脱离、视网膜色素变性、慢性青光眼、眼内肿瘤、眼外伤等。其中外伤性白内障在动物临床多发。

直接或间接性机械损伤作用于晶状体，可使之产生混浊性改变。动物眼部的各种外伤均有可能在恢复后期出现白内障。由于伤情复杂，外伤性白内障的形态学特点也错综复杂。最早期改变是囊下混浊，进而形成类似于并发性白内障的星形外观或菊花状混浊。混浊位于前后囊膜下，逐渐向深部扩展，最后发展成全白内障。严重的眼球穿透伤由于眼内炎症影响晶状体的代谢；或继发青光眼，较高的眼内压及异常的房水循环影响晶状体代谢；或船头上累及晶状体，由于房水迅速进入晶状体，引起晶状体纤维肿胀与混浊。这些情况都会在短时间内发生白内障。

6. 后发性白内障 后发性白内障是指白内障手术摘除后，或外伤性白内障部分吸收后，在瞳孔区残留晶状体皮质或形成纤维机化膜的特殊状态。其结构与形态主要与手术后残留皮质的多少，后囊膜是否存在及完整性，术后炎症反应的严重程度有关。白内障囊外摘除术后，尽管保持后囊膜完整且无皮质残留，但由于残存的囊下上皮细胞增殖，可以形成特殊的球形空泡样细胞（"珍珠"），同时使后囊膜混浊，即后发性膜性白内障。如伴有皮质残留，且为前后囊膜不全包绕，则吸收较为困难，加之出血、渗出等过程，构成了更为复杂的机化膜组织。机化膜厚而致密，严重影响视力。有时机化膜组织与周围虹膜广泛粘连，使瞳孔严重偏位或闭锁，引起继发性青光眼。有些病例，膜组织内有大量的新生血管，几乎不能再次手术，还有的病例，由于残留皮质较多，周边部位，在赤道部形成隆起，称为泽默林环。

【诊断】

1. 一般检查 眼观判断，最明显的就是白瞳症。白内障种类及程度不同，瞳孔区可呈现灰白、淡黄、棕色等不同色调。此时应注意与瞳孔区的疾病及玻璃体疾病相鉴别。白内障的检查不可仅仅眼观诊断，全面的检查是非常重要的，临床上大多数用于检查角膜的方法几乎均可用于检查晶状体。

通过落棉花或迷宫实验或在暗室内看犬、猫是否追逐点光源可以帮助判断视力。

通过瞳孔直接对光反射和间接对光反射可以了解视网膜、视神经及颅神经的大致情况。

2. 检眼镜检查 白内障早期，通过瞳孔区透照，瞳孔领表现为红色眼底反光，而混浊部分完全呈现黑色，且固定不变，这与透照时显示玻璃体混浊的飘忽不定状态形成鲜明对照。透照法根据所见到的混浊视差移动现象，亦可做出正确判断。

3. 裂隙灯显微镜检查　对于确定混浊在晶状体内的部位，裂隙灯光学切面检查是最准确的方法。混浊的形态则由于病因学的复杂性，发展阶段的不一致性及部位的多样性而不同。白内障的楔状混浊，糖尿病性白内障晶状体的高度肿胀，先天性白内障的板层或前极性混浊等，都具有特征性的混浊形态，并常用来作为形态学分类的依据。此外，斑片状、扇形、星形及弥漫性混浊亦较常见。而局限性闪辉性结晶样混浊，呈现五颜六色的点彩。

检查必须提前充分散瞳并在严格的暗室条件下进行。裂隙灯显微镜对正常晶状体及白内障检查方法主要有如下几种：

（1）弥散照射法。用于检查前后囊膜表面或较明显的混浊。

（2）后照法。主要用于观察前囊改变。直接后照可明显勾勒出后囊膜及后皮质区内混浊轮廓。应用镜面反射法，则可对前囊混浊、隆起及凹陷做出判断，即出现鱼皮样粗糙面上的黑色斑。同时也可根据表面反光色彩推测白内障的发展速度。

（3）直接焦点照明法。即光学切面检查法，可明确显示晶状体内光学不连续区。这些相互平行排列的光带主要是由于不同层次相邻组织界面折光指数不同形成的。从外向里依次为：囊膜、囊下透明区、分离带、皮质、成年核、婴幼宠物核、胎儿核（含有前后 Y 字缝合）、胚胎核。这些不连续区代表晶状体组织发育的不同阶段。

前囊膜和分离带之间存在一真正的光学空虚区，代表由上皮最新形成的纤维。这一空虚区消失，往往是晶状体代谢变化或白内障形成早期出现的征象之一。

4. B 型超声检查　术前眼部 B 型超声检查是非常必要的。它为了解眼球内的情况提供了诊断依据，如视网膜脱离、玻璃体积血、眼内肿瘤等。人工晶状体植入前行眼轴超声生物测量，可以提供植入晶状体度数的计算公式参数。

5. 眼内压　测定眼内压可以排除晶状体源性葡萄膜炎，还可判断是否存在继发于膨胀期白内障、晶状体溶解、晶状体半脱位、葡萄膜炎、进行性房角狭窄等的青光眼，进而为决定采取何种术式提供重要参考依据。

6. 房角检查　如发现眼压增高，应进行房角检查。

7. 眼电生理检查　视网膜电图对于评价视网膜功能有重要价值。视网膜脱离特别是视网膜遗传性变性性疾病的视网膜电图检查具有肯定的临床意义。

【治疗】白内障是不可逆的，目前无任何一种药物可以从根本上逆转白内障的变化，也没有一种有效的药物能够使混浊的晶状体恢复透明。手术是治疗白内障的唯一方法。但是白内障发生后可能会出现晶状体源性的葡萄膜炎，因此需要进行葡萄膜炎的预防或治疗。

四、晶状体核硬化

晶状体核在眼内可受多种因素的影响而发生硬化、混浊。晶状体纤维终身不停地增加，随着年龄的增大，游离水含量增加，而结合水含量下降，脱水使晶状体相应的重量增加，以及非水溶性蛋白向核中心逐渐增加，晶状体纤维逐渐老化，导致核硬度增加，从而加速核硬化的进展。晶状体核硬化、

晶状体核硬化案例

混浊受环境、饮食及代谢等多种因素影响。晶状体核硬化症是 7 岁以上老年犬多发的一种晶状体异常，无明显的犬种差异。晶状体外观呈蓝白色乳光形态，但通常都不会影响视力功能。晶状体核硬化症不是白内障，也不是临床意义上的混浊。通过肉眼从外观看有可能被误认为是白内障，但进行裂隙灯检查时可见晶状体核有清晰的纺锤样蓝白色乳光光环，眼底检查时可清晰地看到眼底各结构。

晶状体纤维的老化有两种方式：一种是纤维逐渐硬化，固缩在晶状体核心，形成一个坚硬的核；另一种则是晶状体纤维很快由长形变成圆形，然后变性、坏死、断开，其内的蛋白质凝固变性，形成莫干球体（Morganian bodies）。影响晶状体核硬化的因素很多，主要有年龄、混浊度、颜色改变、含水量及手术等因素。

动物晶状体的核硬化不影响视力，不必进行治疗。

五、晶状体囊内摘除术

【适应证】老年性白内障、晶状体脱位、后囊性白内障和核性白内障、硬核性并发性白内障、对侧眼以前手术曾有晶状体皮质过敏反应者、剥脱性综合征。

【禁忌证】青年期宠物的晶状体悬韧带坚韧，不宜行囊内摘除术。先天性白内障（单纯囊内术）、有广泛虹膜后粘连于晶状体前囊而不易分离的并发性白内障、囊膜破裂，或皮质与玻璃体及血液混杂在一起的外伤性白内障、膜性白内障、另一只眼曾因白内障手术后发生视网膜脱离者。

【术前准备】

1. 药物准备 抗生素滴眼液、类固醇或非类固醇类滴眼液、散瞳药、降眼压药、眼科表面麻醉药、黏弹剂、缩瞳药、地塞米松注射液、盐酸肾上腺素注射液、庆大霉素注射液、复方生理盐水溶液。

2. 器械准备 眼科冲洗针头、眼科创巾、止血海绵、眼睑开张器、角膜剪、角膜镊、系线镊、显微持针器、角膜穿刺刀、左弯头角膜剪、右弯头角膜剪、缝合线（8-0、9-0 或 10-0）、晶状体线环、眼科手术显微镜。

3. 动物准备 术前剪除睫毛，剃去眼周被毛并消毒眼周。冲洗结膜囊。

（1）散瞳。一般在术前应用散瞳剂，首选用睫状肌麻痹剂，例如 0.5％托吡卡胺和瞳散大剂如 2.5％～5％去氧肾上腺素溶液。较少应用阿托品和后马托品等中、长效散瞳剂。青光眼术后并发性白内障或同时伴有青光眼的白内障手术，则术前不一定散瞳，待术时在结膜囊内点肾上腺素或托吡卡胺即可。

（2）抗生素。手术前 2～3d 开始使用足量的抗生素，避免术后眼内及全身感染。

（3）降眼压药物。白内障手术眼压越低相对越安全。一般术前 1h 可用赛马洛儿或布林佐胺点眼。体胖颈短的病例，或有青光眼发病史的病例，手术前可用甘露醇进行静脉快速滴注。

（4）激素类药物。为减少术后的炎症反应，以及并发葡萄膜炎，术前应根据不同程度的炎症给予激素类药物治疗。一般病例可在术前 2d 全身使用泼尼松并用类固醇类滴眼液点眼，术后 4d 每日口服泼尼松。

（5）镇咳剂。咳嗽，尤其是剧烈咳嗽、慢性咳嗽，可使术中或术后眼内出血和术后形成玻璃疝。因此术前除采用一般镇咳剂外，术前 1h 和术后需使用镇咳药物。

【手术步骤】

1. 眼外眦切开　充分暴露术野，也为了操作过程中减少对眼球外侧的压力，晶状体囊内摘除术需要施行外眼角切开术，这对于小眼球、眼球突出、眼球严重内陷、睑裂短、眼眶异常等更有必要。

操作：应用止血钳夹住外眦约30s，然后用剪刀剪开外眦角。关键在于切开紧压眼球的外眦韧带，而不是仅仅切开皮肤。如有出血，应进行止血。

2. 角膜切口　使用开睑器撑开眼睑，实施眼外眦切开的病例可以使用上下眼睑缝线打开眼睑。

（1）切口进入点。

①角膜。切开部位在角膜缘以内1mm的透明角膜上。临床上仅用于为避开原来青光眼术后的滤过泡，虹膜周边粘连，或者用于有出血倾向等特殊情况。

②角巩膜。切开处靠近角膜缘前界，此处血管较少，角膜组织成分较多。切开时出血较少，但不易布置埋藏线。

③角巩膜缘。切开处在角膜缘后界，此处血管较多，巩膜组织成分较多。优点是容易布置埋藏线，术后创口愈合较快，对角膜屈光影响较小。

④巩膜。此切开处在角膜缘后界1～1.5mm，内切口位置则在小梁后部（巩膜突），切口完全避开角膜组织。此法仅用于角膜内皮变性的病例。

（2）切开方法。这里主要介绍三个面和四个面切开。

①三个面切开。该方法适用于做透明角膜切口。在透明角膜上做0.3mm左右垂直切开（第一个平面）；行角膜板层隧道1～2mm（第二个平面）；在第二平面前垂直切入前房（第三个平面）。

②四个面切开。该方法适用于角膜巩膜缘切口。主要优点为内外开口不位于同一平面，当外力作用时不易发生切口缘分离。先做结膜瓣（第一个平面）；然后在巩膜或角膜缘切开眼球壁厚度1/2（第二个平面）；行板层解剖向角膜延伸1～2mm（第三个平面）；在第三平面的前端垂直切入前房（第四个平面）。

（3）切口范围。一般切口约为180°范围，但可根据晶状体大小及不同囊内摘除术，可适当扩大及缩小切口，以便晶状体无阻力地娩出。角膜切开必须大于巩膜切开才能提供器械进入前房操作的空间。同样，前角膜缘切开必须大于后角膜缘切开。应用镊子摘除法需要切口大于滑出法。老年性白内障膨胀期的手术切口要大于其他类型白内障手术的切口。

3. 晶状体娩出

（1）断带。在娩出晶状体前，断带是必要的，否则强行摘出，会有囊膜破裂、玻璃体脱出、视网膜裂孔形成等风险。断带分机械断带法与酶断带法。

①机械断带法。老龄动物采用机械断带法。此法用斜视钩在距角巩膜缘1mm后，于6：00、4：00及8：30方向的巩膜之上，徐徐垂直向眼球中心施加轻压，以角巩缘创口不哆开为限。上方12：00方向亦如此轻压，但应采用斜视钩横向断带法，即与创口平行以免滑入创口内。

②酶断带法。老年性白内障可采用此法。将1mg α糜蛋白酶溶入10mL溶液中，然后稀释10 000倍。用1mL注射器套上冲洗针头，吸入1mL酶溶液，助手轻掀起角膜瓣，在上

方从虹膜周边孔滴入 2～3 滴酶液，然后再从 12：00 方向伸入鼻侧与颞侧各注入 0.5mL。注入 1～2min 后，用生理盐水或平衡盐溶液（BSS）冲洗前房，即见晶状体略为浮起，表示韧带已被酶破坏。

（2）娩核。掀开角膜瓣，用虹膜恢复器拨开上方虹膜，露出晶状体上缘。用囊镊放在晶状体 12：00 方向赤道部之下 3mm 的部位。囊镊张开 4～5mm，在前囊上夹起一皱褶，同时作左右水平摆摇动作，然后镊子慢慢向后方左右提拉，使整个晶状体沿水平方向自切口滑出，随即角膜瓣覆盖切口。或直接用娩核器伸进晶状体后方，向上托举并向外用力使晶状体滑出。

4. 缝合角膜切口　整齐而不松不紧的缝合可以减少术后散光的发生和创口并发症。

（1）缝线选择。一般选择丝线和尼龙线。

（2）缝线数目。一般 180°切口缝线数目为 9 根直接缝线较为多见。缝线的数目应依切口的长度及缝线的粗细而定。丝线缝合的数目越多反应越大，所以，一般只要创口能严密封闭，缝线数目适度为好。数目太多易发生并发症，如组织坏死、新生血管多、上皮侵入、囊状瘢痕形成、虹膜周边前粘连和晚期虹膜脱出等。

（3）缝合技巧。常用放射式的间断缝合或连续缝合。采用 8-0 丝线或 9-0、10-0 尼龙线，一般缝入切口两侧深度以中 3/5～3/4，两边深度要相等，否则两层高低不同，错位愈合。

缝线结扎时松紧要一致，足以闭合创口两缘，过紧易引起坏死和后面裂开，也会发生角膜过度皱褶。过松，当前房再形成时房水可从前房漏出。缝线结扎在巩膜侧，因巩膜侧结膜瓣较厚，能防止线结扎过早穿出外露，术后刺激症状轻。

六、超声乳化设备的使用

白内障超声乳化仪是利用强超声波将液体中的不溶性固体粉碎成微粒并与周围液体混合乳化。

（一）超声乳化仪的结构

白内障超声乳化仪由超声发生器、超声换能器、进出水系统三部分组成。

1. 超声发生器　超声发生器包括频率发生器和功率放大器两部分。频率发生器是电信号的反馈系统，最终锁定输出频率；功率放大器是将弱电信号加以放大，使压电换能器出现逆压电效应。设备最终输出频率为 35～40kHz，操作时由脚踏开关控制。

2. 超声换能器　主要是压电换能器，由高精度的陶瓷、石英晶体等构成，其能将电能转化成机械能而产生振动，并放大产生有效的振幅，传到乳化针头，使针头产生纵向线性振动。进入眼内乳化的超声振动头，为钛合金针管。针管的内径为 0.5～1mm，外径为 2mm，连接于换能器上。振动形式为往复运动，振幅一般大于 100mm。振动管有硅橡胶和尼龙制成外套，可以形成注水通道，同时减少超声波对邻近组织的损伤。

3. 进出水系统　手术时，注水系统通过外套不断向眼内灌注平衡液。借超声的自动吸引作用，针头将乳化物随同溶液吸出眼外。电磁开关的通断与超声输出取得同步，维持眼内恒定同时保持进出液平衡。

（二）超声乳化仪器的基本参数

1. 流量　流量可调节，单位为 mL/min。流量大小决定单位时间内超声乳化设备从前房内抽出液体的速率。该数值必须与瓶高匹配，防止流量大于灌注量造成前房塌陷。该数值越高，则抽吸速度越快，与灌注配合形成的眼内环流越湍急，越容易将核块冲刷到超声乳化针头处，使跟随性得以提高。

　　流量泵可以直接设定流量，也可以通过真空泵（如文丘里泵）的负压来调节流量。实际的流量还受到液流回路中抽吸口的阻力影响，而阻力不仅与超声乳化针头和流量管道的内径有关（使用真空泵的与瓶高有关），还与抽吸口的堵塞程度有关。真空泵条件下，不能设置过高的负压，因为高负压会产生高流量，为维持眼内压力，则必须升高瓶高，因此形成的高负压高流量会导致液流速度加快，这样会造成抽吸口无法堵塞，无法抓核，更会造成眼内组织失去控制，从而使虹膜、囊袋等被超声乳化针头或注吸针头吸住，发生虹膜反应及囊袋破裂的危险。目前建议使用较小内径的超声乳化针头以适当增加针头的阻力，以削弱高负压引发的液流变化，将前房的状态控制于较为安全的范围之内，如可以使用喇叭口针头，口径增大，管径减小，以保持抓核的稳定性。超声乳化过程中，抽吸口堵塞时高负压是安全的，但需要注意在劈核结束或核吸引结束而堵塞即将解除时，应通过脚踏降低负压至安全水平，以免突然的高负压造成液流速度骤增。

　　2. 负压　负压大小可以设定，蠕动泵负压范围为 $0\sim650$mmHg，文氏泵负压范围为 $0\sim600$mmHg，该数值决定了握持力。真空泵，超乳针头非堵塞状态，负压参数与流量成正比。

　　以蠕动泵为例，该值通常表示针头堵塞后管路内出现的最大负压值，负压的升降快慢是由流量的大小决定的，流量设定越大，针头堵住后负压从零上升到最大值的速度就越快，反之越慢，所以，劈核时需要较高负压抓核，即针头即将堵塞时，可能会需要动作稍有暂停，以使负压上升到最大从而获得最大握持力。此时高负压会形成抽吸管的塌陷，即仅有液流进入前房，而管内无液流流出，前房加深。但是当劈核、抽吸核块结束时，若仍旧是高负压，将会导致高流量，此时出现的浪涌会引起前房变浅甚至塌陷。因此，操作过程中，医生应有预见地降低负压，以便应对乳化模式时负压的变化。所以这也是在刻槽阶段的时候使用较低负压的原因。

　　3. 超声能量　设备的碎核能力，以百分比表达。在超声乳头内存在以下 3 种类型的超声乳化能量：

　　（1）手提钻能量。通过针头的前后震动反复碰撞和敲击晶状体产生的强大能量。

　　（2）低频率空穴能量。由针头振动产生。其波长较长，因此穿透进入组织的深度较深，这种能量可以产生瞬时和持续的空穴效应。

　　（3）高频率空穴能量。此能量发生于核块乳化时，从超声乳化针头中释放，可以将核块吸除。由于频率较高，对眼内的组织损伤较大。当超声乳化针头有足够的燃料时（房水和灌注液），瞬时的高频率能量被释放，这样的能量会向着针头的斜面方向传播，同样的能量释放会在喇叭口针头的狭窄处以及弯头针的拐弯处或针头的接口处。瞬时高能量持续时间为 $2\sim4$s，此后针头由于惯性持续的振动产生的能量是无用的。相比较而言，喇叭口针头的流量和能量控制更优。

七、白内障超声乳化 + 人工晶体植入术

【适应证】各类型白内障。

【禁忌证】

（1）莫尔加尼氏白内障。

（2）棕色白内障。乳化过程中，具有锐利边缘的游离晶状体核碎屑，在前房内翻滚时可能撕裂后囊。

（3）角膜内皮病变。超声本身、乳化碎粒及平衡液均会进一步损害病变的内皮。

（4）长期使用缩瞳药物的青光眼性白内障。

【术前准备】

1. 药物准备 抗生素滴眼液、类固醇或非类固醇类滴眼液、散瞳药、降眼压药、眼科表面麻醉药、黏弹剂、缩瞳药、地塞米松注射液、盐酸肾上腺素注射液、庆大霉素注射液、复方生理盐水溶液。配置灌注液，即 500mL 复方生理盐水溶液中加入 0.4mg 盐酸肾上腺素注射液。

2. 器械准备 眼科冲洗针头、眼科创巾、止血海绵、眼睑开张器、角膜剪、角膜镊、系线镊、显微持针器、角膜穿刺刀（3.2mm、3.0mm 或 2.75mm）、15°穿刺刀、角膜隧道刀、撕囊镊、劈核刀、人工晶体夹持镊、晶状体调位钩、人工晶状体、缝合线（8-0、9-0 或10-0）、眼科手术显微镜、超声乳化仪。

3. 动物准备 动物的准备原则是提前进行眼部的抗感染、抗炎、散瞳、降眼压处置，以及术前的眼部消毒。其中降眼压的目的是为了避免玻璃体脱出等并发症。

【手术步骤】

1. 麻醉 全身麻醉及眼表的局部浸润麻醉。

2. 固定 调整并固定头部的位置，保证眼球正对眼科显微镜物镜正中。

3. 消毒 消毒后铺巾。

4. 开睑 使用开睑器或缝线开睑法，充分暴露手术视野。

5. 手术切口 切口是手术的第一步，必须要保证切开后眼内液流稳定，不能有大的切口渗漏，不能过度损伤角膜或巩膜组织。好的切口还不会额外增加术后的疼痛，也不会出现瘢痕。主切口的切开有三种方法：

（1）透明角膜切口。角膜切口快速易行，术中出血少或无出血，但恢复时间相对较长，且可能在术中有角膜的热损伤。操作时，左手用无损伤镊固定好眼球，右手持穿刺刀，经角膜边缘直接入刀，切口深度为角膜厚度的 1/2，入刀后沿角膜板层前进，切口隧道深度约为2mm，达到隧道预定深度后，轻抬刀根部，控制好刺入力度，刀尖进入前房，注意要避开虹膜及晶状体前囊，刀尖一旦进入前方即保持刀与虹膜平行前行，直到穿刺刀的肩部完全穿过切口（图 2-8-2）。

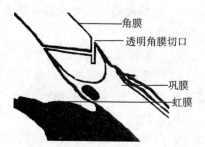

图 2-8-2 透明角膜切口示意

（2）角巩膜缘切口。角巩膜缘因为含有血管组织，切口制作过程会有出血，但对相邻角膜损伤小，术后恢复快，动物的不适感较轻微。制作方法基本和透明角膜切口相似，穿刺刀直接经角巩膜缘刺入，切口深度为角膜的 1/2。

（3）巩膜隧道切口（图 2-8-3）。巩膜隧道切口的位置位于角巩膜缘后 1～2mm，建议为反眉形切口，可以增加切口的自闭性，减少感染风险。操作时，首先做结膜切口，左手使用无损伤镊或无齿镊夹起少量预剪开范围右侧的角巩膜缘的球结膜和筋膜，右手用结膜剪刀做一垂直于角膜的小切口，分离至巩膜，并用剪刀向左侧钝性分离扩大结膜切口。为防止手术过程中结膜水肿，可在切口一侧或两侧做垂直剪开。在暴露的巩膜区域距离角巩膜缘 1～2mm 处做直线或反眉形切开，深度约为巩膜厚度的 1/2，约 0.3mm，长度为 2.8～3.4mm，切口处可呈淡淡的灰色。然后使用月形隧道刀从巩膜切口基部向前及两侧分离巩膜隧道直到透明角膜内 1mm，分离过程中需要注意隧道刀的方向，开始的时候刀刃和巩膜表面大约呈 30°角，轻轻向前拱，使用向前的力量分离巩膜板层和角膜板层，保持口袋状切开，在巩膜板层可看到隧道刀的轮廓而看不清刀刃。在角巩膜缘处看到刀尖后要确定角膜的弧度，轻微顺角膜弧度抬高刀尖，压住刀根部进入角膜板层，不要过早进入前房。隧道完成后，使用 3.0mm 或 3.2mm、2.75mm 的角膜穿刺刀进入隧道，抬高穿刺刀根部，保持在隧道内使刀尖刺入前房，刀尖进入前房后立即平行于虹膜，要保证穿刺刀的肩部（横径最大处）完全通过切口才能保证切口的尺寸。

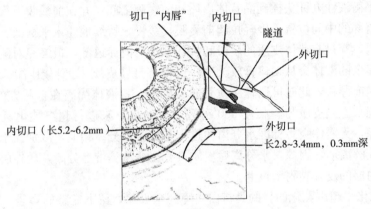

图 2-8-3 巩膜隧道切口

6. 止血 进行巩膜隧道切口前，在巩膜表面电凝止血处理，可减少切口时出血。

7. 黏弹剂的使用 眼科黏弹剂为高纯度透明质酸钠和羟丙基甲基纤维素和生理缓冲平衡盐组成的无色透明凝胶状溶液。透明质酸钠凝胶内聚性好，可很好地支撑眼前房；眼用羟丙基甲基纤维素黏滞性好，附着力强，可很好地保护眼角膜等眼部组织。黏弹剂填充前房，可以对抗玻璃体对晶状体的前向压力和保护内皮，并可以在一定程度上使前囊膜变平坦，抵抗前囊膜的撕裂。

8. 撕囊 白内障超声乳化最关键一步就是要完成连续环形撕囊，可以使用截囊针或撕囊镊。撕囊的直径大小，依据是所选用的人工晶体的光学部分直径，一般为 6mm。临床建议环形撕囊的直径小于人工晶体光学部 1mm，并与其同心，以避免晶体偏位及后期的不对称纤维化，甚至由于前后囊膜接触而导致囊袋的融合。首先保证良好的黏弹剂前房填充，最小化囊膜向赤道撕裂的趋势。连续环形撕囊的方法很多，可以先使用尖锐器械在前囊膜中心穿刺，然后用撕囊镊完成环形撕囊；也可直接使用弯针或截囊刀完成穿刺和撕囊过程。撕囊镊或其他有尖锐尖端的器械先做前囊膜的穿刺，方法为：假设主切口的位置指向角膜 12：00 方向，撕囊镊的尖端通过前囊膜中心附近施加向下和向前的压力刺穿前囊膜，然后轻轻抬起尖端的同时向 6：00 方向延伸用力，形成一个由 12：00 方向向 6：00 方向的短线性撕裂或三角形撕裂。接着，用撕囊镊夹起撕裂口的左臂/右臂，轻轻拉动并向左/右移动镊子的尖端，将囊膜引导至3：00或9：00的位置。可以在不松开镊子的情况下连续操作，将撕裂持续进行到12：00的位置。然后逆时针或顺时针通过间断的抓取撕裂点，使用切线技术完成连续环形撕囊（图2-8-4）。注意在撕囊过程中的操作要点，不可过度向角膜方向提起撕裂点进行操作，并且尽量每次抓取均在撕裂端的根部，控制运动的力量和方向，以避免向周边延伸撕裂。若有向周边撕裂的倾向，应立即停止，并检查眼球的压力及动物的麻醉状态。

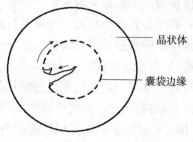

图2-8-4 连续环形撕囊示意

9. 水分离 水分离可以使晶状体核和晶状体囊膜分开，在乳化时可以自由旋转晶状体核，使乳化过程在囊袋内完成。水分离之前可适当清除一些前房内的黏弹剂，以避免黏弹剂对水流的阻碍而造成后部压力增大。通常可以进行皮质水分离或标准水分离。皮质水分离操作时，需要将平衡液注入针头插到晶状体皮质和前囊膜之间，并在前囊膜下推进，直到囊袋边缘与囊膜赤道部的中间位置，轻轻拉起前囊膜，缓慢、持续地注入平衡液。平衡液向前经过前囊膜和赤道，穿过晶状体皮质的后极和核，到达对侧赤道部，最终经对侧赤道和囊袋边缘回到前房，多余的液体会从切口释放。这一过程将打破皮质-核-囊袋压缩。注意操作过程中晶状体核会向前漂移，此时可以轻压使其向后推移，将液体隔离在核后方的赤道部周围。操作的最终理想状态是皮质与囊膜被360°分离，方便接下来进行超声乳化操作时核壳与皮质一次性被去除，无需注吸。标准水分离的过程与皮质水分离相似，区别在于，标准水分离是在皮质内形成解离面，因此，水分离后皮质没有完全从囊带上分离，最外层的皮质仍旧黏附于囊袋上，内层的皮质黏附于核上。

10. 超声乳化 超声乳化的目的是将白内障完全吸除，留下完整的囊袋。操作采用"分而治之"的技术方法，即将白内障尤其是晶状体的硬核一分为二，再二分为四。操作时要考虑晶状体的结构组成。即晶状体最内层为晶状体核，是最硬的部分，需要使用超声乳化进行粉碎并吸除；包绕晶状体核的核壳，硬度相对较小，可以使用超声乳化吸头在I/A模式下吸除，也就是无需超声乳化或少量的超声乳化；晶状体最外层是晶状体皮质纤维，这些使用I/A手柄在I/A模式下吸除，无须使用超声乳化。在操作过程中要注意对角膜内皮的保护及保持眼内结构的稳定性，要牢记不能将黏弹剂抽吸掉。超声乳化设备脚踏板的功能：脚踏板1/3挡为灌注，2/3挡为抽吸，3/3挡为超声乳化。控制好脚踏板，尽量避免使用抽吸，除非需要用抽吸（2/3挡）去清除碎块，但要做好及时退回灌注（1/3挡）状态的准备。对于硬核白内障病例，术中可以增加黏弹剂，以最大限度地减少对角膜内皮的损伤。操作从刻槽劈核开始，设备设置低吸力、低负压，脚踏2/3挡或低超声能量，从12：00方向近赤道部开始向6：00方向推进，重复这一动作2~3次，形成纵向平行的沟槽，接着按照从切口近端向远端的顺序加深和扩宽凹槽，然后向晶状体核中央向下做中心凹槽（图2-8-5）。注意超声乳化针头应始终平行于后囊的曲线。核太硬时，应一点一点咬噬，并利用超声能量吸除核。刻槽和加深均不能推动核，还要注意核只占据晶状体的中央，不会向边缘延伸。可以通过橘红光反射增强判断凹槽的深度。凹槽足够深时晶状体核会劈开变成两部分（图2-8-6），再接着分成四部分。双手操作会更容易完成劈核过程，需要用左手操作15°穿刺刀在3：00的位置做一辅助切口，使用劈核器深入凹槽内，与超声探头配合彼此推开，完成核的劈开。如果核块难以完全劈开，可以用超声探头或劈核器将核旋转180°，重复劈核步骤将核块完全分离。整个步骤的技术要点是先将晶状体核破碎成小块，再逐一乳化吸出。操作虽然相对复杂，但适用于各种类型的白内障，甚至硬核者。在吸除核块的过程中可增加负压和吸除速率，操作时要保证抓核后乳化吸除，并在撕囊口的中央区域操作，以避免损伤虹膜和后囊。控制好核块，劈核器可以小心地辅助将核块拉到中央位置，并在吸除、负压或超声时始终保持在超声乳化探头的后方以保护囊袋。在实际操作中，由于每个病例的情况不同，前房的深度不同，超声乳化的操作位置也可以不同，可以分为三种方法：

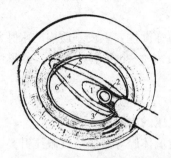

图 2-8-5　超声乳化刻槽方法
（按顺序从 1～5 的步骤扩大和加深凹槽）

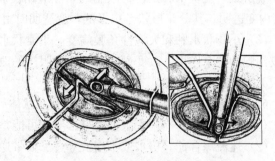

图 2-8-6　超声乳化劈核的方法示意

（1）后房法。将晶状体核保留在后房，在原位进行超声乳化。多数犬、猫的前房较深，易早期使晶状体后囊破裂。

（2）前房法。即将晶状体核完全脱位于前房，然后乳化吸出。因操作在前房内进行，并会有核块在房角游离，对角膜内皮的损害较大。

（3）后前房法。即当晶状体前囊截开后，用乳化针头在原位对晶状体核进行超声乳化劈开，将残留的晶状体核块拉入前房，在手术显微镜或直视下继续乳化。

11. 吸除晶状体皮质　将晶状体核乳化吸出后，使用注吸操作头，以皮质冲 I/A 模式将晶状体皮质纤维从囊膜的内侧壁剥离并吸干净。

12. 植入人工晶体　在前房内注入黏弹剂，用镊子将晶状体安装于人工晶体植入器内。将人工晶体植入囊袋内后，用调位钩将人工晶体调位于瞳孔中心。晶体植入后可以继续使用注吸模式清理残留的晶状体皮质纤维和黏弹剂。

13. 缝合切口　用 10-0 缝线缝合切口。

【常见并发症与注意事项】

1. 切口引起的并发症

（1）小切口。可能阻塞超声振动头的袖套，使注水发生障碍而扰乱切口平衡状态，从而使角膜大片凹陷，有遭受灼伤的危险。

（2）大切口。可能造成囊袋撕裂或将使前房持续变浅。

2. 前房下陷　在术中出现前房下陷，主要是由于进出水不平衡造成的，此时应立即停止乳化，调节进出水系统，恢复前房，以避免损伤角膜内皮。

3. 前囊膜裂开　撕囊过程中会产生赤道部撕裂，甚至撕裂伸延到后囊的下半部，导致部分乳化的晶状体核向内脱位进入玻璃体，或玻璃体进入前房。

4. 后囊膜破裂 可能因为小瞳孔的操作，或成熟期的白内障，囊膜薄且脆，操作时可视性也比较差；撕囊口过小，水分离时的压力也会造成后囊破裂；超声设备的负压及超声能量设置不合理，或乳化时过于靠近后囊，也会造成后囊破裂。

5. 角膜病变 术后角膜混浊是白内障术后所共存的特点，术后的角膜病变有以下类型：

（1）条纹状角膜病变。该病变为少数角膜内皮细胞的伤害，无大危害，多于4~7d内自行消退，不需治疗。

（2）斑块水肿。多数为晶状体核脱位于前房，在前房内的操作过程中器械接触角膜内皮而剥脱所致。斑块水肿是自行限制的，经应用皮质类固醇及睫状肌麻痹药后，一般在10~20d内变透明。其分布形状是扇形的，变透明时由外向里进行。

（3）小囊状水肿和大疱性角膜病变。小囊状水肿呈全面弥漫性，上皮基质内的水肿常因内皮细胞的"泵作用"改变而引起，还有眼压的改变。一般需3~6周后才消退，或继续发展成为大疱性角膜病变。

6. 术中高眼压 术中高眼压常表现为晶状体后囊向前房方向隆起。

（1）开睑器及术前用于眼部的局部麻醉可能是术中高眼压的来源。

（2）迷流综合征。房水或平衡液穿过悬韧带逆流进入玻璃体腔导致眼后段眼压升高，表现为晶体前移，后囊向前"漂浮"，囊袋无深度。

（3）手术过程中由于炎症反应，脉络膜上腔急性渗漏或出血，导致眼后段眼压升高。

任务反思 〉〉〉〉〉〉〉〉〉〉〉〉〉〉〉〉〉〉〉〉〉〉〉〉〉〉〉〉〉〉〉〉〉

1. 晶状体疾病的检查方法有哪些？
2. 晶状体脱位的类型有几种？
3. 白内障和核硬化的区别是什么？
4. 白内障的发展过程是什么？
5. 白内障超声乳化技术的操作要点有哪些？

任务九　青光眼诊疗技术

任务目标 〉〉〉〉〉〉〉〉〉〉〉〉〉〉〉〉〉〉〉〉〉〉〉〉〉〉〉〉〉〉〉〉〉

1. 掌握房水循环机制，了解青光眼的类型、发病机制及临床上控制眼压的方法。
2. 掌握前房穿刺技术和青光眼手术。

任务准备 〉〉〉〉〉〉〉〉〉〉〉〉〉〉〉〉〉〉〉〉〉〉〉〉〉〉〉〉〉〉〉〉〉

青光眼是指眼内压间断或持续升高导致视网膜损害为主的眼科综合征。持续的高眼压可以给眼球各部分组织和视功能带来损害，并导致视神经萎缩、角膜水肿、视力减退，最终导致失明。青光眼这个词来源于希腊语"glaukos"，意为"淡蓝"或"蓝灰"，即高眼压时角膜的颜色。

一、房水的产生和引流

眼球内容物除了晶状体和玻璃体外，充满了房水。房水来源于血浆，由睫状体非色素上皮产生，其化学成分主要是来自于血浆的白蛋白，其渗透压与血浆相同。眼房水处于动态循环中，它的产生有主动和被动两种。首先房水由睫状体突血管中渗透出来，然后通过睫状体无色素上皮细胞分泌主动转运进入后房，此处的转运需要碳酸酐酶并利用高渗透压，该过程包括滤过、超滤、渗透及扩散作用，之后，后房的房水经由瞳孔进入眼前房，然后由前房角经小梁网进入巩膜静脉窦（施莱姆管），再经集液管和房水静脉最后进入巩膜表层的睫状前静脉而回到血液循环，这个房水代谢路径称为小梁网通道，其承担了约80%的房水循环量。另外少部分房水从房角的睫状带经由葡萄膜巩膜途径引流和通过虹膜表面隐窝吸收（图2-9-1）。影响眼压的因素很多，眼压的稳定主要靠房水量保持相对稳定，即房水的产生和排出保持动态平衡，不致眼压过高或过低，房水循环中的任何途径受阻，都会影响眼压。

正常犬的眼压为15～25mmHg；幼猫的正常眼压为（20.2±5.5）mmHg，7岁以后的猫眼压范围为（12.3±4）mmHg。对于犬、猫来讲，房水的产生也常常会受到神经系统的作用和影响。但交感神经的 α_1 受体、β 受体与刺激房水产生有关，而 α_2 受体与抑制房水产生有关。眼压也会受到自律神经系统支配，所以一天之中眼压会有变化，差值大约在4mmHg。犬一般在上午达到峰值，猫在夜间达到峰值。

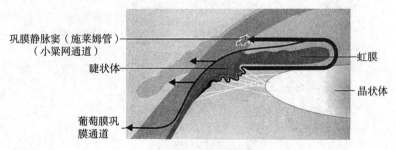

图 2-9-1　房水循环路径

二、高眼压症

高眼压症是指经过多次临床眼压测量，动物的平均眼压值超过正常统计学的眼压上限，房角正常，且长期追踪未发现有青光眼性视盘形态的变化和/或视力损害的状态。

高眼压症的发生原因可能与动物的紧张状态有关，即"白袍效应"的应激原理，尤其是室内猫；也可能与动物的其他眼病、家族史、糖皮质激素等药物的使用有关。另外，对于暴躁的犬，特别要考虑人为因素造成的高眼压（对眼睑张力过大、项圈、按压静脉等）。实际操作时眼压计产生的误差和保定动物的方法也会影响到眼压，所以测量眼压时，操作者手持眼压计需保持稳定状态，保定动物时不可用力按压眼球。

高眼压症的临床经过在不同文献中有不同的观点。有些认为高眼压有发展为青光眼的可能性，只是仍处于早期阶段，而且动物在高眼压时的临床表现不明显，容易被忽略，所以建议出现测量值偏高时要积极治疗，用药物降眼压，日常护理注意避免动物过于紧张或兴奋。

三、青光眼的类型

青光眼的基本发病机制为：房水生成和排出的比例失衡引起眼压升高，持续的高眼压引发视神经的压迫性损害。在临床上，多数患青光眼的动物实际房水的产生量是低于正常的，尽管如此还是高于最终的排出量。犬、猫房水相对增加多为房水引流障碍所致，多数情况下，房水排出障碍发生在晶状体、瞳孔、小梁网或巩膜表层静脉，且多数起初只有一个位置发生阻塞，随着病情的发展，其他的结构如虹膜角膜角也会出现问题，这样就会使眼压更加难以控制。因此高眼压持续时间越长，复杂的结构性损害使得最终治愈的可能性就越小。临床上常常按照引起房水失衡的病因分为原发性青光眼和继发性青光眼。

（一）原发性青光眼

原发性青光眼指的是不存在与可以认识的眼病有确切联系的疾病，大多数都是双眼发生，但犬有明显的品种易感性，因此被认为可能和遗传有关。原发性青光眼又分为原发性开角型青光眼和原发性闭角型青光眼两种类型。这两种青光眼主要的病理学区别在于房角结构（图 2-9-2），开角型青光眼的房角解剖结构是正常的，小梁网并无狭窄或闭合的结构性改变，眼压升高的原因是房水外流受阻于小梁网-施莱姆管系统；而闭角型青光眼则存在不同程度的小梁病变，房水排出的机械性通道受阻。所以要确诊可以通过房角镜观察房角进行诊断。

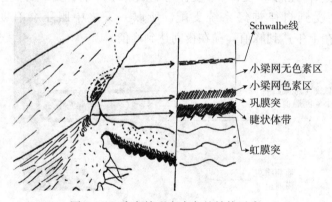

图 2-9-2　房角镜观察房角的结构示意

1. 原发性开角型青光眼　　原发性开角型青光眼的病例，犬比猫多见，猫的原发性青光眼发病率不高。原发性开角型青光眼多数发生于双眼。很多犬在 6～8 月龄开始出现眼压升高的现象，眼压值一般在 35～45mmHg，但无明显临床症状，房角镜检查显示房角是开放的。在之后的 2～3 年内，病情会逐渐发展，慢慢出现各种典型的临床症状（如"牛眼"、晶状体脱位等），而且房角也逐渐闭合。与犬相比，猫的高眼压更难早期诊断，因为猫在紧张状态下其眼压可升到 35mmHg 左右，因此详细的眼底检查和追踪是比较重要的，这也给临床诊疗增加了难度。与人的病例相比，犬、猫的原发性开角型青光眼并不常见，犬最常见的两个易感品种是比格犬和挪威猎鹿犬。有文献显示比格犬是显性遗传，而挪威猎鹿犬的遗传类型尚未确定。

截至目前，尚不清楚犬的原发性开角型青光眼的确切机制，但普遍认为是因为糖胺聚糖的改变，影响了梳状韧带的结构，从而使房水排出的阻力增加，最终使眼压升高。临床上有些原发性青光眼房角确实是开放的，但是由于眼内炎症等继发性的原因导致房角的小梁网上黏蛋白物质沉积，或者睫状肌外基质的胶原蛋白（Ⅰ型、Ⅲ型、Ⅳ型）组成比例变化等，房水的流出障碍会随着年龄的增加而逐渐恶化，所以，有些犬会在年龄较大的时候表现出眼压升高的临床特点。

2. 原发性闭角型青光眼　原发性闭角型青光眼也会影响双眼，但大部分动物在中年时发生。多数是一侧眼睛先出现眼压升高的现象，持续到 8 个月左右时另一侧急性大发作。截至目前，造成原发性闭角型青光眼的原因还不清楚，但可以确定的是这类疾病都与房角或是梳状韧带发育不良有关。由于房角发育不良造成的青光眼发生在 3～6 岁，但总的原发性闭角型青光眼发病年龄为 6～8 岁。

根据临床发展规律，闭角型青光眼可分为如下 5 个阶段。

（1）临床前期。指一侧已经患有青光眼，另一侧已经具有闭角型青光眼的解剖结构特征和潜在诱发因素，但又尚未发生眼压升高。这种情况需要采取预防性用药，因为有 50% 的病例在一侧眼出现青光眼 8 个月后，另一侧也会出现青光眼。

（2）急性充血期（发作期）。指随着眼压显著升高（50～80mmHg），一系列的临床症状都表现得非常明显，巩膜和结膜充血严重。

（3）后充血期。指急性充血期的青光眼已经得到控制，眼压基本恢复正常。

（4）慢性进展期。眼压会缓慢升高。急性充血期的治疗无效时，就会逐渐转变成慢性进展期。有时因为动物主人不愿意进行手术，只是用药物控制，虽然避免了急性发作，但房角粘连却在逐渐发展。房角最终关闭，周边虹膜与小梁网组织产生了永久性粘连。

（5）绝对期。青光眼最严重的阶段。在该阶段，视力已经丧失，眼睛大多已经成为"牛眼"，很多继发症已经出现（晶状体脱位、角膜溃疡等）。

（二）继发性青光眼

继发性青光眼是以眼压升高为特征的眼部综合症候群，多因眼球疾病如瞳孔闭锁或阻塞、晶体前移位或后移位、眼肿瘤等，引起房角粘连、堵塞，改变房水循环，使眼压升高而致。根据高眼压状态下房角的开放或关闭，继发性青光眼也可分为开角型或闭角型两类，但某些病例会在病程中由开角型转变为闭角型。继发性青光眼常见的病变主要有出血、炎症、外伤、晶状体相关性、眼部占位性病变，以及葡萄膜囊肿等，会使病情更为复杂和严重，预后往往也较差。

临床上会有特别明显的眼部异常，且早期容易诊断：

1. 前房积血　前房积血的动物在发病初期一般都是开角型青光眼，但由于血和纤维堵塞房角，然后葡萄膜炎导致了粘连的发生，从而使房角闭合，成为闭角型青光眼。

2. 炎症　在动物眼科临床上，各种炎症导致的继发性青光眼非常常见。炎性细胞、纤维素、血清蛋白及受损的组织碎片等阻塞小梁网，炎性介质和毒性物质对小梁细胞损害导致功能失调，房水外流出现障碍。

3. 外伤　外伤可导致开角或闭角型青光眼。外伤导致的葡萄膜炎可能会导致前粘连或/和后粘连，从而阻断了房水的循环。外伤还可能导致梳状韧带和睫状裂受损，从而使房角发生变化，当损伤愈合后出现纤维化时，会影响梳状韧带的正常功能，从而造成继发性青光眼。角膜穿孔也可能使虹膜向前运动，从而使前房变浅，伴发的炎症也可能造成房角的闭合。

4. 晶状体相关性　在梗犬类，晶状体脱位是导致继发性青光眼最重要的原因（65%），但不仅局限于梗犬类。晶状体前脱位可能会物理性阻塞房水循环，如果有玻璃体的外漏，阻塞在瞳孔区也可能会影响房水循环。晶状体半脱位会导致一侧前房变浅，限制了房水从瞳孔的循环。玻璃体液化或外漏可能会阻塞在瞳孔和房角，从而影响房水循环。成熟或过成熟的白内障中高分子量的可溶性晶状体蛋白大量溢出，可堵塞小梁网房水外流通道进而导致继发性开角型青光眼。白内障手术后残留的晶状体皮质、囊膜碎片等阻塞房水外流，逐渐堵塞小梁网后也可能造成继发性青光眼。白内障手术后很多犬也会出现一过性高眼压，但这不同于青光眼，因为并没有影响视神经的功能。

5. 占位性病变　多指眼内的肿瘤，如前葡萄膜肿瘤可能会浸润睫状体，并阻碍房水外流，或是因为肿瘤继发的炎症和出血阻塞了房水的外流通道。犬、猫的淋巴肉瘤是最常见的会引起继发性青光眼的眼部肿瘤，并且多数会造成双侧的继发炎症和继发性青光眼。犬、猫的黑色素瘤最终也会因为导致前房积血和炎症而继发青光眼。所以，当在临床上见到黑色素瘤时，就应该通过眼部 B 超进一步检查。对猫的青光眼的病理研究发现，41％的患病猫是因为这两种肿瘤中的一种造成的。

6. 葡萄膜囊肿　睫状体囊肿在大丹犬和金毛寻回猎犬发生的概率很高，通常前房内的囊肿都是良性的。病理研究显示，5％的青光眼病例发生在金毛寻回猎犬，其中 52％是因为虹膜睫状体囊肿所致。在青光眼的病例，囊肿会机械性地将晶状体和虹膜向前推，结果造成了房角闭合，或者是因为囊肿正好堵在小梁网，从而影响了房水的排出。

任务实施 >>

一、青光眼的临床诊断与治疗

【症状】青光眼不是一种单一的疾病，不同动物眼压不同，发病时间不同，临床症状会有一定差异，所以一定要找到使眼压增高的真正原因。早期症状可能不明显，甚至眼压不会超高，只是间断性地出现巩膜的充血（特别是在晚上）。对于这些病例，要定期检查眼压的变化，避免继发性病理变化。

1. 眼内压升高　在临床上，当犬的眼压高于 25mmHg，猫的眼压高于 27mmHg 时，就要考虑是否患有青光眼。当存在葡萄膜炎，并且使用抗青光眼药物治疗过，眼压达 20mmHg 以上就可以认为是青光眼。一般情况，动物主人只有当动物眼压升高到 40mmHg 以上时才会注意到眼睛的变化。眼压升高后会导致疼痛等不适，所以初期有很多动物会表现为眼睑痉挛或畏光，抗拒人为的触摸和近距离检查。频繁的眼压检查是动物青光眼诊断和治疗的重要环节。

2. 浅层巩膜和结膜充血　当眼压突然升高时，浅层巩膜的充血是非常典型的症状之一，这是因为眼压升高使经过睫状体流向涡静脉的血流减少，但同时使流向角巩膜缘的浅层巩膜静脉的血流增加，最后表现为巩膜和整个结膜的充血。浅层巩膜的充血是眼内疾病（葡萄膜炎、青光眼等）的重要标志之一，所以应注意巩膜充血与结膜充血的鉴别诊断。

3. 瞳孔改变　大多数青光眼病例都会出现瞳孔功能的异常，但并不是特征性病变。由于高眼压对虹膜括约肌的影响大于瞳孔开大肌，所以当眼压大于 50mmHg 时，如果没有发生粘连，瞳孔通常会散大。眼压过高或增高时间较长，会引起瞳孔圆形散大或固定瞳孔，眼压超过生理限度时会表现瞳孔极度散大，缩瞳药也不能使瞳孔缩小，散大的瞳孔使得眼睛呈绿色外观。当眼压在 30mmHg 左右时，瞳孔光反射或许正常，如果同时继发了葡萄膜炎，也可能出现瞳孔缩小。如果出现晶状体脱位时，就可能引起虹膜震颤。慢性青光眼病例也可能出现虹膜萎缩的现象。猫继发性青光眼最主要的临床症状是瞳孔散大，尤其当出现虹膜淋巴结肿大或出现虹膜红斑的时候，发生青光眼的可能性很大。

4. 角膜混浊　正常情况下，睫状体分泌的房水经过晶状体和虹膜内侧的后房，穿过瞳孔，流向虹膜前方和角膜之间的前房，流入前房的房水在虹膜表面被加热为上升流，到达角膜面后被冷却为下沉流，这种现象称为暖流或对流。高眼压会影响角膜内皮的代谢，导致钠泵功能障碍，从而造成角膜内皮屏障功能损害，使房水进入角膜基质，引起严重的、广泛的角膜水肿。在急性青光眼病例，角膜水肿发生非常快，当然，如果能迅速将眼压控制在正常范围内，角膜的透明性也会很快恢复。严重病例还可能会造成角膜表面出现水疱，如果不及时治疗，就可能会造成角膜穿孔。慢性青光眼病例的角膜最终都可能出现或多或少的浅表或深层的新生血管、瘢痕和色素沉积的现象。有些慢性青光眼病例还可见角膜表面有数条白色的线性痕迹，这可能是因为在眼压升高时，对后弹力层的线性牵拉所留下的痕迹。

5."牛眼"　由于对巩膜的牵拉，使眼球明显变大，这种现象在犬、猫的青光眼病例非常常见，多数为病程延长所致。当幼犬或幼猫出现青光眼时，"牛眼"发生得非常迅速。一旦发生，即使眼压再控制得好，也很难再恢复至原有的大小。正常犬眼球的直径为 15～17mm，猫为 17mm 左右。"牛眼"的出现一定与青光眼有关，但眼球增大的时候，不一定有活动期的青光眼，很可能青光眼已经稳定。很多慢性青光眼，由于睫状体的萎缩，导致眼球非常软，这是因为缺少了房水的产生。另外要区别"牛眼"和眼球突出。

6. 疼痛　当青光眼不是非常严重时，疼痛的表现并不十分明显，但可以观察到动物行为、脾气和活力的异常，很少会出现眼睛严重疼痛时眼睑痉挛的症状。人类青光眼引起的疼痛是眩晕性的头疼。主人往往会通过眼压控制后动物脾气的改善而感受到青光眼给动物带来的疼痛。青光眼伴随急性炎症时疼痛剧烈。对于猫来说，可能因眼压不会像犬那样快速升高，所以青光眼造成的疼痛不像犬那样明显。

7. 视网膜和视神经的改变　急性青光眼病例可能会出现视神经盘水肿和眼底出血的现象，大多数病例最终会出现视盘盂状凹陷、弥漫性视网膜萎缩、视网膜血管薄化、视盘萎缩等症状。视盘的盂状凹陷是青光眼最典型的眼底变化，但是很难在早期观察到，因为不同犬种髓鞘的差异非常大。猫的视盘是没有髓鞘的，正常情况下就呈盂状，且颜色较深，所以猫出现青光眼时很难发现视盘异常。

8. 视力的损伤　青光眼对视力的影响存在差异性，有些动物会在 2～3d 内突然发生永久性失明，而有些慢性青光眼病例眼压超过正常，但视力并没有显著丧失。这些差异主要取决于眼压升高的程度和速度。眼压突然升高，且眼压值越高，对视力的影响就越大。高眼压会使视网膜缺血，并且阻碍视神经内神经节细胞的轴浆流，从组织病理学可以证实，视网膜的缺血可导致广泛全层的视网膜萎缩。视网膜的神经节细胞对缺血非常敏感，α-神经原细胞则对缺氧非常敏感。

9. 前房的改变　很多青光眼病例会出现明显房水闪辉的现象，这可能是伴随着青光眼的过程，破坏了血-房水屏障，所以可在前房内见到蛋白和脱落的色素丛。多数患青光眼的动物都会出现前房变浅的现象。对于房水倒流的猫，晶状体前脱位、半脱位都会出现明显的浅前房。所以当出现浅前房时，要特别注意可能会出现青光眼。青光眼也可能发生于过深的前房，如晶状体后脱位或"牛眼"。反之，当葡萄膜炎等原因造成眼球内血管屏障受到破坏时，房水中因为蛋白含量的剧增造成眼前房不透明，从而形成房水闪辉。在临床上，用裂隙灯检查可发现房水闪辉的现象。

在临床上，犬和猫患继发性青光眼的概率几乎是原发性青光眼病的两倍，继发性青光眼可能发生于单眼，也可能双眼都受到影响，甚至会有遗传性。据研究发现，20%的白内障病例可发展为青光眼，有大约12%的动物晶状体脱位后出现继发性青光眼，5%的白内障手术动物术后出现青光眼，7%的非典型性葡萄膜炎病例出现继发性青光眼，7%的前房积血病例出现继发性青光眼，4%的眼内肿瘤病例出现继发性青光眼。据统计，大约有41%青光眼患猫是因为葡萄膜炎造成的，而暹罗猫已经被证实存在非房角发育不良造成的遗传性原发性闭角型青光眼。另外，很多猫会出现房水倒流综合征，然后慢慢出现"牛眼"和暴露性角膜溃疡的症状。某些传染性疾病（如弓形体病等）也会造成猫继发性青光眼，所以猫出现青光眼时也要考虑对这些传染病抗原和抗体的检查。

【诊断】

1. 眼压检查 检测眼压可用两手食指尖（不用拇指）闭合上眼睑，同时触压眼球，可粗略估计其硬度。但为了准确诊断，还是要使用宠物专用的眼压计测量眼压。目前国际上动物眼科医生最常使用的两款眼压计为 TONOPEN 和 TONOVET，两者使用都非常方便和准确。

2. 眼底检查 直接或间接检眼镜都可以用来检测视盘的盂状凹陷，因为这是青光眼的典型症状。这些仪器的绿灯主要是用来检查视神经和视网膜神经纤维层的。

3. 房角检查 房角镜是用来检查房角和管理青光眼病例不可缺少的设备。房角镜的作用主要是帮助医生鉴别是开角型青光眼还是闭角型青光眼，以及评估房角闭塞的程度，进而评估治疗的效果。只有经验丰富的动物眼科医生才能准确使用，并发现病灶。

【治疗】犬、猫出现高眼压后，治疗的首要目的是控制眼压，避免视力损害，所以要第一时间积极采取措施控制眼压。眼压的控制可以使用各种具有降低眼压作用的滴眼液，或者进行系统性治疗，必要时也可以进行前房穿刺。

1. β受体阻断剂滴眼液 该药是犬青光眼临床治疗首选药，如噻吗洛尔（Tiholol）点眼。眼压超过40mmHg者，每分钟滴1次，共6次；再改为每30min 1次，共3次；然后，再按病情，每2h 1次，以控制眼内压。一般在20min后即可使眼压降低，稳定后每天使用2～3次即可。

2. 碳酸酐酶抑制剂 这类药物可抑制房水产生和促进房水排泄，从而降低眼压。常用的有双氯非那胺、乙酰唑胺和醋甲唑胺（Methazolamide）。一般来说，用药后1h眼压开始下降，并可维持8h，可任选其中一种，均为口服。乙酰唑胺为长效药物，降压时间达22～30h，但长期服用效果可逐渐降低，而停药一阶段后再用则又恢复其效力。局部使用主要是布林佐胺和多佐胺，这两种药物在猫青光眼的早期控制上反应良好，并可以与β受体阻断剂联合用药。

3. α受体激动剂 这类药物的代表是阿法根，主要成分为酒石酸溴莫尼定。阿法根不但能够降低房水的合成，还能够增加葡萄膜巩膜途径房水的代谢。另外这类药物还具有保护视神经的作用。

4. 前列腺素衍生物 这类药物通过增加葡萄膜巩膜途径的房水代谢来降低眼压。但此类药物会加重葡萄膜炎，且对猫无效。常用药物为曲伏前列腺素滴眼液和拉坦前列腺素滴眼液。

5. 高渗疗法　通过使血液渗透压升高，以减少眼房液，从而降低眼内压。临床多采用静脉滴注 20％甘露醇（每千克体重 1g），30～45min 滴注完毕。也可口服 50％甘油合剂，用药后 15～30min 产生降压作用，可维持 4～6h。必要时 8h 后重复应用。但要注意治疗期间应限制饮水，并尽可能给予无盐饲料。

6. 缩瞳　对于虹膜根部堵塞前房角致使眼压升高者，应用缩瞳剂可开放已闭塞的房角，改善房水循环，使眼压降低，可用 1％～2％硝酸毛果芸香碱溶液滴眼，或与 1％肾上腺素溶液混合滴眼。最初每小时 1 次，瞳孔缩小后减到 3～4 次/d。也可用 0.5％毒扁豆碱溶液滴于结膜囊内，10～15 min 开始缩瞳，30～50 min 作用最强，3.5h 后作用消失。一般主张先用全身性降压药，再滴缩瞳剂，其缩瞳效果更好。

7. 经角膜的前房穿刺　用药后 48h 如不能降下眼内压，就考虑紧急前房穿刺术，释放少量前房的房水以降低眼内压。

8. 手术治疗　传统的青光眼手术主要是通过虹膜嵌顿术、睫状体分离手术以及青光眼减压阀植入等以便房水得以排泄。如果视力无法恢复，义眼植入术和眼球摘除术是最终的解决方案。猫青光眼的手术治疗与犬没有什么区别，但建议在绝对期青光眼使用义眼，术后的美观程度不如犬（因为猫虹膜的颜色鲜亮）。或者摘除眼球但不植入义眼，因为造成排异的概率比犬要高。

大多数情况下，青光眼的治疗是手术和药物相结合的，单纯的药物治疗或是单纯的手术治疗都很难长期控制眼压。具体使用何种药物，采取何种手术方法，要根据具体的病情和疾病发展的阶段，以及医生个人的经验来确定。在治疗青光眼时，和动物主人的沟通非常重要。医生需要在治疗前，告知动物主人绝大多数动物的青光眼和人类的青光眼不一样，不能单纯靠药物维持。虽然很多青光眼的发生最初只是单眼，但多数双眼都会受到影响。尽早告知动物主人预防的方法，就可能延缓另一只眼睛发生青光眼。

当动物被诊断为青光眼时，先要区分是急性青光眼还是慢性青光眼，判断动物是否还存在视力、是否还有恢复视力的可能。对于末期失明的患有青光眼的动物，几乎任何药物都不能控制眼压，只能通过对青光眼病因的分析，针对不同病因（如肿瘤、晶状体脱位、原发性闭角型青光眼等）采取不同的手术方法。手术治疗的方法有睫状体光凝术、睫状体冷凝术、义眼植入术、眼球摘除术等，同时也需要对健侧的眼睛进行潜在青光眼的风险预估。

二、前房穿刺术

【适应证】

1. 青光眼　药物治疗不能控制眼压的病例。

2. 诊断性前房穿刺　适用于：①有微生物感染表现，需确定感染性质；②需要确定眼部疾病的免疫学病因；③需做微量元素分析以确定眼内异物性质或了解眼内某种元素代谢状况；④眼内原发或转移性肿瘤，需采集房水做细胞学诊断。

3. 前房成形术　适用于：①外伤、炎症粘连等因素导致的全部或部分前房消失，或前房变浅；②青光眼手术后，前房形成迟缓，保守治疗无效；③眼后段手术中因注入硅油、气体导致前房受挤压消失。

4. 前房冲洗术　适用于：①重度眼碱烧伤；②伴有高眼压的前房积血。

【术前准备】

1. 器械及用品准备　开睑器、冲洗针头、1mL 注射器、无损伤镊、无菌棉签、无菌纱布、生理盐水、聚维酮碘溶液、眼科手术洞巾，眼科无菌覆膜、止血药、黏弹剂、房水收集管。

2. 动物准备

（1）眼内冲洗，抽取 0.05% 聚维酮碘溶液，用眼科专用冲洗针头深入结膜穹隆冲洗眼内，彻底将眼内的分泌物冲洗干净，之后用抗生素点眼。

（2）清洁眼周皮肤，先用无刺激的清洁剂（可用幼儿浴液代替）清洗眼周皮肤，然后用清水擦拭干净，再用 10% 聚维酮碘溶液消毒眼周皮肤，多余水分用无菌纱布擦拭干净以免影响手术覆膜的贴覆。

（3）镇静和眼部局麻。用眼科专用麻醉药点眼。

（4）动物侧卧或仰卧位。术眼粘上眼科手术专用覆膜，然后盖上眼科手术洞巾。在眼睛的部位剪开覆膜，用开睑器固定眼睑。

【手术步骤】

1. 固定眼球　用固定镊夹持穿刺点对侧或同侧角膜缘外球结膜及筋膜固定眼球。

（1）在颞上方角膜缘内 1mm 用尖刀做一半穿透的水平切口。

（2）用 25～27 号针头连接 1mL 结核菌素注射器，斜面朝下，经切口内口水平刺入前房。

（3）放松固定镊，将针头斜面转向角膜，缓缓抽取 0.2～0.3mL 房水后轻轻拔出针头。

2. 前房成形术　在前房内注入空气、平衡盐溶液或用眼用黏弹剂充填或扩张前房。

（1）平衡盐溶液。用 5 号针头连接平衡盐溶液后针尖斜面向下水平刺入切口，开放灌注液开关，盐水瓶至少应高出手术眼平面 60cm，当前房逐渐加深，在显微镜下观察，虹膜与角膜已完全脱离接触后，用棉签压住穿刺口，迅速退出针头。

（2）空气。在灌注液体无法保持前房，又没有黏弹剂的情况下，可以注入空气形成前房。其注入方法与注入盐水相似，但针头应直接与 5mL 玻璃注射器相连接，抽取的空气量不宜过多，一般 1～2mL 即可。注气时用力要保持均匀，不能过猛，以免前房突然加深。针头应避免有玻璃体、血块的部分。注入前房的空气泡呈圆盘形，直径与角膜缘一致，说明前房已完全被空气充填。注气过于缓慢，气泡将变为许多细小泡沫，不利于观察。

（3）黏弹剂。前房内注入黏弹剂，可以获得满意的前房成形效果。适用于青光眼术后浅前房。用 5 号尖针头与黏弹剂注射器相连接，斜面向下刺入已做好的角膜缘内 1mm 的角膜全层切口。当针孔开始暴露于切口以内时，即开始稍用力推注黏弹剂少许流入切口内的局限前房空气内。稍稍推进针头进入前房黏弹剂中间，再次注入少许。

之后一边推进针头一边注入黏弹剂。为了均匀充填前房，针尖应及时伸入前房较浅的部位。

针头在一个固定的空间注射，黏弹剂不均匀地充填前房可能会撕裂前房角。

若遇有牢固的虹膜前粘连，可在粘连四周注射较多的黏弹剂，再用针尖水平扫拨粘连，促使其分离。如粘连十分牢固，可扩大切口，用剪刀剪断粘连。迅速退出针头，压迫穿刺口片刻。

3. 前房冲洗术 前房冲洗术仅为原发病的一种辅助治疗手段，因此应当及时治疗原发病。

（1）单穿刺口冲洗。用 20 号穿刺针在颞上限角膜缘内 0.5～1mm 处做一全层水平穿刺，用 5 号平针头或白内障注吸针头连接吊瓶内平衡盐溶液，高度约 60cm，使液体在前房内产生两个半圆形的涡流，将前房内的有害物质带出切口，随时轻压切口保持灌注量与排出量平衡，当瞳孔很小时，也可将针尖跨过瞳孔区，这种方法适用于冲洗前房内化学物质、少量未凝固积血和积脓。

（2）双切口冲洗。前房积有较大血块时适合用双切口冲洗法排出。在第一穿刺口的对侧或最接近血块的角膜缘内侧 0.5～1mm 做 2～3mm 弧形全层角膜切口，与虹膜平面平行。一手持带有冲洗针头的注射器自第一个小穿刺口持续注入平衡盐溶液或黏弹剂，另一手用显微虹膜铲伸入切口内，轻压后唇，使血块自切口排出。最后将黏弹剂置换干净。使用 10-0 尼龙线缝合 3mm 切口一针。4 周后拆除角膜缝线。

【注意事项及术后处理】

（1）穿刺应做在透明角膜内，避免伤及角膜缘血管，导致出血污染房水。

（2）角膜切口不宜太深，以免影响穿刺口密闭性。角膜切口应呈水平，内口远离虹膜根部，防止虹膜脱出。穿刺切口与虹膜平行，针尖不应进入瞳孔区以免伤及晶状体前囊。

（3）抽吸时针的斜面应朝向角膜，速度一定要缓慢，以免突然前房变浅，针尖划伤虹膜。

（4）前房内注射速度不宜太快，以免前房过深，虹膜晶状体隔急剧后移，有可能损伤虹膜根部或导致晶体悬韧带断裂。

（5）切口要达到气密、水密状态，重复进出切口可能会导致切口泄漏。可改用大一号针头继续操作。

（6）单切口冲洗时，应利用液体形成的涡流促进冲洗物排出，不宜侧向房角方向冲洗，以免产生漩涡使被冲洗物积存于瞳孔中央而沉入后房。冲洗也不应朝向角膜内表面以免加重内皮细胞损伤。

（7）用黏弹剂分离血块比用针头直接分离损伤小，最好使用高黏弹性透明质酸钠。

（8）全身使用抗生素联合应用皮质类固醇治疗，使用止血药控制继发性出血，滴散瞳药调节虹膜反应。

【术后并发症及处理】

1. 穿刺口泄漏 表现为前房变浅、眼压偏低，并有角膜溃疡。可做瞬膜遮盖或结膜瓣遮盖。

2. 穿刺口坏死扩大，前房积脓 多因眼前房内感染，角膜荧光素染色呈阳性，眼压偏低。立即全身给予广谱抗生素和皮质类固醇，增加局部用药的频率。若前房积脓较多，可再次施行前房切开冲洗术，缝合切口，在球结膜下注射抗生素，散瞳以调节瞳孔和睫状肌。

3. 前房积血 来自虹膜血管、新生血管或撕裂的睫状体。一般出血可自行停止。可以使用止血药物和类固醇进行抗炎治疗。较多的出血伴有继发性青光眼时应及时再次采用前房冲洗术。

4. 继发性青光眼 空气泡瞳孔阻滞性青光眼，可用托吡卡胺散瞳缓解瞳孔阻滞。前房黏弹剂引起的眼压升高，可能持续数日。若眼压太高，可静脉滴注甘露醇，局部使用噻吗洛尔滴眼液。也可再次进行前房穿刺放出少许房水。

三、青光眼手术

青光眼的手术治疗主要分为三大类：

1. 眼内引流 主要是指虹膜周边切除术，在前后房之间的周边虹膜上造成一个通道，缓解瞳孔滞造成的后房压力增高和前房角阻塞，降低眼压。

2. 眼外引流 通常称为"滤过性手术"，包括小梁切除术、巩膜灼滤术、非穿透性小梁术、减压阀植入等，经房角形成连通前房与眼外新通道将房水引流至结膜下形成"滤过泡"，经周围组织将房水吸收，即将眼内的房水引流至眼外，降低眼压。

3. 睫状体破坏性手术 利用激光、低温冷冻，破坏睫状体上皮，减少房水产生，降低眼压。

【适应证】青光眼。

【术前准备】

1. 器械及用品准备 开睑器、冲洗针头、1mL 注射器、眼用测量尺、无损伤镊、无菌棉签、无菌棉球、无菌纱布、生理盐水、聚维酮碘溶液、眼科手术洞巾、眼科无菌覆膜、散瞳药。

2. 动物准备

（1）术前尽量控制眼内压使之接近正常水平。犬类青光眼多伴发虹膜睫状体炎，术前应局部或全身应用皮质类固醇以抑制炎症，减少眼房液中的炎性细胞和蛋白。青光眼手术多数需要保持动物瞳孔处于收缩状态，因而可合并应用 2% 毛果芸香碱和 10% 去氧肾上腺素。

（2）眼内冲洗。抽取 0.05% 聚维酮碘溶液，用眼科专用冲洗针头深入结膜穹隆冲洗眼内，彻底将眼内的分泌物冲洗干净，之后用抗生素点眼。

（3）清洁眼周皮肤，先用无刺激的清洁剂（可用幼儿浴液代替）清洗眼周皮肤，然后用清水擦拭干净，再用 10% 聚维酮碘溶液消毒眼周皮肤，多余水分用无菌纱布擦拭干净以免影响手术覆膜的贴覆。

（4）全身麻醉和眼部局麻。用眼科专用麻醉药点眼。

（5）动物侧卧或仰卧位，调整头部使术眼尽量水平于手术台。术眼粘上眼科手术专用覆膜，然后盖上眼科手术洞巾。在眼睛的部位剪开覆膜，用开睑器固定眼睑。

【手术步骤】

1. 虹膜嵌顿术 虹膜嵌顿术是手术治疗动物青光眼的方法之一，对于用药后 48h 不能降低眼内压，眼房角狭窄或闭塞，因周边后粘连引起的急性虹膜隆起，周边前粘连者可施行虹膜嵌顿术。凡巩膜薄、萎缩或有后粘连者，不宜施行此手术。

手术目的是把虹膜柱嵌入巩膜切口两侧，建立新的眼外眼房液引流途径，使眼房液流入球结膜下间隙，从而降低眼内压。手术步骤如下：

（1）调整上直肌牵引线，使眼球向下转，暴露巩膜。

（2）制作结膜瓣。在眼 12：00 方位、距角膜缘 10mm 处做结膜瓣。用弯钝头剪平行于角膜缘剪开球结膜，长 12~18mm。切除筋膜囊，并沿巩膜面分离至角膜缘。

（3）切开角膜缘。用尖刀沿角膜缘垂直穿入，做一长 8~10mm 的切口，并沿其切口后界切除巩膜 1~2mm，以扩大切口，有助于房水排出。

（4）取出虹膜。当角膜缘和巩膜被切开后，房水可自行流出，虹膜亦会脱出切口处。如不脱出，可用钝头虹膜钩从切口伸入钩住瞳孔背缘，轻轻拉至创口外。

（5）虹膜嵌顿。虹膜引出后，用有齿虹膜镊各夹持脱出的虹膜一角，并将其提起，轻轻做放射形撕开，形成两股虹膜柱。然后，将每股虹膜柱翻转，使色素上皮朝上，分别铺平在切口缘两端。为防止虹膜断端退回前房，可用 6-0 胶原缝线分别将其缝合在巩膜上。

（6）清洗前房。如前房有血液和纤维素，可用平衡生理溶液（一种等渗电解质溶液）冲洗或用止血钳取出。为减少出血和纤维素沉积，可在冲洗液中加入稀释过的肾上腺素溶液（1：10 000）和肝素溶液（1～2μL）。

（7）缝合结膜瓣。用 6-0 缝线连续缝合球结膜瓣。

（8）术后护理。术后，局部和全身应用抗生素，连用 1～2 周，防止感染和发生虹膜睫状体炎。如炎症严重，可配合使用皮质类固醇类药。局部交替滴 10% 去氧肾上腺素和毛果芸香碱溶液，保持瞳孔活动，防止发生后粘连。若因炎症瞳孔不能恢复正常状态，可滴 1% 阿托品溶液散瞳。若用丝线缝合球结膜，术后 5～7 周拆除缝线。

2. 青光眼减压阀植入术 青光眼减压阀为单向引流阀，可以有效引流房水（图 2-9-3）。具体操作步骤如下：

（1）结膜瓣制作。选择眼球颞上部位，先以结膜穹隆为基础做一结膜瓣。然后在结膜瓣下经相邻两眼直肌做牵引线，充分暴露手术部位并方便眼球的固定。

（2）制作巩膜隧道。分离球结膜下组织暴露出巩膜，在距离角巩膜缘 3～4mm 的位置做巩膜隧道，隧道宽度要大于减压阀的导管直径。巩膜板层的厚度标准为能隐约看到刀刃即可。隧道完成后，使用角膜有齿镊夹持虹膜角膜角的虹膜根

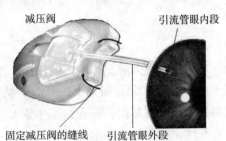

图 2-9-3 装置在巩膜表面的减压阀

部并拉出，剪除虹膜根部组织。在隧道表面使用浸有丝裂霉素的纱布覆盖片刻。

（3）减压阀盘部及导管的固定。可通过隧道向前房穿刺注入黏弹剂以加深前房，然后将减压阀放置在手术区域，修剪导管的长度，使其成为能进入前房 2～3mm 的斜面向上的斜角，然后将导管穿过隧道进入前房。接着将减压阀盘体固定在距离角巩膜缘 9～10mm 的巩膜上，缝合使用 5-0 不可吸收线。

（4）缝合。使用 10-0 丝线跨过导管将其缝合固定。将结膜瓣覆盖于减压阀上，结膜瓣用 8-0 可吸收线缝合。

【术后并发症】

（1）前房积血。手术后持续性前房积血或术后迟发型前房积血。

（2）浅前房。多数因为低眼压造成前房变浅，严重者出现无前房，可继发恶性青光眼。

（3）葡萄膜炎。多数积极治疗可控制。

（4）脉络膜脱离。使用激素治疗，可以恢复。

（5）高眼压。迟发型前房积血或葡萄膜炎导致继发性高眼压。

（6）减压阀堵塞。

1. 高眼压的发生原因有哪些?
2. 青光眼的类型和临床诊断方法是什么?
3. 控制眼压的措施有哪些?

任务十　玻璃体病诊疗技术

掌握玻璃体的性质和发病特点,掌握玻璃体疾病的发病原因和临床预后。

玻璃体生理

玻璃体在眼内起支撑眼球的作用,是缺乏细胞与血管的组织结构。玻璃体的化学成分类似于房水,几乎99%都是水,其余为黏多糖和蛋白质。玻璃体由胶原纤维构成,并有微量可溶性蛋白、葡萄糖、尿素、维生素C及氨基酸等。因此其新陈代谢速度非常缓慢,营养吸收与代谢均通过毗邻组织的扩散来完成。玻璃体的成分除来自脉络膜及视网膜的血液循环,也由后房的房水直接扩散而来。

玻璃体内共含有4种胶体成分,即血清白蛋白、血清球蛋白、黏蛋白(透明质酸)和透明蛋白。而玻璃体与房水的最显著区别是含有两种特殊蛋白质,即黏蛋白与透明蛋白。这两种蛋白是在胎儿时期由神经外胚叶分泌而来,出生后就不再继续产生。其中透明蛋白是玻璃体中网状支架的主要成分,而透明质酸与玻璃体的透明性有关。

玻璃体基质是一种纯生物学的化学凝胶,实际上为一种酸性黏多糖,是玻璃体凝胶中最重要的生化成分。玻璃体凝胶的支架是由胶原纤维网构成的,不同部位的玻璃体其胶原纤维的密度不尽相同。通常玻璃体中间和近前皮质部分胶原纤维的密度较低,而近锯齿缘的玻璃体基部和后玻璃体近视网膜的皮质部分胶原纤维的密度较高。正常情况下透明质酸主要与胶原纤维一起参与玻璃体凝胶的形成,其最主要生物特性是高溶性。透明质酸这种高溶性表现为相当黏稠,具有较大的渗透压,可以吸收千倍以上的水分,有助于玻璃体凝胶状态的稳定。另外透明质酸还具有液流及扩散屏障作用,能够阻挡和过滤玻璃体内的大分子物质,减少大分子物质的流动和凝集。玻璃体的正常结构取决于胶原纤维和透明质酸之间稳定的结合关系。在幼龄时,玻璃体的皮质部与基部的胶原纤维密度大体一致,随年龄增加,玻璃体胶原纤维的密度也随之发生变化。玻璃体液化是玻璃体的一种退行性病变。病理情况下,透明质酸容易被透明质酸酶所分解而使玻璃体液化,由原来的凝胶状变为溶胶状。青年宠物的玻璃体内含水量较少,老龄宠物玻璃体内水分明显增加。除年龄因素外，创伤、手术及眼内炎症等均加速玻璃体的液化过程。玻璃体不能再生，减少后需要由房水来充填。

任务实施 >>>

玻璃体临床上原发病较少，多数玻璃体的异常都是继发于周围组织的病变。其基本病理改变是玻璃体由凝胶状变为溶胶状态（液化）及透明度发生改变（混浊）。

一、永存玻璃体动脉

玻璃体系统和晶状体血管膜从胚胎发育开始就开始增生，动物出生后也依旧继续增生。玻璃体的发育过程可分为三个阶段。第一个阶段是原始玻璃体阶段（玻璃体动脉），此阶段，原始玻璃体的结构为玻璃体动脉及其分支。原始玻璃体充满了整个晶状体后腔隙。晶状体血管膜大约从妊娠45d开始发

永存玻璃体
动脉案例

生萎缩，一般在出生后2～4周完全萎缩，由于这一过程出现的异常在临床也有发现，称为永存性增生性晶状体血管膜。第二玻璃体阶段，继发的或成熟的玻璃体使得眼球内部晶状体后的空腔不断增大，逐渐萎缩的原始玻璃体在眼睛后段的中央越发致密，并最终形成玻璃体管（Cloquet管）（图2-10-1）。

永存原始玻璃体增生症和晶状体血管膜持续增生症，为胚胎发育时期给晶状体提供营养的血管组织残留到动物出生后，也可以理解为胚胎时期的原始玻璃体，在胚胎3个月时，原始玻璃体被挤到眼球中央和晶状体后面，在发育过程中，由于残留的

图2-10-1　第二玻璃体阶段：玻璃体形成的玻璃体管（Cloquet氏管）

原始玻璃体在某种因素影响下发生增生性改变，形成一膜状结缔组织所致。

玻璃体前动脉区域则附着在晶状体的后囊上，位于晶状体后缝合缝略下方，此附着点在成年犬仍可见到，即米顿道夫点。在使用裂隙灯观察时可以在前部玻璃体内见到一细小的、萎缩的血管残留物。此为第二玻璃体阶段发育为第三玻璃体阶段，玻璃体基部的胶原缩合和小带纤维的形成。在整个发育过程中，玻璃体动脉应在出生前消失，如有部分或全部残留，即称为永存玻璃体动脉（图2-10-2），又称永存性增生性原始玻璃体。

【临床检查】发生永存性原始玻璃体增生症的宠物大约90%为单眼发病。患眼瞳孔区看起来发白，表现为白瞳症，可伴有晶状体发育异常或小眼球、白内障，也有些因为血管组织丰富略呈粉红色。裂隙灯下可在晶状体后方玻璃体内看到呈丝状、条索状或膜样的灰白色混浊物，形状不规则，中央厚，周边薄，常伴有新生血管，散瞳后可见睫状体受纤维膜牵引被拉向晶状体，偶见残留的玻璃体动脉。有时合并

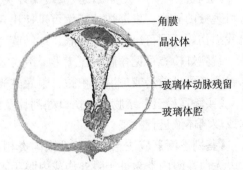

图2-10-2　病理组织学切片上的永存玻璃体动脉

角膜
晶状体
玻璃体动脉残留
玻璃体腔

玻璃体积血、继发性青光眼甚至眼球萎缩（图 2-10-3）。超声检查可见晶状体后方玻璃体区域内有无规则条索状中强回声。

杜宾犬高发，并有明确的临床分级：

1级：晶状体后囊仅有白点，不影响视力，无需治疗。

2级：晶状体后囊上有纤维性血管膜形成的白斑。

3级：2级合并晶状体血管膜和永存玻璃体动脉。

4级：2级合并圆锥晶状体。

5级：3级与4级合并发生。

6级：合并晶状体缺损、小晶体、晶状体囊白斑、出血等。

对以上分级，2级以上的可以考虑手术。

【鉴别诊断】三面镜检查，永存玻璃体动脉可表现为4种类型：①玻璃体动脉附着在视神经乳头，闭塞的条索位于玻璃体中央。②玻璃体动脉仅残留在玻璃体中央。③玻璃体动脉附着在晶状体后囊或玻璃体前界膜后面，消失于玻璃体中。④玻璃体动脉从晶状体后至视神经乳头全程残留，有的条索可见血管畅通。

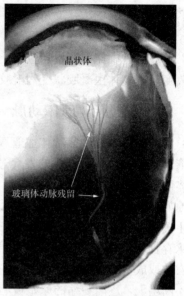

图 2-10-3　病理标本中呈丝状的永存玻璃体动脉

【治疗】单纯永存玻璃体动脉无需治疗。但是并发白内障者，可以在白内障手术的同时实施晶状体后囊切除。

二、玻璃体炎

玻璃体炎是指炎症产物进入玻璃体，使玻璃体由透明变为混浊。

【病因】

（1）外源性感染。常发生于眼球穿孔伤、内眼手术后、角膜溃疡穿孔等，致病菌直接从伤口侵入眼内。

（2）内源性感染。由身体其他部位的化脓性病灶经血行进入眼内。

【病理变化】玻璃体炎的病理特征为急性化脓性眼内炎，内有多形核粒细胞大量积存于晶状体后空隙、玻璃体基底部、视神经乳头前及玻璃体管内。晚期则形成睫状膜及视网膜前膜，导致睫状体视网膜后脱离。

【症状】早期症状轻微，人的玻璃体炎会感觉眼前可有黑影飘过或闪光感，动物临床没有可观察的异常。发展快的病例可迅速出现畏光、流泪、眼睑痉挛及视力减退等表现。因为自我损伤等原因可出现眼睑肿胀、球结膜充血、水肿、角膜混浊等。

裂隙灯检查可见角膜后沉着物，房水混浊，玻璃体内可见灰白色颗粒状或棉絮状混浊物，重者可见前房或玻璃体积脓。眼底红光反射减弱或消失，呈现黄白色反光。

【实验室检查】结膜囊或伤口处刮片及细菌培养和药物敏感试验等；前房穿刺，抽取房水或玻璃体液进行检查。

【鉴别诊断】应注意与无菌性眼内炎相鉴别。

无菌性眼内炎为见于眼外伤或内眼手术后过重的虹膜、睫状体刺激性反应，也见于晶状体皮质释放引起的过敏性反应。症状较轻，病情相对稳定，视力有不同程度减退，应用大剂量激素治疗，症状可迅速缓解。

【治疗】

1. 药物治疗 对内源性感染者应针对原发病治疗。全身应用抗生素，可根据药敏试验结果选用四环素类、青霉素、庆大霉素、氨苄西林、头孢唑啉钠等静脉滴注。配合局部氟喹诺酮类或氨基糖苷类点眼药等。治疗效果不佳者应采用球旁或结膜下注射，严重感染的病例可以进行玻璃体腔内注射，注意谨慎应用抗生素，准确掌握注射剂量。这些注射治疗常用药物为抗生素类配合皮质类固醇类，确定为真菌感染者，首选两性霉素B进行玻璃体腔内注射。另外日常护理可进行局部热敷、散瞳及支持疗法等。

2. 手术治疗 玻璃体切除术是治疗眼内炎的有效手段，可消除病灶，有利于药物在眼内扩散，增强药效，帮助及早恢复视力。对病情持续恶化，炎症向全眼球炎发展，视力又完全丧失的宠物，则考虑进行义眼植入术或眼球摘除术。

三、玻璃体变性

玻璃体变性是指玻璃体由透明的凝胶状态变为溶胶状态或不透明化。

玻璃体变性案例

【发病机制】随着年龄的逐渐增大，原来凝胶状的玻璃体逐渐脱水、收缩，发生凝缩变性而成为溶胶状。玻璃体液化除常见于老龄宠物，也可发生于患有长期眼内炎、玻璃体积血、眼球外伤及眼内异物等的动物。

玻璃体变性后玻璃体内出现钙质或磷脂构成的颗粒状漂浮物，呈现星状，也是老化或炎症的结果。

【症状】宠物临床无异常，人的玻璃体变性会有飞蚊症或闪光感。

裂隙灯检查可见液化区呈黑色空间，无反光面，只有少量纤细的透明纤维随眼球运动而飘动；非液化纤维可发生收缩或移位，重叠而成小片状或膜状混浊物，薄而松弛如绸带，活动度大。

【治疗】无需任何治疗。

四、玻璃体后脱离

玻璃体后脱离是指玻璃体皮质与视网膜分离，是玻璃体退缩而形成。通常在老年玻璃体液化的基础上发生。

【病因】常发于老龄宠物或眼外伤。

【发病机制】最初，玻璃体中央部液化，形成一些小的含水腔隙。之后，液化范围慢慢扩大，使小腔逐渐融合成一个较大的空隙。因囊腔外周的玻璃皮质逐渐向中心塌陷，或因囊腔外周变薄的皮质穿破液化的玻璃体进入玻璃体下腔，而使玻璃体与视网膜发生分离。

【症状】患病宠物无明显临床异常，当发生于人时，在眼球运动时会感觉眼前有黑影飘动。

裂隙灯检查可见脱离的玻璃体与视网膜的内界膜之间为液体所充填，上部后脱离时，玻璃体因重力逐渐下沉，可见玻璃体上方有黑色空隙，称玻璃体塌陷。

（1）部分性玻璃体后脱离多为上部局限性的后脱离。

（2）完全性玻璃体后脱离为玻璃体与视神经乳头的生理粘连被拉开，玻璃体膜与视网膜离开而留有间隙。检眼镜可见视盘前方有圆形或椭圆形、完整或不完整的环形混浊（Weiss环），这就是视神经乳头上扯下的胶原纤维残迹，日久则形成团状混浊。

【鉴别诊断】早期视网膜脱离，检眼镜检查可发现视网膜有裂孔及视网膜局限性脱离。

【治疗】无需治疗。但因玻璃体后极部脱离的牵引可引起黄斑水肿，局限性后脱离可引起视网膜破孔，进而导致视网膜脱离，故应对有症状的宠物做散瞳检查和随访观察。

五、玻璃体积血

玻璃体积血是由眼外伤或视网膜血管性疾病导致，血液直接流入玻璃体，积于玻璃体中。

玻璃体积血案例

【病因】

（1）眼外伤及内眼手术后。

（2）全身性疾病引起，如血液病、糖尿病、高血压病及蛛网膜下腔出血。

（3）眼病引起，如视网膜静脉周围炎、视网膜中央静脉阻塞、视网膜裂孔、老年性黄斑变性、渗出性视网膜病、眼内肿瘤、早产宠物视网膜病变。

【症状】少量玻璃体积血时宠物会有视力下降。检眼镜下可见玻璃体内有尘状、块状、片状、絮状呈黄色或红色的血凝块。大量玻璃体积血时视力急剧下降。检眼镜透照时，眼底无红光反射，不能看到眼底。

【特殊检查】B型超声波检查可见均匀的点状回声或斑块状回声。陈旧性出血或伴有玻璃体增生时，回声不均匀。

【鉴别诊断】应与下列疾病进行鉴别诊断。

（1）退行性玻璃体混浊。多见于视网膜色素变性。常双眼发病，随病程发展症状逐渐加重，视力逐渐下降。检眼镜下可见玻璃体呈絮状、条状混浊。

（2）炎性玻璃体混浊。常由葡萄膜炎、眼内炎及穿孔伤后的感染引起。检眼镜下可见玻璃体呈灰白色点状、线状或胶状混浊。如炎症同时有渗出物侵入时，则呈球形或絮状体不停地漂游于玻璃体内。当玻璃体充满脓液后，瞳孔区呈黄白色反光。

【治疗】

1. 针对病因治疗 笼养宠物，避免剧烈活动，并给予止血药物。出血停止并稳定后，用酶制剂或促进吸收的药物。如透明质酸酶 1 500U 肌内注射，隔日 1 次，10 次为一疗程。尿激酶 2 000U 溶于 0.5mL 生理盐水中，结膜下注射，隔日 1 次，5 次为一疗程。如果是视网膜静脉阻塞引起的玻璃体积血，可用抗凝剂或血管扩张剂治疗，如肝素、血栓通、低分子右旋糖酐等。有糖尿病性眼底病变、静脉周围炎、中央静脉阻塞的宠物，在眼底血管荧光造影后，对新生血管区、缺血区进行激光治疗，以防再出血。

2. 手术治疗 可实施玻璃体切除术，尤其是陈旧性玻璃体积血。应根据出血的原因、积血量，玻璃体混浊的程度、范围，有无视网膜脱离，视功能情况等选择手术时机。一般应在积血后 3～6 个月内考虑手术。穿孔伤引起的严重玻璃体积血，应在积血后 2～4 周考虑手术。

六、增生性玻璃体视网膜病变

增生性玻璃体视网膜病变（PVR）是指在孔源性视网膜脱离或有导致 PVR 的诱发因素时（如视网膜裂孔、多次眼部手术、玻璃体积血、眼球外伤等），视网膜色素上皮细胞、神经胶质细胞及成纤维细胞在视网膜表面和玻璃体内游走、附着、形成细胞性膜，合成胶原并收缩，造成牵拉性视网膜脱离的病变。

【病因】
(1) 孔源性视网膜脱离，常见于巨大裂孔、多发性裂孔等。
(2) 视网膜手术中过度冷凝及反复巩膜压陷。
(3) 多次手术、放液等操作造成的创伤性炎症。
(4) 眼球穿孔伤、钝挫伤、玻璃体积血。
(5) 无晶状体眼视网膜脱离。
(6) 某些眼病及全身性疾病引起的玻璃体积血。如糖尿病视网膜病变、视网膜静脉周围炎等。

【病理变化】其典型的病理特征是在脱离视网膜的内、外表面和玻璃体后表面形成具有收缩能力的细胞性膜（参与的细胞有视网膜色素上皮细胞、神经胶质细胞、成纤维细胞、巨噬细胞等），牵拉视网膜，致使视网膜全脱离，以致眼球萎缩。

【症状】视力减退，瞳孔散大。

【诊断】B 超检查可见玻璃体暗区内有不规则的点状、片状或条状回声，视网膜与球壁环分离，呈 V 形。

1983 年，国际视网膜学会根据视网膜表面膜及网膜脱离的程度和范围将增生性玻璃体视网膜病变分为 A、B、$C_{1\sim3}$ 和 $D_{1\sim3}$ 四级。

A 级：玻璃体轻度混浊，玻璃体有色素游离及色素团块堆积。

B 级：视网膜表面有皱褶，裂孔卷边，血管扭曲、抬高，表明有增生膜存在。

C 级：

C_1：一个象限全层的视网膜固定皱褶。

C_2：两个象限全层的视网膜固定皱褶。

C_3：三个象限全层的视网膜固定皱褶。

D 级：指固定皱褶累及 4 个象限，视网膜全脱离，呈漏斗状。

D_1：视网膜全脱离，呈宽漏斗状。

D_2：视网膜全脱离，呈窄漏斗状，漏斗前口在 45°范围内。

D_3：视网膜全脱离，呈看不到视神经乳头的窄漏斗状，称闭合性漏斗。

【治疗】增生性玻璃体视网膜病变的治疗药物可以选择皮质激素、5-氟尿嘧啶等，目前仍在研究探索中。

根据分级标准对 A、B 级病例，可根据情况选用巩膜外加压、环扎、放液、巩膜外冷凝等进行治疗。对 C 级和 D 级病例，一般需施行玻璃体内手术。施行膜剥离，增生条索剪切，眼内电凝、光凝及眼内填充等。必要时对阻止复位的视网膜后膜予以切除。

七、玻璃体寄生虫

我国常见的眼部寄生虫病为猪囊尾蚴病，虫体在玻璃体内寄生者占眼部猪囊尾蚴病的

1/2。

【病因】因吞食了猪带绦虫的虫卵后，在玻璃体内形成囊尾蚴所致。

【诊断】早期可感到有圆形或椭圆形或伸缩变形的黑影在眼前晃动，玻璃体混浊在早期仅呈尘埃状。晚期可导致葡萄膜炎、白内障、视网膜脱离而失明。

眼底检查：在玻璃体内或附着在视网膜上可见囊尾蚴呈黄白色半透明圆形，大小为1.5～6mm，有时可见头部吸盘。

实验室检查：补体结合试验呈阳性反应。皮下有结节，粪便内可查出虫卵或体节。

【治疗】粪便有虫卵及体节者，应用驱虫药治疗。早期发现后可在间接检眼镜直视下或采用玻璃体手术方法取出虫体，以防虫体死亡后引起眼内炎。

八、玻璃体腔注射

【适应证】玻璃体炎、玻璃体血管增生。

【禁忌证或注意事项】高眼压或青光眼，眼睑炎、睑板腺炎、泪腺炎、结膜炎、角膜炎、球后脓肿、角膜穿孔等眼外炎症，葡萄膜炎。

【术前准备】

1. 器械及用品准备 开睑器、冲洗针头、1mL注射器、眼用测量尺、无损伤镊、无菌棉签、无菌棉球、无菌纱布、生理盐水、聚维酮碘溶液、眼科手术洞巾、眼科无菌覆膜、散瞳药。

2. 动物准备

（1）连续3d提前使用抗生素滴眼液点眼治疗。

（2）散瞳、眼内冲洗。抽取0.05%聚维酮碘溶液，用眼科专用冲洗针头深入结膜穹隆冲洗眼内，彻底将眼内的分泌物冲洗干净。之后用抗生素点眼。

（3）清洁眼周皮肤，先用无刺激的清洁剂（可用幼儿浴液代替）清洗眼周皮肤，然后用清水擦拭干净，再用10%聚维酮碘溶液消毒眼周皮肤，多余水分用无菌纱布擦拭干净以免影响手术覆膜的贴合。

（4）全身麻醉和眼部局麻。用眼科专用麻醉药点眼。

（5）动物侧卧或仰卧，调整头部使术眼尽量水平于手术台。术眼粘上眼科手术专用覆膜，然后盖上眼科手术洞巾。在眼睛的部位剪开覆膜，用开睑器固定眼睑。

【手术步骤】

（1）使用0.5%聚维酮碘溶液冲洗眼睛，然后用生理盐水再次冲洗。

（2）用无损伤镊或牵引线固定眼球并暴露巩膜，术野暴露的注射部位为角巩膜缘后3.5～4mm处（图2-10-4）。

（3）持注射器经巩膜入针，进针方向为眼球中心。入针后缓慢推注药物，注射完毕，缓慢移除针头。

（4）眼球复位，给予抗生素滴眼液点眼。术后使用抗生素点眼至少一周。

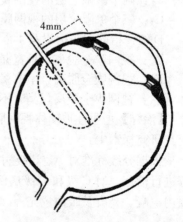

图2-10-4 玻璃体腔内注射示意

【不良反应】①眼压升高；②医源性外伤性白内障；③玻璃体积血、孔源性玻璃体脱离、视网膜撕裂；④免疫力低下或糖尿病病例可能会使眼内炎加重。

🏃 **任务反思** >>

1. 玻璃体变性的原因有哪些？
2. 玻璃体后脱离的发病机制是什么？

任务十一　视网膜和脉络膜疾病诊疗技术

⭐ **任务目标** >>>

掌握视网膜的神经学和解剖学特点、视网膜与脉络膜的关系，理解视网膜疾病的发病过程，学会诊断和治疗视网膜及脉络膜疾病。

⭐ **任务准备** >>>

一、视网膜生理

视网膜由神经组织和血管组织构成。神经组织由神经外胚叶发育而来，与大脑相连。血管组织由中胚叶发育而来，与全身大血管相通。视网膜是将光线转化成神经信号进而形成视觉的重要器官。光线进入眼睛后，由视网膜上的各级神经元（光感受器、双极细胞、视网膜神经节细胞、水平细胞和无长突细胞）将光刺激传导到视神经，其中主要是由感光细胞（视杆细胞和视锥细胞）所接收，在接收到光线之后会产生化学能量，然后被转变为电子能量并经由视神经、视神经交叉及视觉途径进入大脑皮质的视觉区（图2-11-1）。

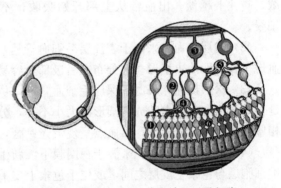

图 2-11-1　视网膜的感光神经元及细胞
1. 光感受器　2. 双极细胞　3. 视网膜神经节细胞
4. 水平细胞　5. 无长突细胞　6. 视锥细胞　7. 视杆细胞

二、检眼镜下的视网膜异常

1. 脉络膜毯部的反光改变　在视网膜萎缩或退化造成神经感觉细胞变薄时，则会见到脉络膜毯部的反光增强。另外，造成视网膜增厚的疾病，如视网膜产生皱褶、脱落或视网膜水肿，则会见到脉络膜毯部的反光减弱。

2. 色素的改变　部分疾病造成视网膜的神经感觉细胞层增厚、水肿或有渗出液时，会使非脉络膜毯部的色素变得较为苍白。

3. 血管的改变　当有视网膜退化时，会造成视网膜血管变细，尤其是会影响视神经周围的小动脉，除非到非常严重时才会造成视网膜的血管主干消失。另外在眼睛发炎或发生部分肿瘤疾病时，炎性细胞通常会围绕着视网膜的血管聚集，因此在眼底检查时，可以发现在血管外围有白色或灰色的围绕反应。

4. 出血　视网膜出血的表现与其发生在视网膜的位置存在相关性，发生在视网膜下层的出血呈现暗红色，且较为广泛而全面；视网膜内的出血通常会呈一个深色的圆点状；视网膜表层的出血通常呈辐射状或火焰状；视网膜前的出血则会呈现类似帆船的形状。

三、视网膜病变的病理机制

视网膜内屏障和外屏障受损而产生视网膜缺血、出血、渗出和水肿。

1. 缺血　一般来说视网膜具有两套血液循环供应系统，其中脉络膜主要供应外层视网膜，而在眼底检查时可以见到的血管主要供应内层及中层的视网膜。由于这种特殊的血液供应，也使视网膜具有很高的代谢率，一旦血液循环中断，视网膜细胞便开始缺氧并很快死亡。而许多疾病（如贫血、眼内炎症、眼压上升，以及视网膜脱离等）都会造成缺氧。

2. 出血　大多数视网膜出血来自视网膜毛细血管和后小静脉，脉络膜毛细血管或新生血管。小动脉和小静脉出血较少见。根据出血的部位可分为以下几种：

（1）视网膜前出血。位于内界膜下，出血斑多位于后极部，单个或多个，呈半月形或船形，大小不等。由于重力关系，红细胞沉积在下面，故出血形成一液平面，下部颜色最深最浓，越往上越淡。出血常从上部开始吸收，不留痕迹。出血下沿吸收后常留下一弯曲的细线。

（2）浅层出血。来源于表浅层毛细血管丛，位于视网膜浅层，沿视神经纤维分布，故出血斑呈长条形或火焰形。常分布在后极部，容易消退，可在数周内很快吸收而不留痕迹。

（3）深层出血。来源于深层毛细血管丛，位于内核层，由于出血沿视网膜细胞垂直空隙延伸，故形态呈圆点状或椭圆形。大小不等，分布于整个视网膜。小的深层出血应与血管瘤相鉴别，可作荧光造影，出血点呈现荧光遮蔽，而血管瘤呈现强荧光。

（4）视网膜下出血。来源于视网膜下，新生血管或脉络膜毛细血管。出血位于视网膜视锥细胞层与色素上皮层之间，或位于色素上皮下。通常发生在后极部，尤以黄斑区多见。出血斑大小不等，呈片状、圆形或不规则形，暗红色，浓厚出血则呈黑褐色。出血吸收较慢，常留下色素沉着或机化形成瘢痕。

3. 渗出　血视网膜屏障受损，血浆内的脂质或脂蛋白从视网膜血管溢出，沉积在视网膜内，称为渗出。但有的"渗出物"并不是从血管溢出，而是神经轴索受损形成，故分为以下几种：

（1）脂性渗出。多发生在视网膜水肿之后，故又称水肿后残渣。常位于后极部，围绕黄斑分布，位于 Henle 纤维层，呈黄白色小点，常聚集呈放射线条，这些线条围绕黄斑形成星芒状称为黄斑星，或形成扇形称为黄斑翼状渗出。黄斑中心很少见，故中心视力常不受损。数周或数月后，渗出可被完全吸收不留痕迹。

（2）棉絮状斑。又称"软性渗出"，实际上并不是真正的渗出，而是由于毛细血管闭塞或血液病致组织缺氧，导致神经轴索断裂、肿胀，形成似细胞体。大多数位于视神经乳头周围范围内，单个或成簇，呈白色棉絮状。常在5～7周内消退，不留痕迹。

（3）环状渗出。属于脂性渗出，因它们排列呈环形，环的中心可见微血管瘤或出血，故以往称为环状视网膜病变，实际上它并不是一个独立的病变，而是许多血管病共有的并发症。环状渗出吸收很慢，可经数月甚至数年才被完全吸收。环状渗出可见于多种视网膜血管病。

4. 水肿 视网膜水肿可分为细胞外水肿和细胞内水肿。细胞外水肿通常是可逆的，细胞内水肿有时可逆，有时不可逆。

（1）浅层水肿。为细胞外水肿，系浅表层毛细血管受损所致。水肿多位于后极部，视网膜呈白色弥漫性水肿，可见神经纤维层飘浮在水肿之中，常见于视神经乳头水肿、炎症、高血压视网膜病变等。病因去除后水肿很快消退，留下硬性渗出。

（2）深层水肿。也为细胞外水肿，系由深层毛细血管层受损所致，常见于视网膜静脉阻塞、炎症或肿瘤等。水肿以后极部为重，可扩展至赤道部甚至周边部。水肿主要位于外丛状层，也可位于其他各层。视网膜呈白色云雾状或水丝样反光，长期深层水肿可在黄斑区形成囊样空间，排列呈蜂房样或花瓣状，称为黄斑囊样水肿。深层水肿吸收很慢，水肿消退后常留下色素紊乱。

（3）细胞内水肿。又称雾样肿胀，多发生于视网膜动脉阻塞，由于缺氧和营养不足致视网膜水肿。

视网膜的修复和其他神经组织一样，仅具有非常有限的再生能力，甚至没有再生修复能力。感光细胞及神经部分的变化通常是不可逆的，反复发生或慢性刺激通常会造成损伤累积，并逐渐影响视力。

四、视网膜病变评估

1. 行为方面的测试 在动物视网膜正常的情况下，动物视线会追着移动的物体（例如棉花球掉落测试），另外也可以在亮灯及暗灯状况下以障碍物做迷宫测试。

2. 反射测试 瞳孔光反射、威胁反射、瞬目反射可作为简易的视力功能测试。

3. 检眼镜检查 直接或间接检眼镜皆可检查视网膜有无形态上的病变。

4. 超声波检查 特别是可用于眼内混浊无法使用检眼镜的情况，当有视网膜脱离时，可见到由视神经在视网膜上的开口向两侧形成明显的"海鸥翅膀"形状。

5. 视网膜电图检查 此项检查主要是检测强光照射到视网膜之后所产生的电位改变，以此了解感光细胞的活性。视网膜电图检查目前主要作为视功能的检查指标之一。

6. 分子生物学测试 目前已研究建立了以脱氧核糖核酸为基础的检查来提供遗传性视网膜疾病的筛检。

任务实施 >>>

一、视网膜发育不全

犬的视网膜发育不全大部分是遗传所致，且任何品种都可能发生，常见于美国可卡犬、比格犬、拉不拉多犬或雪纳瑞犬等品种。该病主要是因为异常分化导致的，因此在组织形态学上可以发现视网膜细胞有线状皱褶，并围绕中心的空腔形成花环状。患有该病的犬可能会出现失明或眼内出血的症状，但大多数的轻微患犬只会有视网膜的病灶而不会影响视力，因此不一定会被宠物主人发现。

视网膜发育
不良案例

一般来说又可以分为 3 种不同的形态。

1. 局部多点视网膜发育不良　在眼底检查时可见脉络膜毯的反光性下降，同时在脉络膜毯或非脉络膜毯可见灰色或白色的条纹，可能呈现线状、Y 形或 V 形，通常这些患犬的视力不受影响。

2. 地图样视网膜发育不良　此种形态的视网膜发育不良会在脉络膜毯部的位置见到不规则或 U 形的视网膜皱褶。通常皱褶呈灰色或黑色，受影响的视网膜也会变薄甚至翻起。此种类型患犬的视力会因病灶的大小而受到不同程度的影响。

3. 视网膜发育不良伴随视网膜完全脱落　此类型的视网膜发育不良通常会在眼底检查时见到完整的视网膜脱离，除此之外还可能见到玻璃体发育不良、出血或旋转性眼球震颤等症状。通常也会造成患犬失明或严重的视力影响。患犬也可能同时出现骨骼方面的异常，如因为桡骨及尺骨的不正常形态造成前肢较短。

二、全面性进行性视网膜退化

视网膜退化
案例

视网膜退化一般来说可以分为发育性、退化性和渐进性三种类型。视杆、视锥细胞发育不良多数是发育性的问题，主要是因为基因缺陷导致出生后视觉细胞（包括视杆细胞和视锥细胞）分化过程中发育不良，通常发生在约 10 周龄的犬，这些犬会发生严重的视杆细胞结构改变及视锥细胞损伤逐渐恶化。迷你长毛腊肠犬的视锥、视杆细胞退化被认为是退化性问题，通常发生在 4～6 月龄的犬，主要是因为带有突变基因的犬在视觉细胞正常分化后才出现渐进性视杆及视锥细胞的退化。渐进性视杆及视锥细胞的退化，也属于退化性的问题，该病同时也是常见的遗传性视网膜退化疾病之一。通常超过 3 岁的犬易发，目前发现高发犬种为迷你贵宾犬、玩具贵宾犬、拉布拉多犬等。

【症状】通常该病发生的初期会出现在暗室或微量灯光环境下视力不良的情况，可以通过在微量灯光环境下进行威胁反应或棉花球掉落测试来检查暗室下的视力状况，由于视网膜厚度变薄，此时利用检眼镜可以发现脉络膜毯部的反光改变或出现过度反光，在发病初期也可见到脉络膜毯部的血管轻度萎缩。随着疾病的恶化，视力状况会逐渐恶化，由夜盲成为全盲，同时瞳孔的光反射减弱，而且瞳孔会大于正常犬；眼底检查时可见血管萎缩程度更加明显，同时脉络膜毯部过度反光的状况更加明显，并逐渐包含整个脉络膜毯部的视网膜，此外非脉络膜毯部也可能出现去色素化，而视神经盘所在的部分也会变得苍白。除此之外，随着全面性进行性视网膜退化的发生，也可能导致继发性白内障。

【诊断】除上述临床症状可以协助判断是否为渐进性视网膜退化症外，多数犬可以在尚未出现严重临床症状之前利用视网膜电图检测发现异常波形，可以说是非常有效且敏锐的早期诊断方法。

三、视网膜色素性上皮退化

视网膜色素性上皮退化症（RPED）是指在视网膜上呈现多区域的过度反光，曾称为中心型渐进性视网膜退化症（CPRA）。由于该病会最先影响视网膜色素性上皮（RPE），通常不会造成全盲，因此将 CPRA 更名为视网膜色素上皮退化症来与渐进性视网膜退化症（PRA）相区分。常见于可卡犬、边境牧羊犬、黄金猎犬及拉布拉多犬等。

【症状】一般来说患有此疾病的犬会在 2～6 岁时开始逐渐丧失中心视力，这意味着患犬可以追逐移动的物体，但却无法看见静止不动的物体。然而该病发生的年龄及进展的速度差异非常大，有些患犬会在开始发病后的 12 个月内完全丧失视力，但也有些患犬不一定会出现全盲的临床症状。检眼镜检查时可以见到在视网膜的外颞侧有浅棕色色素斑点，并且数量会随着疾病的恶化而增加、汇合，并见到脉络膜毯部的过度反光及血管的萎缩，随着疾病的恶化也可能出现视神经萎缩及继发性白内障等问题。

【诊断】除检眼镜检查以外，之前的研究也曾发现患犬血液中维生素 E 的浓度非常低，因此有因为缺乏抗氧化物维生素 E 造成无法完成自动氧化的步骤而引发该病的假说。因此，建议检查血液中维生素 E 的含量，并且建议每天补充维生素 E 600～900IU。

四、急性获得性视网膜变性

急性获得性视网膜变性（SARD）泛指患犬的急性失明，同时在视网膜电图检测时呈现感光细胞活性完全丧失的疾病。目前此病的发病机制尚未明确，也缺乏治疗方法。

【症状及诊断】大多数患犬可见中等至放大的瞳孔，且瞳孔对光的反射消失。在发病初期，患犬检眼镜检查的结果可能正常，可在视网膜电图检查时则会完全失去波形，因此可以和其他视网膜退化性病变进行区分。但随着病程发展，数周或数月后，也会见到血管萎缩及脉络膜毯部过度反光的现象。此疾病通常发生在中老龄、且较胖的犬。有研究发现，患犬在出现症状前大多有饮欲及排尿增加的现象，同时少数患犬转氨酶水平升高，且促肾上腺皮质激素测试结果异常。

五、柯利犬眼异常

柯利犬眼异常（CAE）为牧羊犬品种的一系列特发性疾病的统称，临床常见各种遗传性及先天性眼病。该病主要是由于位于视神经盘颞侧的脉络膜发育不良，造成此区域无脉络膜毯部及色素上皮，同时在眼底检查时可以见到下方异常的脉络膜血管，这些血管看起来较粗，且走向不一。除此之外，将近 35% 的患犬也同时患有视神经盘的缺损。

【症状及诊断】临床上患有该病时可见眼内出血、局部或全面性视网膜脱离，眼底检查时可见扭曲的血管、视网膜发育不良及小眼症等临床症状。研究发现，3 月龄以上患犬的色素化上皮会盖住发育不良的脉络膜，因此造成检查时看似正常的假象。因此一般建议 7～8 周龄幼犬可进行此病的筛检。基本上只有单纯的脉络膜发育不良并不会影响视力，但若同时并发局部或全面性视网膜脱离或视神经神经乳头发育不良时，就会造成视力的丧失。

六、视网膜脱离

视网膜的神经感觉细胞只有位于视神经乳头部分和下方的组织贴合得比较紧密，在色素性上皮上方的视网膜贴合不紧密，主要是依赖玻璃体的压迫达到稳固的效果。因此全面性视网膜脱离是指仅有视神经盘上方的视网膜还贴合着，其他部位的视网膜全部和其下的组织分离。

视网膜脱离
案例

【症状】在检眼镜检查时，可见剥离的视网膜区域相对其他脉络膜毯部呈现灰色，若是在非脉络膜毯部位置发生剥离则会呈现苍白色。还可见视网膜的皱褶及血管的扭曲。一般来说临床症状会与剥离的范围有关，局部视网膜脱离可能不会影响患犬的视力；但全面性视网膜脱离的患犬则可能失明并丧失瞳孔对光的反射，另外也可能发生并发症，如眼内出血、白内障或青光眼等。

【分类】视网膜脱离一般指的是部分脱离，如果完全脱离常常称之为视网膜脱落（图2-11-2、图2-11-3）。一般来说，可根据发病机制将视网膜脱离分为以下几种类型：

（1）因为视网膜下有液体或渗出液蓄积造成视网膜与色素性上皮分隔，此为最常见的视网膜脱离类型，常见于脉络膜发炎或血管性疾病（如高血压）或糖尿病的并发症等。

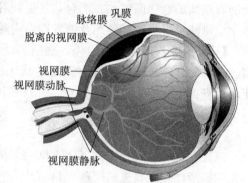

图2-11-2　视网膜部分脱离

（2）原发型浆液性视网膜脱离则常见于德国牧羊犬，多数为双眼同时发生，通常可以通过免疫抑制药物来达到治疗的效果。

（3）少数类型为实质物体造成的视网膜脱离，此类型多由肿瘤细胞浸润所造成。

（4）拉扯型的视网膜脱离则是因为有炎症组织或结缔组织形成由玻璃体至眼前房的一个拉力，造成剥离的现象，通常发生在有眼睛创伤、出血或眼后房炎症时。

（5）裂隙性视网膜脱离或孔源性视网膜脱离（图2-11-4）多见于玻璃体移动或纤维化之后，常见于创伤、过成熟白内障、晶状体异位，甚至是白内障手术的术后并发症。

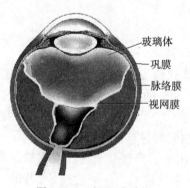

图2-11-3　视网膜脱落

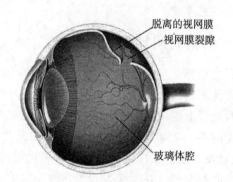

图2-11-4　裂隙性视网膜脱离

七、视网膜静脉周围炎

视网膜静脉炎案例

视网膜静脉周围炎又称Eales病，或复发性玻璃体积血。其特点是周边部血管发生阻塞性病变，尤以静脉为明显。血管有白鞘，视网膜出血，晚期产生新生血管，导致玻璃体积血反复。

【病因】以往认为与结核感染有关，可能对结核蛋白的免疫反应为其病因。也可能是对不同抗原的非特异反应。也有研究认为本病与局部病灶有关，如牙齿脓毒病灶、中耳炎、鼻窦炎等。

【临床检查】

1. 眼底检查　早期视盘正常。病变主要位于视网膜周边部，该处视网膜小静脉屈曲和扩张，管径不规则，屈曲呈螺旋形，并有白鞘伴随，偶尔小动脉也受累，受累血管两侧视网膜水肿，有大小和数量不等的火焰状和点片状出血。如同时并发脉络膜炎，则在病变附近可有黄白色或灰白色渗出物，以后留下色素斑块。随着病情的发展，病变可波及四个象限周边部位的小静脉。也可向后极部发展，影响较大的静脉。黄斑可产生水肿或囊样水肿，晚期周边部小血管闭塞，产生大片无灌注区。诱发新生血管形成，它们位于视网膜周边部或视神经乳头上，可引起玻璃体积血反复。少量积血可以被吸收，大量积血则遮盖眼底。如果出血停止数周或数月后血沉积在玻璃体下方逐渐露出眼底，周边视网膜出血、渗出被吸收，可恢复部分视力，视网膜上留下色素紊乱或色素病灶。玻璃体反复积血者则产生玻璃体视网膜增生，形成机化索条，收缩牵拉视网膜脱离。

2. 荧光血管造影　受累静脉管壁渗漏，有组织染色，毛细血管扩张或有微血管瘤形成。黄斑受累者可出现荧光素渗漏或花瓣状渗漏。晚期病例视网膜周边部有无灌注区和新生血管形成，则可见大量荧光素渗漏。有时还有动静脉短路形成。

【预后】视力预后根据病情轻重和复发频率而有不同，一般会造成视力下降。视力降低的原因为新生血管及其并发症。

【治疗】

1. 激光治疗　为最有效的治疗方法。光凝病变区可减少渗出，促进出血的吸收，并可预防新生血管的发生。已形成新生血管者则应光凝全部灌注区和新生血管，以减少渗出和出血，预防玻璃体积血。

2. 药物治疗　该病无特效药物，可对症治疗，有炎症者进行抗炎症治疗，也可用激素治疗。

3. 玻璃体切除术　玻璃体积血长期不吸收者应抓紧时机做玻璃体切除术，去除积血。但手术后应进行荧光造影，检查无灌注区的大小和新生血管的部位，即时进行激光治疗，以免再发生玻璃体积血。

八、糖尿病性视网膜病变

虽然犬因糖尿病造成的眼睛并发症大多为白内障，但长期患糖尿病的犬仍可能引发视网膜的病变，包括多发性视网膜出血和视网膜的退化。糖尿病性视网膜病变（简称糖网病）的发生发展是一个长期的临床过程。根据血糖水平、血糖控制情况、合并全身其他病变及个体差异等，其病情发展快慢各有不同。

【症状】

1. 单纯性或非增生型糖尿病视网膜病变（NPDR）　这一期的眼底改变由轻至重变化较大。主要病变包括微血管瘤形成、出血、水肿、渗出等。微血管瘤为糖尿病视网膜病变最早出现的改变，检影镜下观察呈现针尖大的小红点，有的可大至1/2血管管径，早期数量较少，多分布在黄斑周围或散在分布在视网膜后极部，随着病情的加重，微血管瘤数量增多，在后极部呈弥漫性分布，有的位于无灌注区周围。微血管瘤渗漏可引起附近视网膜水肿，常伴有出血。荧光血管造影呈现弥漫性点状强荧光。出血可位于视网膜各层，浅层者呈火焰状，深层者呈圆点状或斑片状，多位于视网膜后极部和赤道部。视网膜可有不同程度的水肿，水肿后常有硬性渗出。还可见棉絮状斑，呈白色羽白斑或棉絮样，散在分布于视网膜后极部，代表毛细血管和前小动脉闭塞致组织缺氧、神经轴索肿胀断裂，形成似细胞体。荧光造影该处呈现小的无灌注区，如果棉絮状斑数量增多，常常表明病情往增生型发展。视网膜动脉可略变细，静脉早期呈均一性扩张、色暗红，随病情发展可呈串珠状或腊肠状扩张。如伴有高血压动脉硬化，则常可同时发生视网膜静脉阻塞。晚期，视网膜周边部大片毛细血管闭塞，甚至前小动脉或小动脉闭塞，则形成大片无灌注区，导致视网膜大片缺血，诱发新生血管形成，则进入增生期。

2. 增生型糖尿病视网膜病变　增生型糖尿病视网膜病变除了有非增生期的全部眼底改变外，还有新生血管和纤维组织产生及由此而产生的一系列并发症。新生血管位于视网膜和视盘上。视网膜新生血管开始很小，检眼镜很难发现，随病情加重，新生血管变大，数量增多。多分布在视盘周边，以沿着视网膜四支大血管分布最多，呈丝网状、花环状或车轮状，并可融合成簇，也可长大突入玻璃体内。荧光血管造影晚期，新生血管有大量荧光素渗漏。视盘新生血管表示视网膜缺血更严重。早期在视盘上新生血管呈一环状或网状，随病情发展管径增粗，数量增多，可掩盖整个视盘，形成车轮状并可突入玻璃体内，同时沿视网膜大血管生长，尤以沿颞上或颞下血管弓生长者更多见。新生血管晚期有纤维增生，小的新生血管开始退化时管径变小，数量减少，最后由白色纤维组织代替。大的新生血管增生纤维粗大，可突入后部玻璃体，产生玻璃体后脱离。如果增生纤维收缩，牵拉新生血管破裂，则可产生视网膜前出血或玻璃体积血。玻璃体反复积血可掩盖眼底，视力严重减退。如果纤维增生发生在黄斑附近则可牵拉黄斑移位或形成放射状皱褶。大量纤维增生和玻璃体牵拉也可导致视网膜脱离。

3. 眼部其他改变　糖网病除导致视网膜病变外，还可产生结膜血管瘤、眼肌麻痹、调节麻痹、白内障和虹膜红变等。虹膜红变是由于视网膜大片无灌注区形成严重视网膜缺血、新生血管生长因子形成，刺激虹膜产生新生血管。

【诊断】

1. 荧光血管造影　荧光造影可提高糖网病的诊断率。许多检眼镜下观察"正常"的眼底，造影时发现有微血管瘤和毛细血管扩张。糖尿病视网膜病变的荧光造影改变是多种多样的，如微血管瘤可呈现点状高荧光和荧光素渗漏；静脉扩张呈串珠状或有管壁染色；毛细血管闭塞则呈现无荧光充盈的大片无灌注区；新生血管呈现各种形态的荧光素渗漏并可进入玻璃体。

2. 暗适应和电生理检查　在糖网病视网膜病变病例中，部分病例视网膜电图检查可见 a 波和/或 b 波振幅降低。

【治疗】

1. 控制血糖　血糖控制情况与糖网病的进展和视力预后有很大关系。如果血糖长期控制不良，则糖网病也很难避免。

2. 冷冻治疗　当糖网病病例因白内障或玻璃体积血看不见眼底不能做光凝治疗时，则可做视网膜冷冻治疗。即在赤道部前后四个象限分别作冷冻点，在每个象限冷冻5～7点。

3. 玻璃体切除术　玻璃体积血长期不吸收或有视网膜脱离者则应考虑玻璃体切除术。手术的目的是：①清除混浊的玻璃体。②缓解玻璃体视网膜牵拉。③封闭裂孔，使脱离的视网膜复位。

4. 其他治疗　人医上有很多专科医生建议使用阿司匹林、活血素等药物，可改善脑部血液循环，降低毛细血管通透性及血液黏度，抑制血小板和红细胞聚集，抑制血栓形成，从而减少视网膜血管病变，减少渗出和改善视网膜缺血状态。

九、视网膜血管性疾病

1. 凝血性疾病　因血小板数量过少、功能异常、凝血的内因因子或外因因子存在异常时，可能造成视网膜出血，可使用检眼镜检查。

2. 系统性高血压　犬、猫的系统性高血压大多由其他疾病所引发，如肾或内分泌方面的疾病。高血压可能造成视网膜、脉络膜或视神经的病变，如视力丧失、眼内出血、视网膜脱离等。治疗方法主要是适当给予降血压药。

十、脉络膜炎

由于视网膜与脉络膜之间的结构性关系很难区分，一般来说，会造成视网膜与脉络膜同时发炎。脉络膜的结构与前葡萄膜相连，因此脉络膜炎通常与前葡萄膜炎有关。

【病因】许多全身性感染疾病、创伤、异物或免疫性疾病皆有可能造成脉络膜炎。

【症状】可能为单侧或是双侧，在急性发生的初期会在检眼镜下见到视网膜有局部或多区域的灰色、不规则的炎性细胞浸润，造成脉络膜毯部的反光性下降。根据炎症的严重程度不同，也可能造成不同程度的视网膜脱离。在炎症的后期，也会因为视网膜神经细胞的退化造成脉络膜毯部过度反光或非脉络膜毯部去黑色素化。

【治疗】脉络膜视网膜炎通常只是全身性疾病表现在眼睛的症状，因此应该先针对全身进行临床检查评估，然后再进行治疗。同时可以全身给予消炎药，若怀疑有全身性感染疾病时，应避免使用类固醇类抗炎药，而使用非类固醇类药物。

任务反思 >>>>>>>>>>>>>>>>>>>>>>>>>>>>>>>>>>>>>>

1. 视网膜病变的基本特征有哪些？
2. 视网膜退化的病理特征是什么？
3. 视网膜炎的症状和预后是什么？

任务十二　眼外肌及眼眶疾病诊疗技术

任务目标 >>>>>>>>>>>>>>>>>>>>>>>>>>>>>>>>>>>>>>

1. 了解眼外肌和眼眶的解剖特征以及和眼球的关系，掌握眼外肌疾病的诊断和治疗方法。
2. 掌握眼球摘除手术。

任务准备 >>>>>>>>>>>>>>>>>>>>>>>>>>>>>>>>>>>>>>

眼眶疾病的临床检查和诊断技术

1. 一般检查　一般检查主要包括视诊、触诊及眼科神经学等。

2. X 射线检查　X 射线检查可以观察骨骼改变，进而推测病变性质和位置。眶腔容积扩大表示眶内良性肿瘤引起长期眶内压增高；眶容积变小可能为先天性或曾施行眼球摘除术。眶内钙斑或静脉石表示眶内良性肿瘤、静脉性病变、视网膜母细胞瘤或脉络膜骨瘤。眶壁破坏多发生于恶性肿瘤。眶壁凹陷见于骨膜外皮样囊肿，骨壁缺失可因外伤、手术或神经纤维瘤所致。眶壁增生发生于骨瘤、骨纤维异常增殖症和蝶骨脑膜瘤。视神经孔扩大发生于视神经原发性和继发性肿瘤。眶周围结构病变蔓延至眶内，X射线图像往往有所改变，如眶蜂窝织炎时鼻窦密度增高，继发肿瘤时鼻窦或眶顶骨被破坏。

3. 超声探查　超声探查可以显示整个眼眶的结构和血流情况。因为眼眶的区域小、位置浅，所以眼眶病的诊断多采较高频率的探头（大于10MHz）进行检查。眼球内的肿瘤检查需要经角膜操作，应先使用眼科麻醉药点眼，然后直接在角膜上涂布超声耦合剂，检查结束后用生理盐水冲洗即可。特殊情况下，深度镇静或全身麻醉的动物可使用眼杯，直接将眼杯扣在角膜表面，向其中注入水后即可操作，这样可以清楚地判定来自于虹膜根部和睫状体的肿瘤。由于正常结构和病变的反射性差异，超声可以显现出眼眶骨与眼球之间的软组织、眼球、视神经、眼外肌、血管等不同结构，对于脓肿、囊肿、肿瘤等占位性变化诊断起来比较方便。眼眶肿瘤显示为眶脂肪区内低回声区，根据肿瘤地形图和声学性质，如发生部位、形状、边界、内回声、声衰减和可压缩性，可做出正确判断。如肌锥内出现内圆形占位性病变，边界清晰，内回声少，中等衰减，不可压缩，则多为神经鞘瘤。超声可切取组织块做活体组织检查，抽取寄生虫，摘除异物。多普勒超声不但可以显示正常眼脉动、睫状后动脉和视网膜中央动脉，而且可以用不同色彩显示肿瘤和其他病变内的血液流速、流向和流量，对于鉴别诊断和治疗均有重要意义。

4. 计算机断层扫描（CT）　计算机断层扫描是由计算机形成图像，分辨力较传统X射线片大为提高，既能显示骨骼及骨性组织，又可分解各种软组织。眼眶CT的临床应用为：

（1）形态结构和密度的改变。如视神经增粗和密度增高多见于视神经胶质瘤和脑膜瘤。前者呈梭形肿大，后者呈管状增粗，其他如视神经炎症、水肿、挫伤、眶尖部肿瘤压迫等，也可见视神经轻度增粗。眼外肌肿大见于甲状腺相关眼病和炎性假瘤，前者多为两侧，多条眼外肌梭形肿大，伴有眶尖部密度增高，后者多为单一肌肉肿大。

（2）占位性病变。如肿瘤、炎性假瘤、血管炎等。良性肿瘤多为圆形，边界清晰，均质。恶性肿瘤和炎性假瘤形状不规则，边界不清楚，不均质，前者常伴有骨破坏，后者还可发现眼环增厚和泪腺肿大等。浸润性病变与眼球接触，往往分不出界限，如同铸造样。

（3）眶周围结构病变的眶内蔓延，如鼻窦肿瘤常出现该窦密度增高、骨破坏及眶内高密度块影。脑膜瘤眶内侵犯伴随骨壁增厚，眶内软组织肿块，颅内肿瘤部分有时需采用阳性对比剂强化才能发现。

5. 磁共振成像　磁共振成像（MRI），是利用射频脉冲（电磁波）激发强磁场内的原子核，然后发出MR信号，由计算机形成图像。MRI成像参数较多，提供的诊断信息也较丰富，软组织分辨力高于CT，特别是眶内肿瘤蔓延至视神经管内、颅内或颞窝，MRI有明显诊断优势。

数字减影血管造影术（DSA）是利用计算机自动减去充满阳性对比剂血管以外的其他影像的血管造影技术，因缺乏非血管组织结构图相重叠，使血管显示更为清楚。对于搏动性眼球突出的患病动物，特别是动、静脉直接交通者，需进行数字减影血管造影术检查，以显示异常血管细节。

📋 任务实施 ＞＞＞＞＞＞＞＞＞＞＞＞＞＞＞＞＞＞＞＞＞＞＞＞＞＞＞＞＞＞＞＞＞＞＞＞＞

眼眶由于解剖生理的特殊性，与全身和眼眶周围的结构病变有密切的联系。眼眶包括骨性眼眶和眶内组织，通过眼外肌和眶内纤维膜状结构把眶内组织分为 4 个外科间隙。各间隙的常发病和临床表现各不相同。另外眼眶外部的皮肤软组织疾病也可累及眶内各组织，如眶蜂窝织炎、炎性假瘤、血管炎和甲状腺相关疾病等。

一、眼球突出

眼球突出案例

眼球突出是指眼球大小正常，但眼球整体向眼眶的前部移位。

短吻犬品种具有眼球突出的倾向。病理性的眼球突出分为急性和慢性眼球突出，按眼球突出的发生和发展分为急性和慢性眼球突出。

【病因】病理性眼球突出的主要发生原因有：

（1）眼眶内的占位性病变。如出血、脓肿、囊肿、气肿、蜂窝织炎、炎性假瘤、肿瘤等。

（2）眼眶容积或形态改变。如外伤造成的眼眶骨骨折、骨质增生、梗犬的下颚型肥大性骨关节症等。

（3）肌肉疾病。咀嚼肌炎、眼外肌炎。

（4）血管畸形。如动静脉短路、硬脑膜动静脉瘘、眶内动静脉瘘等。

（5）其他。如血管炎、甲状腺眼病等。

【症状与诊断】占位导致的眼球突出，眼球缺乏自发的前后运动，眼眶内压力明显增高，伴有疼痛、张嘴困难和眼球推回困难。蜂窝织炎在犬、猫中比较常见，尤其是猫甚至波及整个单侧面部及口腔，如果蜂窝织炎是来自于口腔牙龈的继发感染，会造成严重的颜面瘘。临床可见眼眶周围肿胀，结膜水肿，大量眼分泌物，最后上臼齿肿胀。全身检查表现发热、白细胞数量升高。眼眶脓肿与蜂窝织炎相比，前者发生更急性，临床表现明显疼痛，并有发热和白细胞数量升高。

占位性病变推荐影像学诊断，超声检查方便快捷。眼眶的蜂窝织炎可见病变部高回声；眼眶脓肿则为低回声影像；肿瘤多为高回声或中低回声影像，彩色多普勒可见其内部的彩色血流。CT 和 MRI 对于肿瘤等的检查更为准确，可以判定肿瘤等的侵袭范围，便于手术计划的实施。

血管畸形引起的眼球突出，临床检查往往伴有血管杂音，压迫同侧颈动脉，波动和杂音可消失或减弱。先天性、外伤性或者手术后眶壁缺失，静脉曲张引起的眶上裂扩大，此种波动由脑波动传递而来，缺乏血管杂音。

【治疗】眼眶蜂窝织炎多为细菌感染，治疗应全身性使用抗生素，结合局部对症处理，脓肿严重者进行引流、切开排脓或外科手术。针对继发于牙齿或牙龈疾病的眼眶蜂窝织炎，需要相应的牙科处理，如拔牙和根管治疗。

肿瘤的摘除需要全面评估，包括肿瘤的性质、位置、侵袭范围等。局限于眼球内的肿瘤一般摘除眼球即可；眼眶内的肿瘤若是有完整包膜并且无侵袭性，摘除肿瘤即可；若眼眶内的肿瘤所在部位涉及眼球，那么需要连同眼球一起摘除，恶性特征明显的甚至还要把眼眶骨上的软组织全部清理干净。

【鉴别诊断】与眼球突出（眼球向前方突出）不同，眼球移位是指眼球向一侧移位。皮样囊肿、泪腺肿瘤等眶上部病变可引起眼球向下移位，眶下部病变可引起眼球向上方移位，眶内侧病变可引起眼球向外侧移位，眼球赤道以后病变引起的眼球移位多伴有眼球突出。

二、眼球脱出

眼球脱出指的是眼球向前脱位于骨性眼眶缘以外。眼球脱出可发生于任何品种的犬，但是相对来讲，短吻犬种的眼眶窝更浅，在较小的外力作用下即可发生眼球脱出。

【症状】眼球脱出的动物会有严重的结膜水肿及眼眶周围组织的肿胀，脱出的眼球结膜水肿、充血甚至出血，由于难以还纳，无法闭合眼睑，角膜的长期暴露会引起感染甚至损伤，临床常常并发角膜炎或角膜溃疡。严重脱出者会导致眼外肌的撕裂或完全断裂，脱出的眼球会向眼外肌断裂侧的对侧发生偏移。眼球脱出属于眼科急症，不及时还纳除可造成结膜和角膜损伤外，因为神经的刺激还会继发虹膜睫状体炎及眼前方的出血，甚至晶状体脱位和玻璃体液化。眼球脱出与眼球突出的区别是，后者眼球仍位于眼眶内；眼球脱出会伴随眼睑的挤压伤、肌肉的牵拉损伤以及视神经的牵引性损伤，而眼球突出很少出现这些问题。

【治疗】

1. 眼球复位　眼球脱出后的紧急处理方案首选眼球复位，需要在全身麻醉的状态下进行。复位前首先做角膜的荧光素钠染色，判定是否有角膜溃疡，然后彻底清洁眼周组织及眼球，眼球的清理使用无菌生理盐水就可以，有感染的眼球，用生理盐水清洁后，再用抗生素滴眼液点眼，为了防止复位过程中的损伤，可以使用抗生素凝胶保护角膜。复位时要将上下眼睑充分张开，如果肿胀严重的，需要沿眼裂的方向切开，以便将眼球顺利复位而不造成医源性挤压伤。眼球复位后，使用湿润的无菌棉签或点眼棒复位结膜穹隆。术后要同时对结膜水肿及角膜损伤进行对症治疗，但实际情况是眼球脱出的病例需要进行眼睑缝合以防止眼球再度脱出，所以角膜的恢复难以进行临床观察，因此复位手术不建议将眼睑完全缝合，需要在眼内眦和/或眼外眦留下缝隙，以便于点眼药。眼睑缝合时要注意，缝合线不能穿透睑结膜，缝合线应从睑板腺开口处或稍向眼睑皮肤方向穿出。术后使用凝胶或水剂滴眼液治疗，不建议使用眼膏。

2. 眼球摘除　若眼球脱出时间长、眼部严重感染、眼外肌损伤严重、眼球纤维膜（角膜或巩膜）出现破裂时，不建议进行眼球复位手术，需进行眼球摘除术。在做眼球摘除之前要先用无菌生理盐水冲洗眼球，同时清理眼周及面部。清理干净后，在脱出的眼球表面使用水剂抗生素滴眼液。

（1）经眼睑的眼球摘除术。首先简单连续缝合上下眼睑。然后围绕眼睑缘切开眼睑皮肤层，经皮下组织分离眼球，直到球后视神经眶内段，将眼球牵拉至眼眶外，使用弯剪或眼视神经剪剪断眶内视神经段，剪除眼球后立即用温热的生理盐水纱布压迫止血。确定无严重出血后去除牵引线，结节缝合创口周围的皮肤。

（2）经眼球眼球剜除术。沿角膜巩膜缘外围切开球结膜层，顺眼球分离球筋膜，分离过程中在四条眼直肌上预置缝线，之后切断眼直肌。牵拉眼直肌牵引线，在内直肌处伸入弯剪或眼视神经剪剪断眶内视神经段，剪除眼球后立即用温热的生理盐水纱布压迫止血。确定无严重出血后去除牵引线，连续缝合球筋膜和结膜。

【预后】处理及时的眼球脱出，只要没有眼球及周围组织的其他损伤，预后良好。

眼球脱出易损伤内直肌和下直肌，尤其是下直肌，因为其长度在外肌中为最短的。肌肉的损伤及其所支配的神经损伤（动眼神经），会导致向外的斜视（内直肌损伤）或向外上方的斜视（下直肌损伤）。神经的修复很困难，需要时间较久，而肌肉的撕裂或断裂则无法修复。

暴露时间较长的眼球脱出，常常并发角膜损伤，可使用类固醇类或非类固醇类药物治疗，角膜的修复通常也是非常好的。但如果由于感染控制不良或动物的自我损伤等出现角膜穿孔的病例，会因为角膜肉芽组织的生成，发生角膜虹膜的前粘连和角膜白斑。严重者会出现白内障、青光眼、晶状体脱位、视网膜脱离、玻璃体后脱离等并发症，最终造成视力损害。

三、眼球内陷

眼球内陷及眼球凹陷进入眼眶，有两种情况：一种是眼球体积小而表现为凹陷的状态，另一种是眼眶的病变导致眼球内陷。临床表现为眼球凹陷，眼分泌物增多，瞬膜暴露。

1. 眼球体积小　先天性的小眼球会表现为眼球凹陷，有的具有遗传性，有的则没有。犬比猫常见小眼畸形。先天性小眼畸形可能是双侧，也可能为单侧。双眼同时为小眼畸形的犬，两个眼睛的形态或体积也不一定完全相同。而且，小眼畸形多数同时存在其他眼部异常，如白内障、眼色素层异常、虹膜发育不全、永久性瞳孔膜等，或随着动物的生长，逐渐出现角膜混浊、白内障等。由于眼球结构的畸形，导致不同程度的视力障碍。随着年龄增长，由于眼球体积小，眼眶正常发育，眼球内陷的犬还会出现瞬膜暴露或突出。要注意与因为眼前部尤其是角膜的疼痛而导致眼球退缩肌牵引引起的眼球后缩进行区别，这些情况往往也有瞬膜的暴露。有些小眼球的病例可能因为眼眶内组织稳定性差，神经发育异常，表现为不同程度的眼球震颤。

眼球痨是后天性小眼球的主要因素。如眼球破裂导致的球内容物丧失，眼球停止代谢，导致体积缩小。或是青光眼后期，眼球内由于压力作用导致代谢障碍，睫状体房水生成减少至最后停止分泌，巩膜和角膜收缩，眼球萎缩。或其他如全眼炎等眼球疾病导致的眼球痨。这些疾病的病史调查非常重要。眼球痨会导致分泌物潴留、反复感染、角膜损伤、疼痛等，因此临床建议做眼球摘除或在未出现萎缩表现时进行义眼植入。

2. 眼眶异常导致眼球内陷　眼球和眼眶骨性组织之间存在脂肪和肌肉，脂肪的缓冲作用和肌肉的支撑作用保证了眼球的位置及稳定状态。但当动物出现严重的脱水、脂肪消耗、肌肉量丢失时，眼球就会出现内陷。还有些病例因为面部神经肌肉的萎缩（面瘫），或是咀嚼肌炎症引发的咀嚼肌纤维化和脂肪萎缩造成不同程度的眼球内陷。临床检查要结合血液学、临床病史和神经学检查进行诊断。

四、眼眶炎

眼眶炎是由于病原体感染或免疫反应引起的急性水肿、充血、炎细胞浸润和组织坏死，如眶蜂窝织炎、眶脓肿、眼球筋膜炎和眶骨膜炎，伴有眼睑和结膜充血和水肿。眼眶炎分为原发性和继发性。小心仔细地检查患眼眶疾病动物的整个面部，能引导兽医师做出正确的诊断。

【病因】导致眼眶急性炎症的原因较多，如穿刺伤（如经由结膜囊、眼睑或口腔的穿刺伤）、邻近组织（鼻窦、颜面、眼睑、牙龈和颅脑等）的炎症、其他部位感染通过血液循环传播。常见细菌有溶血性乙型链球菌和金黄色葡萄球菌，在脓液培养中也可发现类白喉杆菌、流感杆菌、大肠杆菌和厌氧菌等。外伤或手术也常是本病诱因。

眼眶血管炎是以眶内较大血管周围、血管肌层及其内膜炎性侵犯为特征的一种慢性炎症。可独立发生于眼眶，也可能是全身或邻近组织结构病变的一部分。病因尚不明确，一般认为是免疫性疾病。

【症状】眶蜂窝织炎是发生于眶隔之后网状纤维和脂肪内的急性化脓性炎症，如治疗不及时或不充分，则组织坏死溶解，形成眶脓肿。

临床上，牙龈炎、牙龈脓肿等源自口腔内的感染会形成脓性窦道，并引流至眼眶内，导致眶内感染。

眼眶炎症常有明显的疼痛，眼球运动或压迫眼球时痛觉加重。眼睑和球结膜水肿，致使眼睑闭合不全，引起暴露性角膜炎，加重了刺激症状。由于眶内软组织水肿和炎细胞浸润，眶内压力增高，眼球向前突出。眼外肌炎症或其支配神经受累，眼球运动限制。炎症波及视神经或视网膜，引起视力减退，视盘水肿，视网膜渗出、出血，视神经萎缩。化脓性感染还可向颅内蔓延，形成脓毒性海绵窦栓塞和脑脓肿，出现全身症状，如发热、食欲不振，甚至呕吐。眶内炎症脓肿破溃，脓液排出，症状缓解。

【治疗】眼眶炎的治疗原则是全身使用抗生素进行抗感染治疗及局部炎症病灶或化脓灶的处理，同时针对原发性病因进行治疗。

五、眼眶囊肿

眼眶囊肿为柔软无痛、有波动性、具有包囊的肿胀，局限于眼球周围，往往导致眼球受挤压。眼眶囊肿包括先天性囊肿、黏液囊肿等。

1. 先天性囊肿　动物中最常见的先天性囊肿为皮样囊肿，为胚胎发育过程中皮肤内陷形成，一般发生于眼眶边缘，囊肿与皮肤不粘连，大小不一、光滑、坚实，生长缓慢。皮样囊肿与皮肤的表皮样囊肿不同，后者为与皮肤粘连紧密的实体包块，其中间有类似皮毛的脱落细胞和角质。

2. 黏液囊肿　黏液囊肿为局限性包囊，一个或多个，随着体积增大，会凸起于眼周的皮肤表面，波动感强，其内为透明的黏性很强的黏液。黏液囊肿无疼痛，继发于鼻窦的慢性炎症，鼻窦内的卡他性渗出物分泌后无法排除，集聚形成包囊。穿刺不容易得到内容物，临床不建议用局部引流的方式，因其黏性大，且在不断地分泌，故引流不能终止及彻底治疗。手术摘除囊肿后多见复发，因此手术过程中要注意，完整摘除整个包囊，不可破坏包囊，包囊的根部可使用双极电凝或超声刀处理，以进行阻断。术后积极抗炎治疗。

六、眶内肿瘤

眼眶肿瘤在犬、猫均可发生。这些肿瘤可能来源于眼眶内组织，也可能与皮肤的肿瘤有关。

【症状】眶内肿瘤较常见的是血管瘤。根据肿瘤的细胞成分可分为单一细胞和多种细胞血管瘤。前者是真正的新生物，包括血管内皮瘤、血管外皮瘤和血管平滑肌瘤，后者属错构瘤，包括毛细血管瘤、海绵状血管瘤和静脉性血管瘤。炎性假瘤侵犯眶上裂和海绵窦时，有剧烈头痛并伴有眼外肌麻痹。眶内恶性肿瘤如泪腺腺样囊性瘤还常有自发性钝痛和触痛，眶尖部肿瘤和脑膜瘤常有眼睑慢性水肿和钝痛。眶内肿瘤引起的疼痛和水肿大多数缺乏充血。

其他的眶内肿瘤如恶性淋巴瘤、腺上皮瘤、癌、神经鞘瘤等，其形状、边界、表面情况、活动度及压迫时的感觉不尽相同，可提供定性和定位诊断信息，如泪腺混合瘤位于眶外上象限，表面不甚光滑，质地较硬，无压痛，不能推动。向眶内压迫眼球可测知眶内压力，癌组织的硬性肿物眶内压最高,眼球不能后移;神经鞘瘤眶压中等增高。

临床应注意区别皮样囊肿、炎性假瘤等肿物。

【治疗】对于眶内良性的肿瘤,手术切除预后较好,且不影响眼球及视力,因而早期诊断、早期治疗甚为重要。恶性肿瘤要早做手术,并进行相应的化疗。

七、眼眶创伤

眼眶及眼眶内容物的损伤可能是碰撞,或钝器、尖锐的外力所造成的创伤所引发,会伴随发生骨折或异物的穿透伤。

【诊断】必须进行完整的检查。局部检查主要是一般性的面部视诊和触诊,检查眼眶周围的创伤及肿胀状态。因为可能同时会有其他部位也受到损伤,或排除眶内异物存在,所以应该借助影像学检查进行全面评估。严重的眶骨损伤常伴有颅脑损伤,应利用神经学检查手段诊断神经系统有无异常。

【治疗】眼眶创伤的治疗方法及愈合取决于创伤的部位、眼眶组织损伤的类型、范围、深度和感染情况。创伤主要的问题是出血、肿胀、组织挫伤及眼球的直接损伤,所以除消肿、止疼和抗感染外,还涉及眼眶骨、肌肉及眼球。

浅表损伤仅涉及皮下软组织,在无并发症的情况下仅需简单抗炎消肿治疗,或有时可自愈。深部创伤有感染的必须进行清创、抗感染治疗。

眼眶骨骨折的病例,如果眼眶的整体稳定性不受影响,一般可以不予处理,若骨折有严重的碎裂,影响眶内组织尤其是眼球的稳定性时,要由骨外科医生综合评估后进行手术。

> **任务反思** >>
>
> 1. 眼球突出和眼球内陷如何诊断,如何治疗?
> 2. 眼球复位的注意事项有哪些?
> 3. 眼球摘除的手术要点有哪些?

任务十三　眼　外　伤

> **任务目标** >>
>
> 掌握常见眼外伤的类型、临床处置的原则和预后特点。

> **任务实施** >>

一、钝挫伤

眼钝挫伤由于致伤物的大小、作用方向和速度不同所造成的损害也不同,分为三种情况:①影响正常生理功能的组织损伤;②伴有血管反应的组织损伤;③组织撕裂或断裂。

【症状】钝挫伤可能导致眼部不同组织损伤：

（1）眼睑及面部损伤。擦伤、水肿、皮下气肿、皮下出血斑、皮肤组织撕裂等。

（2）泪器损伤。骨折所致的泪小管断裂、泪囊破裂和泪囊炎。

（3）结膜损伤。结膜下出血、水肿、出血斑和结膜撕裂。

（4）角膜和巩膜损伤。角膜上皮擦伤、糜烂、溃疡、角膜缘破裂和巩膜撕裂。

（5）虹膜和睫状体损伤。部分或完全性瞳孔缘撕裂，虹膜睫状体充血、出血和渗出。

（6）晶状体损伤。晶状体部分或完全脱位，晶状体囊膜破裂。

（7）玻璃体损伤。液化、混浊、出血、脱离和疝。

（8）视网膜损伤。视网膜血管损伤造成出血、血栓，视网膜裂孔进而继发视网膜脱离。

（9）眶骨损伤。眶骨骨折，眶内出血，眼球变位、突出、内陷或脱位。

（10）眼外肌损伤。在眼外肌严重挫伤时发生出血、断裂，或由于眼运动神经的损伤或伤后瘢痕造成眼球运动障碍。

二、眼异物伤

眼异物的位置可能在角膜、前房、晶状体、眼球后段或眶内软组织。眼内异物可能为工业性异物，如钢、铁、铜等金属或磁性异物，也可能为生活中的物质，如木质、塑料、动物指甲等。异物按其对组织刺激性反应大小分为：

1. 无机物质　无机物质如金、银、砂、玻璃、石英、瓷器和煤炭等。除导致机械性刺激反应外，并无特殊组织反应。常见到的反应是渗出和纤维性变化，这种渗出、纤维性变化可将异物包围。

有些无机物质，如铅、铝、铜和铁等，除发生以上反应外，还可以发生化学反应。这种化学性反应可以引起非特殊性或特殊性变化。铜、铁等可在前房内引起急性虹膜睫状体炎、发生前房积脓。铜在眼球后段可引起视网膜视神经乳头炎和葡萄膜炎，并可发生局限性脉络膜脓肿以及完全性白内障。铜质沉着病也称铜锈病，是铜经过慢性播散沉着在眼内各部组织内，如沉着在角膜的后弹力层上则呈现出绿蓝色环，沉着在晶状体前囊内呈葵花状白内障，虹膜变为绿色。

2. 有机物质　能进入眼内的有机物质主要是动、植物类，如植物的根、茎、叶、种子等。这些异物会被肉芽组织包围起来，且此类异物易引起感染，迅速形成脓肿或全眼球化脓性炎症，最终也因眼内肉芽组织的形成和眼球内积脓发生青光眼，导致视力完全丧失。

【治疗】

（1）角膜异物。异物可能仅存在于浅表上皮层，也可能进入基质层，甚至穿透全层角膜进入前房。任何情况都需要尽快将异物取出，并控制继发的疼痛和感染，防止角膜瘢痕和血管化产生。浅表的角膜异物可先彻底冲洗眼表，局麻后使用无菌棉签、眼科镊去除。如果异物进入基质层，则需要镇静和眼球表面麻醉后通过手术取出异物。如果异物穿透角膜全层，需要将动物麻醉后取出，然后缝合角膜以避免房水泄露。术后需要使用治疗角膜溃疡和控制水肿的眼药以及广谱抗生素点眼，直至角膜溃疡愈合。

（2）前房异物。前房内的异物可以直接经角膜切口将异物取出。

（3）晶状体异物。晶状体异物需要做晶状体囊内摘除术。

（4）眼眶异物。单纯眼眶异物如不涉及眼球的损伤，可按普通软组织外科的操作方法取出异物，清理创口并抗感染处理即可。

三、电光伤

电光伤主要见于生活在特殊场合或特地区域的动物，因眼组织的核酸和蛋白质有特别强的吸收紫外线的能力，电光伤会伤害角膜、晶状体、视网膜。电光伤包括紫外线伤、电焊辐射伤、日光性眼炎、光化学性结膜炎、闪光眼、弧光眼等，统称为电光性眼炎，又称紫外线辐射性角膜结膜炎。亦有在高山、雪地、沙漠、海面等炫目耀眼的环境下，因长期接受日光中大量反射的紫外线，引起类似电光性眼炎的症状，称雪盲。

紫外线是电磁波的部分。以短波紫外线较强，长波紫外线较弱。眼部组织吸收紫外线的限度为330nm，晶状体为310nm，角膜、房水及玻璃体的吸收限度接近288nm，最小吸收限度为230nm。

【症状】眼部暴露在紫外线当时并无症状，数小时后才开始出现症状。曝光之后到症状发作的时间（潜伏期），取决于所受照射剂量的大小及时长。紫外线强度较高或照射的时间较长，则潜伏期短。最短的潜伏期为30min，最长不超过24h，一般为6～12h。通常多在夜间发病。

轻症或早期患病动物，仅有眼部异物感或轻度不适，重者有眼部烧灼感和剧痛，并伴有高度畏光、流泪和眼睑痉挛。这些急性症状可持续6～24h，但几乎所有不适症状可在48h内消失。检查时可见面部及眼睑皮肤潮红，重者可见红斑，球结膜充血水肿，角膜上皮呈点状或片状脱落，角膜知觉减退，瞳孔痉挛性缩小，多数病例有短期视力减退。

长期重复的紫外线照射，可引起慢性睑缘炎和结膜炎，结膜失去弹性和光泽，色素增生。

【病理变化】电光性眼炎最典型的临床表现双眼剧痛、畏光、流泪、角膜上皮脱落等。当小剂量照射时，角膜组织的早期变化为细胞核的有丝分裂受到抑制，较大剂量的照射则导致细胞核破裂。首先见到的是角膜水肿，继而发生溶解性角膜炎。严重者角膜上皮与基质层黏附能力丧失，整个角膜上皮层脱落。但在角膜周边部常只有角膜最外层细胞脱落，而留下基底细胞。角膜前弹力层及后弹力层一般无变化。

结膜上皮细胞外层脱落，基底细胞退行性变化，多形核细胞和浆细胞浸润，上皮下结缔组织透明样变性。临床表现为结膜水肿、充血、糜烂。

【治疗】处理方法以止痛、防止感染、减少摩擦及促进上皮恢复为原则。局部使用抗生素凝胶或软膏及角膜营养剂。可以使用自家血清或干细胞及细胞因子制剂，以利于角膜上皮细胞修复。

眼球破裂案例

四、眼球破裂

眼球破裂分为角膜破裂和巩膜破裂，通常是由剧烈外力导致的创伤所引起。一旦发生多数预后不良。

【症状】单纯角膜破裂多见于划伤，如猫抓伤。角膜的破裂常见于车祸、从高处摔伤及继发于头部外伤等，常会穿过角膜缘累及巩膜。在犬、猫发生巩膜破裂时可能从外观不易观察到。当眼球变得很软时，就应检查是否出现巩膜破裂。角膜破裂的动物痛感剧烈，会有眼睑痉挛，眼睑缘有房水流出，甚至有出血和房水的混合物。

【诊断】眼球于角膜或眼前部破裂者，眼观症状明显。球后破裂的病例多数也能够见到前房积血或球结膜下出血、肿胀。眼部B超可以清楚诊断眼周的损伤及眼内的损伤。

【治疗】角膜破裂的治疗和预后主要取决于疾病病程的长短和受损组织的多少，相对而言，局限于角膜破裂的病例，及时清创、缝合，一般预后良好。但如葡萄膜撕裂、玻璃体流出、晶状体破裂或脱位者，多预后不良。

对于破裂伤最重要的是及时将撕裂的角膜边缘对齐并缝合，防止继发感染。如果角膜破裂没有穿透，则没有必要进行缝合。如果发生角膜穿孔，则需要切除突出的虹膜，采取措施防止虹膜与角膜粘连。需要使用黏弹剂来重新建立前房后再进行角膜缝合。如果穿孔时间过长，重建前房则十分困难。因严重的眼球破裂导致眼球结构完全被破坏，眼球塌陷，眼内容流出，只能摘除眼球。

📛 任务反思 》》》》》》》》》》》》》》》》》》》》》》》》》》》》》》

1. 眼电光伤如何处理？
2. 角膜破裂如何紧急处置？

任务十四　神经眼科疾病

⭐ 任务目标 》》》》》》》》》》》》》》》》》》》》》》》》》》》》》》》

了解眼的神经控制，重点是视神经的传导通路，掌握眼神经学异常的原理、神经学定位及诊断治疗思路。

⭐ 任务准备 》》》》》》》》》》》》》》》》》》》》》》》》》》》》》》》

一、视神经及其传导通路

视神经为第二对颅神经，由视网膜节细胞的轴突在视盘处汇聚，再穿过巩膜进入眼内。整个视神经纤维分为球内、眶内和颅内三段，其颅内段连于视交叉，再经视束连于间脑视交叉，传导视觉冲动，属于躯体感觉神经。由于视神经是胚胎发生时间脑向外突出形成视器过程中的一部分，故视神经外面包有由三层脑膜延续而来的被膜，脑蛛网膜下腔也随之延续到视神经周围。所以颅内压增高时，常出现视盘水肿；同时眼眶深部感染也能累及视神经周围的间隙而扩散到颅内。视神经传导通路指的就是视觉信息从视网膜光感受器开始，经过视交叉、视束、外侧膝状体、视放射，最后到达大脑枕叶的视中枢，这个路径主要是为了使外界光线的信息传导到大脑的视中枢，从而产生一个物像（图2-14-1）。

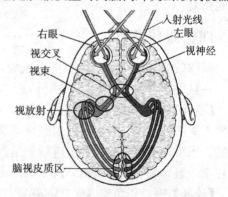

图2-14-1　视神经传导通路示意

右眼　入射光线　左眼
视交叉　视神经
视束
视放射
脑视皮质区

二、眼神经学检查

眼及眼周组织的神经均受脑神经控制。脑神经又称为颅神经，共12对，其中眼神经为第五对颅神经即三叉神经的第一支，属于一般躯体感觉神经，其分支分布于硬脑膜、眼眶、眼球、泪腺、结膜和部分鼻腔黏膜以及额顶、上睑和鼻背皮肤。其他支配眼部的神经还有第三对颅神经（动眼神经）、第四对颅神经（滑车神经）、第六对颅神经（展神经）、第七对颅神经（面神经）、第八对颅神经（前庭神经）。因此可以通过脑神经检查法来诊断眼部有关的神经性问题（表2-14-1）。但由于神经系统的表现复杂不清晰，因此需要根据主诉充分调查获取有效的临床资料，对病例的基本信息和病史调查要记录清楚，尤其是否有癫痫、共济失调、跛行、瘫痪等神经症状的情况。临床上，所有判定都要以神经内科学为基础，同时进行眼科的针对性检查。

表 2-14-1　眼神经学相关的脑神经检查

编号	脑神经		检查法	正常	异常
Ⅱ	视神经		恫吓反应	眨眼	无反应
			落棉花试验	追视棉花	无反应
			障碍物试验	避开障碍物	碰撞障碍物
Ⅲ	动眼神经		瞳孔对称性	瞳孔大小正常	散瞳（缩瞳）
			瞳孔对光反射	光照后缩瞳	缩瞳反应慢或消失
			斜视	眼球位置正常	外侧斜视
			生理性眼球震颤	眼球运动正常	异常眼球运动
Ⅳ	滑车神经		斜视	眼球位置正常	旋转斜视
			生理性眼球震颤	眼球运动正常	异常眼球运动
Ⅴ	三叉神经	眼神经	角膜反射	眼球回缩、眨眼	无反应
			眼睑反射（内眼角）	眨眼	无反应
		上颌神经	眼睑反射（外眼角）	眨眼	无反应
Ⅵ	展神经		斜视	眼球位置正常	内侧斜视
			生理性眼球震颤	眼球运动正常	异常眼球运动
			角膜反射	眼球回缩、眨眼	无反应
Ⅶ	面神经		恫吓反应	眨眼	无反应
			角膜反射	眼球回缩、眨眼	无反应
			眼睑反射	眨眼	无反应
Ⅷ	前庭神经		斜视（姿态性）	眼球位置正常	正常位或头部上抬时外腹侧斜视
			眼球震颤	无眼球震颤	节律性旋转、水平/垂直性眼球震颤
			生理性眼球震颤	眼球运动正常	生理性眼球震颤延迟、反应异常

眼科的神经学相关检查项目有：

1. 眼及面部的观察　眼和面部的观察包括面部五官是否对称、肌肉是否存在松弛或萎缩等。眼部的观察包括双眼的大小、睑裂的大小、瞬膜的暴露或突出、瞳孔的大小及颜色、眼球的位置及表面分泌物等。

2. 眼睑反射　眼睑反射检查是用指尖或止血钳刺激动物眼睑周围皮肤，观察其是否有眨眼反射。注意检查时应从动物头部后上方向前接触眼周，尽量不要让动物看到止血钳或手指，以免与恫吓反应相干扰。眼睑反射的传入神经是三叉神经的眼神经分支（内眼角，有个体差异）和上颌神经分支（内眼角和外眼角同样受上颌神经支配）；眼睑反射的传出神经为面神经（运动神经）支配，其控制眼轮匝肌完成眨眼动作。故眨眼反射异常提示三叉神经和/或面神经病变。

3. 角膜反射　角膜反射为用棉花、棉棒或柔软的无菌纸巾等轻轻刺激眼球（角膜），观察眼球回缩或眨眼反应。角膜反射的传入神经是三叉神经的眼神经分支（感觉神经）支配，传出神经由展神经（运动神经）和面神经支配。其中展神经支配眼球退缩肌和眼外直肌。角膜反射轻微或消失说明三叉神经、展神经、面神经的单个或多个病变。

4. 恫吓反应　恫吓反应为面对动物的正前方，面对动物的眼睛，分别从左右做出想要拍打或刺激眼面部的动作，观察动物眨眼反应。注意不能用手掌扇动空气，因为产生的气流会刺激角膜，引起角膜反射，从而与恫吓反应相混淆。恫吓反应的感受器为视网膜，传入纤维为视神经和视束，反射中枢包括大脑、小脑、脑干、脊髓，传出纤维为面神经和支配骨骼肌的多数运动神经，效应器为眼轮匝肌和多数骨骼肌。刺激试验时，刺激信号经视网膜传入视神经，在视交叉发生交叉后进入大脑枕叶皮质视觉区，然后神经信号传递到运动区，从运动区向同侧的脑桥发出眨眼的指令，交叉后出入小脑及两侧的面神经核，由面神经诱发眨眼反应（图2-14-2）。所以要分别从眼睛的外侧、内侧和正面进行测试。例如从左眼的左外侧刺激，视觉信号即从左眼内侧和右外侧的视网膜进入左侧视觉区（枕叶皮质）。若是从正面刺激，视觉信号则从双眼内侧的视网膜传入，那么很难判断是哪一侧的脑组织病变。为了更加准确，可能还需要遮住一侧眼睛来完成测试。完整来讲，恫吓反应时动物同时有头颈后仰，所以反射中枢不只是脑，脊髓也有参与，在完整的通路为视神经、视交叉、视束、外侧膝状体、视辐射、枕叶皮质等眨眼反应的通路出现病变，或是小脑本身及面神经局部病变，都可引起恫吓反应异常。因为涉及整个神经通路，所以有必要结合其他检查来缩小临床诊断范围，如视网膜到视交叉之间的病变会伴随瞳孔散大，这与大脑病变引起的失明是不同的。大脑的视辐射、视觉区病变，瞳孔反射是正常的。视神经到大脑病变出现恫吓反应消失的动物，会自发性眨眼，而面神经病变的动物恫吓反应消失时，眨眼反射也消失，但若患病动物表现出眼球回缩和躲避行为时，眼睑反射和自发眨眼也消失。当然小脑的病变也会引起恫吓反应消失，此时面神经和视觉正常，动物可自发眨眼，对光有反应，某些惊吓刺激也会有躲避，单侧的小脑病变即对应单侧恫吓反应消失。

5. 眼球震颤　生理性眼球震颤的传入

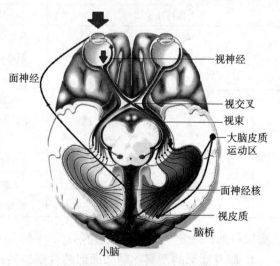

图2-14-2　恫吓反应的神经传导

神经为听神经，传出神经为动眼神经、滑车神经和展神经。生理性眼球震颤是指正常动物被诱发的眼球震颤现象。人为左右运动动物的头部，左右眼球运动比头部动作稍晚发生共同旋转，且可以跟上头部的运动。异常时，两眼表现为不能同步运动，或不能向正确的方向运动。如果观察效果不明显，但仍旧怀疑有异常者，可以把动物放在转椅上快速旋转（与快相旋转方向相反）后突然停下，正常时停止旋转后暂时出现节律性眼球震颤。外周性前庭功能异常时，异常侧的外侧旋转受抑制。中枢性前庭功能异常时，反应受抑制或眼球震颤时间延长。

病理性眼球震颤与前庭耳蜗神经及小脑功能有关。病理性眼球震颤指患病动物头部保持正常位置和静止状态，改变动物的头部位置或状态（头位变化性或诱发性），患病动物的眼球出现不自主颤动。正常动物没有眼球震颤（生理性眼球震颤除外）。异常眼球震颤按照震动的方向分为水平眼球震颤、垂直眼球震颤、旋转眼球震颤。一般来说，眼球的运动速度左右/上下不同，可以称为节律性眼球震颤，快速运动的方向称为快相，慢速运动方向称为慢相。眼球震颤的方向通常表现为快相的方向。眼球运动速度左右/上下几乎相同时，称为摆动性眼球震颤。节律性眼球震颤是由于前庭神经或脑干的前庭神经核异常造成的。摆动性眼球震颤是小脑功能障碍的特征性表现。发生节律性眼球震颤时，提示快相对侧的前庭功能异常，即左眼眼球震颤时提示右侧前庭功能异常。前庭功能障碍经常伴随障碍侧的头倾斜，若外周性前庭功能障碍，如特发性眼球震颤或继发于内耳炎，那么改变头位后眼球震颤方向不变；而中枢性前庭功能障碍时，改变头位后眼球震颤的方向也改变，且垂直性眼球震颤是中枢性前庭功能障碍的特征性表现。一般而言，垂直性眼球震颤的快相向上时，提示腹侧延髓病变；快相向下时，提示小脑或背侧延髓病变。

6. 瞳孔的对称性　瞳孔的对称性为动眼神经支配。一般动眼神经传出纤维支配眼外肌（内直肌、背直肌、腹直肌、腹斜肌、眼球退缩肌）的收缩（损伤后引起眼球运动障碍、斜视等）和眼睑提肌的收缩（损伤后引起眼睑下垂）；一般内脏传出神经（副交感神经）支配睫状体肌收缩（损伤引起晶状体调节反射消失），瞳孔括约肌收缩，引起缩瞳（损伤引起瞳孔散大）。交感神经兴奋时，瞳孔散大。正常时，动物两侧瞳孔大小相同。临床检查应在尽量舒适的环境下进行，因为前来就诊的动物由于紧张、恐惧，会引起交感神经兴奋，出现瞳孔散大。交感神经病变时，同侧瞳孔缩小（霍纳综合征）。视网膜、视神经、动眼神经、中脑病变可引起同侧瞳孔散大。虹膜粘连会造成瞳孔形态异常及缩小。

7. 瞳孔对光反射　瞳孔对光反射的传入神经为视神经，传出神经为动眼神经，支配瞳孔括约肌的收缩。瞳孔对光反射即用光照射瞳孔时，瞳孔缩小。一般用光从鼻侧向外侧视网膜和从耳侧向内侧视网膜投照进行检查。从外侧视网膜发出的视神经在视交叉处向同侧的视束延伸，从内侧视网膜发出的视神经在视交叉处向对侧的视束延伸，总的来讲，一侧视网膜发出的视神经中，猫65％，犬75％，牛、马、猪等80％～90％在视交叉处发生交叉。一般来讲，对一侧光照时，四肢行走的动物中过半数的视神经在视交叉发生交叉，进入对侧脑，过半数发生交叉后返回到光照侧。所以，光照一侧瞳孔，两侧瞳孔同时发生收缩。光照侧缩瞳称为直接对光反射，另一侧的缩瞳称为共感性瞳孔反射，或间接对光反射。犬的直接瞳孔反射比共感性对光反射稍强。单侧视网膜或视神经异常，异常侧视觉功能障碍，同侧的直接对光反射低下或消失，刺激对侧间接反射正常。视交叉异常时，双眼的直接和间接对光反射均低下或消失。单侧动眼神经异常时，同侧的直接反射消失，刺激对侧眼睛，间接反射也消失，但视力正常。因此需要特别注意的是，失明的动物可能瞳孔对光反射是正常的。对于视神经的异常可结合落棉花试验进行检查。

图 2-14-3 中标注 a、b、c、d、e、f 为病灶定位点（表 2-14-2），临床判定结果为：

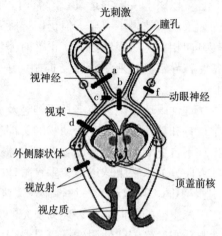

图 2-14-3　视神经通路与瞳孔反射神经通路之间的关系

（1）病灶定位为视交叉之前的视神经通路（图 2-14-3 a），动物临床表现为左眼视力丧失，瞳孔直接光反射消失；但右眼视神经通路至顶盖前核及其之后的双侧动眼神经包括神经节后方的睫状神经均正常，故左眼瞳孔间接光反射正常，右眼视力正常，瞳孔直接和间接光反射也均正常。如果双眼均为视交叉前的视神经病变，则双眼视力丧失且瞳孔直接和间接光反射消失。

（2）病灶定位为视交叉（图 2-14-3 b），双眼外侧视束神经冲动的传导正常，内侧神经传导中断，动眼神经传导通路正常，故双眼视力正常，且瞳孔直接和间接光反射正常。

（3）病灶定位为左眼外侧视束（图 2-14-3 c），动物双眼视力正常，且瞳孔直接和间接光反射正常。

（4）病灶定位为视交叉后方的左眼视束（图 2-14-3 d），动物双眼视力正常，且瞳孔直接和间接光反射正常。

（5）病灶定位为左眼视放射或之后的大脑左侧视皮质区（图 2-14-3 e），动物双眼视力正常，且瞳孔直接和间接光反射正常。如果大脑双侧视皮质均病变，则双眼视力丧失，但双眼瞳孔直接和间接光反射均正常。

（6）如果视神经通路完全正常，动物视力正常，如果瞳孔直接和/或间接对光反射异常，则病变处于顶盖前核或之后的动眼神经通路中（图 2-14-3 f）。

表 2-14-2　瞳孔光反射与视力临床表现的神经病灶定位

临床表现	病灶定位
视力异常、瞳孔光反射异常	视网膜、视神经、视神经交叉
视力异常、瞳孔光反射正常	外侧膝状体核、视神经束远端、视放射、视觉皮质
视力正常、瞳孔光反射异常	中脑（动眼神经核）、动眼神经（动眼神经传出纤维）

8. 斜视　眼球的位置受动眼神经、滑车神经、展神经和前庭耳蜗神经共同支配，维持正常位置。动物的头部向正前方并处于正常位置，从正面观察动物，动眼神经病变时，为下运动元性损伤，内直肌障碍，眼球被外直肌（展神经控制）和背斜肌（滑车神经控制）牵引，引起斜视；展神经损伤时，外直肌松弛，与之拮抗的内直肌正常，引起内斜视；滑车神经病变时，背斜肌松弛，动眼神经和展神经支配的内直肌和外直肌正常，眼球向外侧旋转。需要注意的是犬的瞳孔为圆形，眼球旋转需要根据眼底检查来判断。

任务实施 >>>

一、视神经炎

视神经炎可以为双侧性或单侧性，发炎的区域可能为整段或部分视神经，包括球后视神经炎、球内视神经炎和视神经乳头炎等。球后视神经炎是指由交叉到进入眼球的视神经的炎症，因为包裹视神经的巩膜向后延伸即为硬脑膜，故炎症可能经神经到视神经乳头，再到脑髓。视神经鞘与疏松的淋巴间隙是感染性炎性因素传播的主要通路。

【病因】引起视神经炎的原因相对前眼疾病比较复杂。

（1）传染性因素。在犬、猫来讲，神经组织的感染性疾病是引起视神经炎的主要病因，常见的包括犬瘟热、弓形虫病、猫传染性腹膜炎、隐球菌感染等。

（2）继发于其他疾病。如肉芽肿性脑膜脑炎、脑膜炎、眼眶内及附近窦内的炎症（如眼眶蜂窝织炎、软脑膜炎等）。

（3）机械性因素。眼球挫伤、颅骨骨折、眼球脱出时的神经牵拉、眼眶内占位性病变的挤压等。

（4）肿瘤。视神经原发性肿瘤或影响视神经的眼窝肿瘤。

许多情况下视神经炎的病因不明，特别是在犬。这类病例被归类为不明原因性视神经炎。

【临床检查】除球内段之外的视神经炎症称为球后视神经炎，眼底检查时，视网膜、视神经、玻璃体可能无可见异常。

视神经炎最典型的临床症状为视力下降或完全失明。瞳孔轻微或完全散大且瞳孔光反射消失。瞳孔直接光反射与间接瞳孔光反射检查可进行病灶的大致定位。如病灶位于视交叉之前的单侧眼视神经炎，患侧眼直接光反射和间接光反射均减弱或消失，健侧眼的直接光反射和间接光反射均正常；若病灶位于视交叉之后的同侧脑半球，患侧瞳孔直接光反射和间接光反射均正常，健侧直接光反射正常，间接光反射减弱或消失。

眼底检查可能无可见异常，也可能见到视盘或其周围出血、肿胀、突起，边缘模糊。随着病程发展，可能发展成视网膜脉络膜退化。未有效控制的视神经炎经常可导致视神经萎缩，此时视盘外观呈苍白色且深陷，视网膜血管也会变细。慢性经过的还可能从一只眼转移到另一只眼。

【诊断】根据病史和传染病发病情况，进行完整的眼科学检查、神经学检查。

视神经炎还要与其他急性失明性疾病相区别，如青光眼、视网膜脱落、急性获得性视网膜变性等疾病皆会导致急性失明、瞳孔散大和瞳孔光反射消失，眼压测量、眼科超声波、视网膜电图检查可帮助鉴别诊断。

【治疗】针对视神经炎的病因进行治疗，确定有炎症反应者可给予全身类固醇药物控制炎症。一般视力恢复的预后较差。

二、视盘水肿

视盘水肿并非一种独立的疾病，其出现多数是因为淋巴与静脉血液回流障碍，视盘因颅内压增高而发生水肿。由于脑部蛛网膜下腔与视神经鞘相连，脑脊液压力增加而影响视神经功能。

【病因】导致视盘水肿最常见的原因为视神经炎、脑部肿瘤，其次为眼眶部的炎症与肿瘤，如视神经肿瘤。

【症状】在眼底检查时，可能观察到肿胀的视神经盘相对于周围的视网膜较为突起，边缘界线不清，呈绒毛状。视神经盘边缘可能出现火焰状出血。视网膜的动脉与静脉自视神经盘延伸出来的形态呈扭结状。慢性视盘水肿会引起视神经萎缩而发生渐进性失明，另外，在脑部肿瘤所引发的视盘水肿病例中，皮质部肿瘤本身也会导致失明。

三、视神经未发育与视神经发育不良

视神经未发育是指视神经完全不存在，此为极罕见的情况；而视神经发育不良则是指视网膜神经节细胞在数量与分化上的发育异常，导致形成视神经的轴突不足、视神经纤维稀薄，在临床上也很少见，可能为单侧或双侧性。

【病因】在特定犬种，视神经乳头发育不良为先天性遗传。

【症状】视神经未发育的动物为先天性失明，瞳孔为散开状态并缺乏瞳孔光反射。在视神经发育不良的动物，可观察到视力缺失与瞳孔光反射异常，严重程度视残余的具有功能的视网膜神经节细胞及视神经轴突的数量而异。

【诊断】眼底检查时，可见视神经未发育的动物无视盘，而视神经发育不良的动物则可能看见一些视网膜血管及残存的视盘，此时视盘呈灰色并可能布满色素。有时会伴发视网膜萎缩。视神经未发育与发育不良应该与视神经萎缩相区别，除了在组织学上可发现视神经萎缩的病例存在视网膜神经胶质增生、炎性细胞浸润、视网膜节细胞（RGCs）退行性变化等特征外，视神经萎缩通常不会发生于年轻动物。

四、视神经萎缩

【病因】视神经萎缩是由多种原因导致的视神经病变，多为渐进性变化。病因如下：

（1）视网膜退化。因退化性病变扩散或青光眼时高眼压对视神经乳头的压迫导致视网膜节细胞及视神经轴突受损。

（2）炎症。眼球后脓肿、眼窝蜂窝织炎、犬眼外肌肉炎。

（3）创伤性眼球脱出导致视网膜及视神经受损。

（4）颅内外侧膝核视神经炎的后遗症。

（5）眼内肿瘤或颅内肿瘤。

【症状】视盘呈现苍白色、灰白色、深陷的外观；视盘及其周边色素化；可能会观察到视盘的筛板；视网膜血管变细。

【治疗】除了根据病因控制视神经进一步被破坏外，视神经萎缩是无法治疗的。

五、视神经缺损

视神经缺损是指因胚胎期裂隙关闭不全所造成视神经盘区域的凹痕，若缺损位于视神经盘内侧下方，则为典型视神经缺损；若缺损位于其余部位，则为非典型视神经缺损。

最特征性症状常发生在柯利犬与喜乐蒂牧羊犬，但此亦为遗传性疾病，其他犬种则为

偶发。

【症状】此病的症状是先天性且非渐进性的，严重程度根据视盘凹痕的大小而定（可能是小凹痕，也可能是正常视盘数倍的凹痕）。对于严重的病例，由于凹痕影响了视盘的神经纤维，视力及瞳孔光反射会丧失。

【诊断】眼底检查时，视神经外观呈灰白色凹陷状，靠近缺陷边缘处不见血管，似乎潜入凹陷处。视神经缺损必须和高眼压造成的青光眼盂状凹陷相区别。

六、视神经肿瘤

视神经的肿瘤包括脑膜瘤、胶质瘤、星状细胞瘤等原发型肿瘤及继发性转移性肿瘤。这些肿瘤在宠物临床上检出率不高。

【症状】肿瘤影响视神经功能者会表现瞳孔散大且瞳孔光反射消失。因为肿瘤会影响视神经的传入通路，因此当光源刺激发生肿瘤的眼睛时，直接与间接瞳孔光反射都不存在，而对侧健康眼睛的直接与间接光反射都是正常的。在发生大型眼窝肿瘤的时候，由于肿瘤压迫或影响传出通路的动眼神经，导致患眼的直接与间接瞳孔光反射均消失（此时可观察到患眼斜视及上眼睑下垂）。眼窝肿瘤也可能会引起视盘水肿、神经炎，甚至导致视神经萎缩等病变。

因为眼眶内空间的局限性，是巨大的占位性眼球后肿瘤造成的最明显的变化是眼球突出，临床上可以依据眼球位置的改变及视轴方向推测肿瘤生长的方位。眼球后肿瘤与眼球后脓肿的区别是：肿瘤导致的眼球突出多为渐进性和非疼痛性的，而脓肿有明显的局部肿痛及全身性炎症反应。

【诊断】眼科检查对肿瘤的诊断不具有特征性，有些病例利用眼底检查设备可见到因为肿瘤造成的视神经水肿和视网膜皱褶，严重的会引起脉络膜视网膜炎。

影像学检查结合实验室细胞组织学检查能对眼球后肿瘤进行较为准确的诊断。眼科超声波和X射线检查是比较快捷、方便的诊断方法，还可利用超声波引导以细针抽吸采样进行实验室细胞学检查，CT、核磁共振等影像学诊断除了可以帮助评估肿瘤大小与位置，还可以在外科手术实施之前进行肿瘤的准确定位及肿瘤的组织浸润状况判定。手术摘除肿瘤组织后可以进行实验室病理组织学分析，确定肿瘤的最终来源及良恶性。

【治疗】怀疑为良性肿瘤的要尽量首先保证视力，其次是保护眼球。为了保护眼球，最常用的手术通路是前侧开眶术或外侧开眶术摘除肿瘤。在肿瘤侵犯性强、浸润性高的情况下，应行眼窝剜除术，注意一定要清除眼眶内的所有相关组织。

七、视交叉与视神经通路病变

1. 视神经交叉疾病 视神经交叉疾病包括肿瘤、缺血性及机械性损伤。垂体肿瘤是最常见的视神经交叉疾病。动物的垂体和人的不同，其位置不在视神经交叉后方，因此大部分的垂体肿瘤都会影响到下丘脑，在生长后期体积变大后会影响视神经交叉（图2-14-4）。猫的脑部梗死有时会导致缺血性脑病，以及视神经交叉坏死。严重的眼球脱出、眼球摘除时的过度牵拉都会造成视神经交叉受损，从而导致另一侧眼球失明，这种情况较常见于眼球后视神经较短的猫。由于视交叉要完成双侧眼睛的视传导，因此视交叉病变会导致双眼失明。因视神经传导通路的中断，无法使信号传导至动眼神经，表现为双眼瞳孔光反射消失。

2. 视束疾病 不完全的视束病变可能只会造成视力减退，组织病理学上最常见的视束病变为去髓鞘化，如犬瘟热病毒攻击视束造成视神经炎，但视力减退却不明显，需依靠结膜拭子与血液样本进行聚合酶链式反应（PCR）来确诊。犬垂体肿瘤侵犯或压迫下丘脑时，也会影响到视束。如果下丘脑与视丘的肿瘤仅仅影响一侧视束，从而影响对侧视力，但瞳孔光反射仍正常。由于视束与内囊、前大脑脚在解剖位置上相近，除发生在下丘脑或视丘的占位性病灶会造成对侧的轻

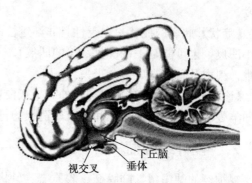

图 2-14-4　视神经交叉的位置（视交叉在颅腔内位于垂体的前房，下丘脑的下方）

度偏瘫外，创伤性与缺血性病因也会造成此处组织坏死，使动物出现对侧视力丧失与对侧轻度偏瘫。

3. 侧膝核疾病 多发性或弥漫性脑病可能会导致侧膝核的破坏，包括发炎、肿瘤等疾病。在所有患白化症的猫科动物及貂，均存在侧膝核的神经组织化异常与视网膜膝状体投射异常的疾病，部分动物具有先天性内斜视与眼球震颤。

4. 单侧视放射与视觉皮质疾病 该病可能的病因包括肿瘤、创伤、脓肿和发炎。其中弓形虫感染造成的脑炎会在视放射形成占位性肉芽肿。在猫的缺血性脑病，怀疑是感染黄蝇后，幼虫在体内移行造成了亚急性单侧性血管性脑病，血管阻塞发生的位置大多在中、大脑动脉，缺血性坏死的范围可能是多发性或达大脑的 2/3，因此即使大部分患猫能够存活，也会留下后遗症（神经症状）。

5. 双侧视放射与视觉皮质疾病

（1）感染。犬瘟热病毒会造成视放射去髓鞘化及星状胶质细胞增多，其所引起的脑炎会导致单侧或双侧性失明，而瞳孔光反射不受影响。

（2）代谢性疾病。肝性脑病、肾毒性脑病、低血糖等代谢性问题除了会造成大脑受损从而破坏视觉中枢外，也可能影响脑干，导致瞳孔光反射与眼球运动异常。

（3）炎症。常见于小型犬的肉芽肿性脑膜脑炎，这是一种不明原因的脑部炎性疾病，可能在视觉皮质、视觉路径上或其他脑部位置形成肉芽肿。建议采用免疫抑制法治疗，但预后不佳。坏死性脑膜脑炎也是一种不明原因的免疫性脑炎，预后不佳。

（4）脑部缺血性坏死。麻醉过量、呼吸终止过久、心搏停止皆会导致大脑广泛性缺血性坏死。即使动物恢复，也可能会导致失明，但瞳孔光反射正常。

（5）严重天幕疝脱。占位性脑部病灶或脑部创伤会造成脑组织水肿，导致颅内压升高，致使大脑枕叶向腹侧疝脱及失明。若脑干部位也受损，瞳孔光反射也可能会受影响。

（6）严重阻塞性水脑症。脑脊液流动或排出受阻时会蓄积在侧脑室或蛛网膜下腔，即为阻塞性水脑症。此时颅内压的增加会危及内囊的视放射而致双眼失明，大脑皮质受压变薄则会引起神经症状。

6. 脑部损伤 脑部损伤常见动眼神经核受损导致瞳孔反射异常，这是由于脑部损伤或创伤后的出血与肿胀压迫到中脑使动眼神经核失去功能，从而表现出瞳孔散大症状。若因损伤而发生双侧交感神经上位神经元失调或副交感系统动眼神经元过度作用，则会造成缩瞳症

状。表 2-14-3 对脑部损伤伴随的瞳孔反射异常进行了分类，瞳孔的异常症状可作为判断病灶位置与严重程度的诊断项目。

表 2-14-3 脑部损伤导致瞳孔光反射异常

脑部损伤	症状	预后
脑干挫伤，伴随中脑与脑桥的出血或撕裂，双侧动眼神经核因此受到影响	双眼极度散瞳、无瞳孔光反射，倒卧姿势；意识状态为半昏迷或昏迷	极差
单侧动眼神经核损伤	瞳孔大小不一，同侧眼散瞳，无瞳孔光反射	需谨慎观察
急性、广泛性脑部创伤，压迫中脑顶盖	双眼极度缩瞳、无瞳孔光反射	需谨慎观察

7. 小脑病灶　虽然小脑并非与视觉直接有关，但小脑发生病灶也会影响视觉系统。由于威胁反应的过程中，神经传导路径由视觉皮质到颜面神经核的路径经过小脑，因此单独存在小脑的问题也会导致威胁反应消失，但动物仍有视力、眼睑反射、瞬目反射等，单侧小脑病灶会导致同侧威胁反应消失。

八、斜视

斜视指的是眼球位置的异常偏向，可能源自先天性畸形、某种神经学上的病灶及眼球外肌异常。

控制眼球转动的眼周肌肉共有 7 条，由动眼神经、滑车神经、展神经所支配（表 2-14-4）。这些眼外肌肉中存在共轭关系，双眼的眼外肌肉彼此协调以达成眼球转动至同一方向的动作，如眼球往右方转动时，控制右眼外直肌的展神经作用使其收缩，同时左眼外直肌被抑制，而支配右眼内直肌的动眼神经被抑制，左眼内直肌收缩。眼球后缩肌的功能则是在面临疼痛与威胁时，使眼球后缩。

表 2-14-4 眼外肌的构成与功能

肌肉	支配神经	运动控制
上直肌	动眼神经	往上转动
下直肌	动眼神经	往下转动
内直肌	动眼神经	内转
外直肌	展神经	外转
上斜肌	滑车神经	12：00 方向往鼻侧转动
下斜肌	动眼神经	12：00 方向往颞侧转动

当支配眼肌的神经出现失调或眼周肌肉异常时，眼球将无法正常转动并位于异常位置而表现为斜视。检查方式除了观察眼球位置对称性外，可分别在水平、垂直方向移动动物头部，正常情况下双眼应随视轴方向的改变而改变。前庭系统及颈部本体反应系统皆会影响支配眼周肌肉的脑神经核，因此这些部位发生问题时便可能会造成斜视。创伤也是造成斜视的一大原因，包括眼球脱出或眼眶骨骨折后造成的眼周肌肉损伤。后天性斜视可见于创伤性眼球突出或眼球后的病灶，第三对、第四对或第六对脑神经的病灶会产生特异性斜视。神经损伤导致的斜视治疗起来比较困难，所以临床上并不针对斜视进行治疗，而着重处理引起斜视

的原发性疾病。

1. 先天性斜视　犬、猫均可发生先天性内斜视，从品种特异性上来讲最常见于暹罗猫、喜马拉雅猫或其他花色相近的猫。患猫多数由于基因缺陷，以及有较多来自颞侧视网膜的视神经通过视神经交叉，而导致代偿性内斜视，让更多视野集中在视线前方。患有先天性脑积水症的动物常见腹外侧斜视，可能是发育早期脑积水导致颅腔变形所致。

2. 前庭系统疾病导致的斜视　当斜视只发生在头面部朝向某些方向时，多怀疑是前庭系统的问题所致。前庭系统损伤的病灶可位于内耳、前庭耳蜗神经（第八对脑神经）的周边神经系统或前庭在脑干与小脑的中枢神经系统。发生前庭性斜视的患眼与前庭病灶位于同侧，通常在头颈部伸展时发生腹外侧方向斜视。

3. 动眼神经麻痹　动眼神经属于运动神经，控制上直肌、下直肌、内直肌、下斜肌，动眼神经核和动眼神经的病灶，会导致外侧与轻微腹侧斜视。常见的影响动眼神经的病灶位于海绵窦与眼眶裂，分别成为海绵窦征候群与眼窝裂征候群。由于第四、第五、第六对脑神经经过这个区域，这类疾病同时会表现出这些神经功能缺失的症状。

（1）病因。常见的原因为炎症、感染、外伤、血管病变或肿瘤。

（2）症状。眼神经发生麻痹时，可表现出如下症状：

①瞳孔散大。副交感神经支配瞳孔括约肌的功能丧失，称为内眼肌麻痹。

②腹外侧斜视。支配背直肌、腹直肌、内直肌、腹斜肌的神经功能丧失，通常呈现外侧与轻微腹侧斜视。当进行生理性眼球震颤测试时，眼球无法向内侧转动，称为外眼肌麻痹。

③上眼睑下垂。支配提眼睑肌的神经功能丧失。

（3）诊断。结合病史、症状、神经定位进行诊断，必要时可利用影像工具辅助诊断。

4. 展神经损伤　展神经起自脑桥，经眶上裂进入眼眶，支配眼外直肌，是颅内神经中在脑中行走最长的神经，所以若发生颅内血管障碍、颅内肿瘤、炎症或者外伤，都有可能影响展神经，导致眼睛不能外转，表现为向内斜视及眼球运动受限。当控制外直肌的展神经与眼球后缩肌的展神经核麻痹时，在撑开动物眼睑的状态下进行威胁反应测试，眼球无法后缩。

5. 滑车神经麻痹　滑车神经控制上斜肌，当滑车神经麻痹时，眼球会呈现背外侧斜视。对于犬等瞳孔为圆形的动物，此方向的斜视不易从外观观察到，然而在检眼镜检查时，可看到本应是垂直方向的上视网膜静脉向外侧偏斜。对于猫等具有纺锤状瞳孔的动物，背外侧斜视可以在瞳孔收缩为梭形时从瞳孔方向明显观察到向背外侧偏斜。

九、眼球震颤

眼球震颤表现为眼球非自主性的震动，这样的眼球运动包括一直重复的缓慢运动期及快速运动期。在缓慢运动期时，眼球会缓慢移动而离开最初的位置（眼球朝正前方看），紧接着就是快速运动期，眼球又会快速地再移回原来的中心点。

正常情况下会存在生理性眼球震颤，即前庭系统控制的一非自主性、节律性的眼球运动，使头部移动时保持视线目标的方向。当头部移动时，刺激了内耳的前庭耳蜗神经感受器，神经传入经过小脑前庭核、内侧纵束，到达脑干支配眼外肌肉的神经元（包括动眼神经、滑车神经、展神经），最后由这些神经传出控制眼球运动。

异常的眼球震颤是伴随中枢性或周边性前庭疾病而发生的，在某些病例中眼球震颤仅会发生于患病动物的头移至某一特定的位置时（位置性眼球震颤），或者出现于没有头部位置影响时（自发性眼球震颤）；先天性眼球畸形（如小眼症、永存性瞳孔膜及白内障）的动物，会显示出眼睛异常振动或徘徊式运动，即搜索性眼球震颤；小脑疾病也会导致眼球震颤。

前庭性眼球震颤的测试是将动物头部缓慢从一侧移动至另一侧时，从眼轮部观察眼球的运动情形，分为快速期与慢速期，快速期方向定义为眼球震颤的方向，正常情况下快速期的方向与头部移动方向一致，且双眼运动具有共轭关系，震颤会同步发生。此项测试可评估动物有无发生上述前庭系统的病灶，同时也可由此观察眼周肌肉功能是否正常。完全失去前庭性眼球震颤意味着脑干存在严重病灶，影响了前庭核、内侧纵束或控制眼周肌肉的脑神经核（动眼神经、滑车神经、展神经）。除前庭性眼球震颤消失外，当头部停止移动或静止时眼球持续震颤（称自发性眼球震颤）或头部在往侧边倾斜或伸展时出现眼球震颤（称为姿势性眼球震颤），皆为异常现象，视为病理性眼球震颤。

对于周边性前庭受体疾病，病理性眼球震颤发生的方向为水平或旋转的，且为远离病灶的方向，即使改变头部姿势后震颤的方向仍不变。在中枢性小脑前庭系统疾病，眼球震颤的方向为水平、旋转或垂直的，可能会随着头部姿势的改变而更改方向。

1. 周边性前庭疾病　中耳或内耳炎症间接或直接影响了前庭系统感受器，在小动物是导致病理性眼球震颤的常见原因。

根据单侧性中内耳疾病严重程度的不同，动物会表现出不对称的共济失调，也可能只存在偏头与姿势性眼球震颤症状。由于犬、猫的颜面神经与交感神经通过内耳的解剖位置邻近，如果炎症已蔓延至内耳，症状也许包括同侧颜面神经麻痹或霍纳综合征或两者同时出现。也可能会发生单侧耳聋，但在临床上较难进行听力评估。

2. 不明原因性前庭疾病　该类疾病包括猫前庭征候群、不明原因良性前庭疾病、老龄犬前庭疾病。动物会出现偏头、自发性眼球震颤，而眼球震颤方向与偏头方向相反，方向通常为水平的，有时是旋转的。这是一种自限性疾病，3～4d后自发性眼球震颤会自行消失。

3. 中枢性前庭疾病　中枢性前庭疾病是当病灶发生在前庭核或其他神经传导路径时导致的疾病，症状与周边前庭系统疾病类似，但以下几种症状只存在于中枢性前庭疾病。

（1）垂直方向的眼球震颤。

（2）随着头部位置的不同，眼球震颤的方向也会跟着改变。

（3）双眼的眼球震颤无共轭关系。

最常见影响中枢性前庭系统的病变为肉芽肿性脑膜脑脊髓炎（GME）。感染性疾病则包括犬瘟热、弓形虫病、埃利希体病、猫传染性腹膜炎、霉菌感染等。肿瘤压迫、甲硝唑中毒和维生素 B_1 缺乏也会导致病理性眼球震颤。

十、眨眼异常

缺乏正常的眨眼功能，会导致角膜失去泪液滋润与保护而发生病变。眨眼的动作涉及三叉神经的感觉传入、中枢神经系统的脑干与大脑、颜面神经的运动传出。

（一）眼部的感觉神经传入异常

三叉神经的眼分支分布到眼球、上眼睑与内眦区域；三叉神经上颌支则支配上眼睑外侧

（与眼分支有部分重叠）、下眼睑与周围皮肤。此神经负责传递感觉神经冲动到脑干的三叉神经核，形成突触后信息传达到对侧的视丘核，并整合至大脑皮质产生知觉。

【病因】核下病灶，也就是感觉神经末梢到三叉神经核之间的病灶，足以导致眼部完全或部分麻痹。核上病灶则会造成三叉神经的三个分支皆发生知觉低下，由于视丘核与内囊的解剖位置相近，此情况可能因核上颜面神经麻痹而同时发生。水脑、肿瘤、感染、颅骨骨折皆会导致三叉神经损伤。在犬，脑神经的肿瘤常影响三叉神经。

【症状】三叉神经功能的检查包括眼睑反射与角膜眨眼反射。眼部感觉神经缺陷会造成神经滋养性角膜病变，由于角膜的感觉神经缺失，可导致角膜在眼裂之间持续暴露。若动物的视力正常，那么测试威胁反应时仍然会眨眼。

【治疗】应确认病灶位置并针对根本原因进行治疗。对于神经滋养性角膜病变，应给予抗生素并补充滋润性人工泪液。

（二）眼睑的运动神经传出异常

颜面神经除支配面部肌肉外，也负责传递副交感神经的信息并控制泪腺功能。神经信息从大脑传递出来，与前庭耳蜗神经并行，途中经过鼓室的内壁，最后离开颅骨进到颜面神经管，而颜面神经和鼓室在解剖位置上相邻，这对于临床诊断是非常重要的。在颜面神经控制的面部肌肉中，与眨眼有关的是眼轮匝肌。

【病因】一般病因为创伤、肿瘤、中耳炎，或原因不明。其中部分犬不明原因性颜面神经麻痹的病例被认为与甲状腺功能低下有关。

【症状】评估动眼神经控制眨眼功能的检查包括威胁反应、瞬目反应、角膜眨眼反射、眼睑反射。对颜面神经麻痹的动物进行威胁反应与角膜眨眼反射检测时，会看到眼球后缩、第三眼睑瞬间轻弹出来越过角膜，但不见上下眼睑闭合。在颜面神经受损但副交感神经控制泪腺功能不受影响的情况下，因第三眼睑也能适当分布泪膜，所以角膜不至于发生干眼的病变。但对于具有凸眼外观的短吻犬种，第三眼睑无法完全覆盖角膜，因此特别容易在颜面神经麻痹时并发暴露性角膜病变。

不明原因性颜面神经麻痹可以单侧或双侧发生，典型症状包括耳朵下垂、嘴角下垂、嘴唇无力、单侧发生时颜面不对称等。

【治疗】应确认病灶位置并针对根本病因进行治疗，需注意角膜病变并补充滋润性人工泪液，尤其是短吻犬种。

十一、霍纳综合征

霍纳综合征（Horner综合征，HS）的命名来源于历史上多位眼科学家和神经学家的发现，他们确定瞳孔缩小、上睑提肌麻痹及血管运动麻痹，都是由于颈部交感神经通路中断造成的。霍纳综合征在动物临床上具有三大表现：眼睑下垂、瞳孔缩小和瞬膜暴露。

【眼交感神经的解剖结构】眼交感通路有三级神经元结构（图2-14-5）。

1. 一级神经元（FON） 位于丘脑的后外侧部分，发出的节后神经纤维经脑干网状结构、颈髓和上胸髓，到达二级神经元。

2. 二级神经元（SON） 位于C8至T2水平脊髓灰质的中间外侧部分，也称为Budge-Waller睫状脊髓中心。

3. 三级神经元（TON） 二级神经元的节后神经纤维离开C8至T2脊髓腹侧根，通过

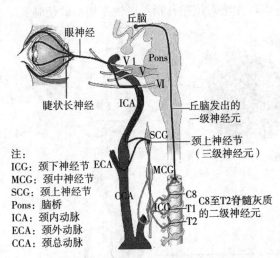

图 2-14-5 眼交感神经的三级神经元结构通路

颈下神经节（或 stellate 神经节，颈下神经节和第一胸髓神经节的融合）和颈中神经节，上行到达颈上神经节，即三级神经元。

三级神经元的节后神经纤维走行于颈内动脉的外膜（颈动脉丛），走行一小段后进入海绵窦。在海绵窦中，与展神经（CN Ⅵ）相连，再继续与眼神经伴行（CN Ⅴ 的眼分支）。沿着眼神经的分支（睫状长神经），通过眶上裂。这些神经纤维支配上睑和下睑收缩的肌肉、瞳孔放大肌和眶周运动纤维。顺着颈外动脉分支上颌内动脉走行的纤维支配面部的汗腺。

【霍纳综合征的神经学机制】

1. 上眼睑下垂、瞬膜突出 上眼睑睁开，主要依靠的是上睑提肌（上睑提肌是由动眼神经支配的）。另外在上睑提肌的深层，还有一条平滑肌，即米勒肌（由交感神经系统支配），米勒肌也可以提起上睑，使上睑保持在"休息状态"（睁眼状态）。交感神经损伤，米勒肌功能异常，导致上睑下垂。因为米勒肌也存在于下眼睑内，下眼睑的米勒肌是下直肌的延续，并支配瞬膜。故表现为上睑下垂，瞬膜突出（图 2-14-6）。

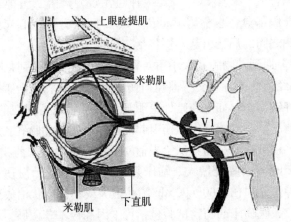

图 2-14-6 霍纳综合征表现为眼睑下垂的神经学机制示意

2. 瞳孔缩小 瞳孔括约肌由动眼神经控制，受副交感神经支配，使瞳孔缩小；瞳孔开大肌由三叉神经控制，为交感神经支配，使瞳孔扩大。交感神经损伤后，位于虹膜内呈放射状分布的瞳孔开大肌麻痹，无法对抗瞳孔括约肌的作用，致使瞳孔缩小（图 2-14-7）。

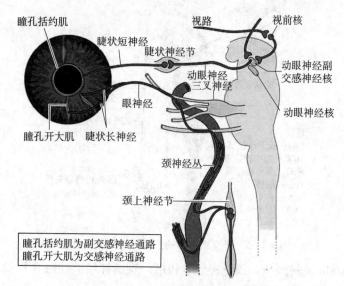

图 2-14-7　瞳孔控制的神经通路

3. 眼球内陷　眼球外直肌受展神经（CN Ⅵ）控制，控制眼球的退缩。展神经位于眼交感神经节后神经通路，受损后导致眼球内陷。

【霍纳综合征的发病机制及分类】霍纳综合征按照病变位置与颈上神经节的关系分为节前霍纳综合征和节后霍纳综合征。

1. 节后霍纳综合征　又称 TON（三级神经元）型，是指颈上神经节及其以后神经连接的病变引起的。

2. 节前霍纳综合征　颈上神经节之前的部分病变为节前霍纳综合征，又分为两类：

（1）中枢性霍纳综合征。又称 FON（一级神经元）型，由一级神经元（下丘脑）到与二级神经元连接的突触之间的病变引起，不包括二级神经元。

（2）外周性霍纳综合征。又称 SON（二级神经元）型，由二级神经元（位于 C8 至 T2 水平脊髓灰质的中间外侧部分，也称为 Budge-Waller 睫状脊髓中心）到与三级神经元（颈上神经节）连接的突触之间的病变引起，不包括三级神经元。

【临床诊断】临床上遇到动物瞳孔大小不对称的情况时，要区别是生理性的（年龄增大易引起），还是交感神经损伤或者副交感神经损伤所致。一般来讲，如果瞳孔不对称在亮处明显，说明是副交感神经损伤；如果在暗处更明显，就可能是生理性的或者交感神经损伤。而且在暗处更明显的情况下，交感神经损伤引起的往往有明显的瞳孔扩大延迟，可以和生理性瞳孔不对称相鉴别。还可以通过药物试验来辅助鉴别，动物临床药物试验选用 1％去氧肾上腺素点眼。点眼后 20min 内瞳孔散大，临床判定为三级神经元损伤；20～45min 瞳孔散大，临床判定为二级神经元损伤；60～90min 瞳孔散大或其他症状消失判定为一级神经元损伤或非交感神经损伤。人医临床的药物试验包括可卡因和羟基苯丙胺，兽医临床可以借鉴用于鉴别节前霍纳综合征和节后霍纳综合征。开始双眼滴 5％～10％可卡因溶液，可以阻断虹膜扩大肌节后神经纤维突触处去甲肾上腺素的再摄取。如果是正常情况下，交感神经系统完整，支配虹膜扩大肌的神经末梢释放去甲肾上腺素，作用于虹膜扩大肌，使瞳孔扩大。而如果交感神经系统受损，应用可卡因后瞳孔变化很小或者无变化。3d以后双眼滴注羟基苯丙胺或肾上腺素。羟基苯丙胺使突触前神经元内储存的去甲肾上腺素释放，作用于虹膜扩大肌。在神经节前霍纳综合征（FON型和SON型），应用羟基苯丙胺促进了去甲肾上腺素的释放，使瞳孔扩大；而在神经节后霍纳综合征（TON型），此时去甲肾上腺素已经耗竭，即使应用羟基苯丙胺，瞳孔仍不扩大。

1. 中枢性节前霍纳综合征　瞳孔缩小可以是FON霍纳综合征的唯一症状。无汗区分布于同侧的整个躯体和面部。常伴随小脑、脑干或脊髓的症状。应用可卡因后瞳孔扩大很少或不扩大，再应用羟基苯丙胺后瞳孔扩大。下丘脑肿瘤，颈段脊髓空洞症，颈段和上胸段脊髓肿瘤等都可能引起霍纳综合征。

2. 外周性节前霍纳综合征　上睑下垂，瞳孔缩小。应用可卡因后瞳孔扩大不明显，再应用羟基苯丙胺后瞳孔有扩大。常见颈部的囊肿、外伤、骨折、手术等，有些也可能是项圈带来的损伤，臂丛的断裂或病变（图2-14-8），位于肺尖部的肺癌（肺上沟癌），交感神经施万细胞瘤，神经母细胞瘤等均可引起SON病变。良性甲状腺肿瘤因压迫邻近的交感神经，也可以引起霍纳综合征。颈部、上胸部的外伤或者手术，原发性脊髓神经根肿瘤等，颈静脉扩张，锁骨下动脉瘤，颈部包块等均可能压迫颈部交感神经而引起霍纳综合征（图2-14-9）。

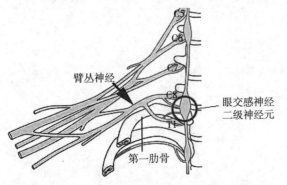

图2-14-8　臂丛神经与交感神经节的关系

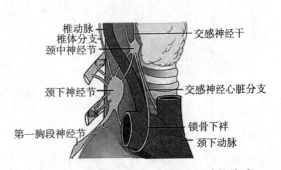

图2-14-9　椎动脉与眼交感神经通路的关系

3. TON病变　上睑下垂，瞳孔缩小，眼球内陷。应用可卡因后瞳孔不扩大，再应用羟基苯丙胺后，瞳孔也不继续扩大。临床常见伴有前庭综合征的中耳炎、内耳炎及更深处的炎性病变，可能是慢性的，也可能是寄生虫、真菌等微生物感染或感染后不正确的耳道清洗造成的突发性损伤。伴有前庭性病变的病例，或表现出头眼位倾斜、眼球震颤、面部松弛甚至麻痹，泪液量减少甚至干眼症。神经学检查时，如果仅仅只有面神经麻痹的表象，多数为中枢性前庭疾病，而出现前述各种临床表现时则多提示末梢性前庭病变。其他更加复杂的原因如颈动脉夹层，原因是颈动脉丛被血肿或增粗的动脉压迫。

对于神经系统病变的诊断，除一般的神经学检查，如颅神经的检查、眼睑反射、恫吓反应等之外，临床常常借助MRI、脑脊液（CSF）检查、泪液量检查、甲状腺功能检查、肌电图检查等以判定发病的部位和严重程度。

【治疗】由于霍纳综合征的发病原因多来自交感神经通路上的局部病变，因此针对症状的治疗难以取得很好效果，需要根据临床检查结果治疗原发病。

任务反思 >>>

1. 失明的临床检查思路是什么？
2. 视交叉疾病如何展开诊断？
3. 眼球震颤的类型有哪些？
4. 眨眼异常的原因有哪些？
5. 霍纳综合征的神经学机制是什么？如何进行神经学定位？

参考文献

董轶，2013. 动物眼科学 ［M］. 北京：中国农业出版社.

J. Fishkind，2019. 超声乳化白内障摘除和人工晶体植入术 ［M］. 卢奕，主译. 上海：上海科学技术出版社.

Joan Dziezyc，Nicholas J. Millichamp，2008. 犬猫眼科学彩色图谱 ［M］. 韩博，主译. 北京：中国农业科学技术出版社.

林立中，2013. 动物眼科学 ［M］. 北京：中国农业出版社.

孟祥伟，2013. 眼科手术要点图解 ［M］. 北京：中国医药科技出版社.

余户拓也，2018. 伴侣动物眼科学 ［M］. 陈武，付源，夏楠等，译. 武汉：湖北科学技术出版社.

图书在版编目（CIP）数据

小动物眼病诊疗技术 / 杨开红主编 . —北京 ：中
国农业出版社，2022.12
高等职业教育农业农村部"十三五"规划教材
ISBN 978-7-109-30265-5

Ⅰ.①小… Ⅱ.①杨… Ⅲ.①动物疾病－眼病－诊疗
－高等职业教育－教材 Ⅳ.①S857.6

中国版本图书馆 CIP 数据核字（2022）第 223765 号

中国农业出版社出版

地址：北京市朝阳区麦子店街 18 号楼
邮编：100125
责任编辑：徐 芳 李 萍 文字编辑：耿增强
版式设计：杜 然 责任校对：刘丽香
印刷：中农印务有限公司
版次：2022 年 12 月第 1 版
印次：2022 年 12 月北京第 1 次印刷
发行：新华书店北京发行所
开本：787mm×1092mm 1/16
印张：13.5
字数：340 千字
定价：38.00 元